总序 foreward

教材是教师"教"和学生"学"的重要依据，教材建设是高职院校教学基本建设的重要内容之一，是进一步深化教学改革，巩固教学改革成果，提高教学质量，培养高素质技术技能型人才的重要保障。也是体现高职院校办学水平的重要标志。随着"校企合作、工学结合"人才培养模式的改革与实践不断深化，自2010年，温州职业技术学院开始实施"双层次多方向"人才培养方案，构建以能力为重的课程体系，实行"学中做、做中学"的教学模式。"学中做"完成技术知识的获得和单一技能的训练。高职院校"学中做"是指将专业课程的各个知识点和技能点，通过教学设计，将知识点和技能点融合起来组织教学，采用边学边做的教学模式来完成；"做中学"完成综合项目训练，综合项目是指每一门专业课程结束前，要设计一个综合性的实训项目，该项目要把该门课程的技能点和知识点串联起来，即"连点成线"，通常教师要把企业的真实项目经过教学化改造以后，设计成任务驱动的形式，让学生去练习。通过"做中学"的教学模式，学生在完成综合项目训练的过程中，既巩固了专业课程的知识点和技能点，又提高了学生的综合运用能力。

经过多年教学改革的实践探索和总结，我们积累了一些经验，为了进一步总结"学中做、做中学"教学改革的经验，提炼教学改革成果，把改革的思路和成果固化为教材。为此，我们编写了这套实践导向型高职教育系列教材。这套系列教材以培养学生实践操作的技术技能为目标，既注重一定的技术知识介绍和技能技术操作训练的内容，更注重技术知识和技术技能的融合，将二者内化成职业能力的内容，体现出高职教育专业特色、课程特色和校本特色，满足高职教育课堂教学"学中做、做中学"的需求。在教材编写过程中，一方面要求教师具备编写教材所必需的教学经验、实践能力和研究能力；另一方面鼓励行业企业专业技术人员参与，实现教材内容与生产实践对接。我院教师深入到企业中，研究具体的职业岗位能力要求，组织教材内容。企业专业技术人员把企业的诉求反馈给教师或者直接参与教材编写。

本系列教材每册均由两大部分构成：

第一部分：将本课程的知识点与技能点逐一进行梳理编排并有机结合，适合于"学中做"的教学。

第二部分：设计一个综合实训项目覆盖以上知识点与技能点并加以融合，适合于"做中学"的教学。

本系列教材每册主编和编写人员在各自的专业领域均有着深入的研究与丰富的实践经验，从而保证了教材的编写质量。

由于编者水平有限，本系列教材不足之处在所难免，敬请各位专家、学者、同人和同学多提宝贵意见，以便进一步修正和完善。

丁金昌

本教材由温州职业技术学院机械制造及自动化教研室组织编写,从职业能力培养的角度出发,力求体现职业培训的规律。

本教材在编写过程中针对高等职业教育特点,以学生为主体,以职业教育能力培养为核心,以现代电工电子技术的基本知识、基本理论为主线,以应用为目的,在保证科学性的前提下,删繁就简,做到理论上讲清,将理论知识的讲授、课内讨论与技能训练有机结合,重点培养实践能力。

本教材采用模块化的编写方式,主要内容包括两大部分,第一部分将本课程的知识点与技能点逐一进行梳理编排并有机结合,适合于"学中做"的教学,包括直流电路分析装调、正弦交流电的安装与测试、变压器的制作及应用、晶体管电路装调、集成运算放大器电路的装调、门电路和组合逻辑电路装调、触发器与时序逻辑应用电路的安装及调试、继电接触器控制电路装调等;第二部分为电工电子综合实训项目教学案例,设计了一个综合实训项目"儿童启蒙电话背景灯的装调",覆盖了以上知识点与技能点并加以融合,适合于"做中学"的教学。

在教材编写上,编者从学生的实际出发,力求降低难度,减少定量计算,由浅入深,环环相扣,寓学于乐,电工电子技术模块借助 Multisim 软件设计多个教学案例实现教学仿真,在继电接触器控制电路装调模块,设计了电控部分安装和调试工作页与相应教学内容实现一一对应,便于学生进一步掌握相关技能与知识。本教材由谢宇、黄其祥任主编,余键、陈昌安任副主编。写作具体分工如下:第一章、第四章、第九章及电控部分安装与调试工作页由谢宇编写,第二章、第三章、第五~八章由黄其祥编写,第九章部分章节由陈昌安编写,第十章由余键编写。全书由谢宇负责统稿。

由于编者水平有限,书中难免有不足之处,恳请广大读者批评指正。

编 者

目录

- ▶ 第一章　电气认识 ··· 1
  - 第一节　电的概述 ·· 1
  - 第二节　电路基本元件 ·· 8
- ▶ 第二章　直流电路分析装调 ··· 17
  - 第一节　手电筒电路装调 ·· 17
  - 第二节　多量程直流电表电路装调 ·· 21
- ▶ 第三章　正弦交流电的安装与测试 ·· 23
  - 第一节　日光灯电路安装与测试 ··· 23
  - 第二节　三相交流电路的测量 ·· 39
  - 第三节　三相异步电动机的测试 ··· 48
- ▶ 第四章　变压器的制作及应用 ·· 54
  - 第一节　普通变压器的应用 ··· 54
- ▶ 第五章　晶体管电路装调 ··· 68
  - 第一节　二极管基本电路的应用 ··· 68
  - 第二节　三极管基本电路的应用 ··· 75
- ▶ 第六章　集成运算放大器电路的装调 ··· 87
  - 第一节　简易光照度计电路的装调 ·· 87
  - 第二节　简易电子秤电路的装调 ··· 94
- ▶ 第七章　门电路和组合逻辑电路装调 ·· 102
  - 第一节　三人表决器电路装调 ·· 102
  - 第二节　微控制器报警编码电路装调 ·· 113
  - 第三节　数据分配器电路装调 ·· 119
  - 第四节　译码显示电路装调 ··· 122

第八章 触发器与时序逻辑应用电路的安装及调试 ... 128

第一节 数据寄存器功能测试 ... 128
第二节 A/D 转换功能测试 ... 136
第三节 A/D 转换功能测试 ... 141
第四节 用 555 时基电路制作变音门铃 ... 147

第九章 继电接触器控制电路装调 ... 155

第一节 电动机点动控制电路装调 ... 155
第二节 电动机单向连续运行控制电路装调 ... 170
第三节 电动机接触器互锁正反转控制电路装调 ... 177
第四节 工作台自动往返控制电路装调 ... 183
第五节 电动机顺序启动控制电路装调 ... 189
第六节 大功率电动机星三角降压启动电路装调 ... 195
第七节 电动机电气制动控制电路装调 ... 202

第十章 综合实训项目教学案例 ... 210

附录 a 安全用电 ... 221

第一节 触电的知识 ... 221
第二节 触电原因及保护措施 ... 227
第三节 触电急救处理 ... 229

附录 b 数字万用表的使用 ... 231

第一节 面板功能开关介绍 ... 231
第二节 数字万用表使用方法 ... 232

参考文献 ... 235

第一章 电气认识

学习目标

1. 掌握电路中电流、电压、电动势的实际方向和参考方向。
2. 掌握电阻 R、电感 L、电容 C 三种基本电路元件的特性。
3. 掌握电位的概念和计算。

第一节　电的概述

一、电的认识

电与我们的生活息息相关，电是怎么产生的呢？

早在公元前 600 年，古希腊科学家泰勒斯就发现：用毛皮或毛织物摩擦过的琥珀，能够吸引羽毛、头发等轻小的物品。后来人们把这种现象叫作"摩擦起电"。

摩擦起电的现象虽然发现很早，但是在长达两千多年的时间里，一直停留在观察琥珀的摩擦起电上。随着社会的进步，人们越来越想搞清楚琥珀为什么会有那种神奇的吸引力，也使人们发现金刚石、水晶、硫黄、玻璃等物质在用呢绒、毛皮或丝绸摩擦过后，也像琥珀那样有神奇的吸引力。这使人们领悟到：这种现象并不是琥珀特有的，可能一切物质中都蕴藏着一种看不见的流体，这种流体受到摩擦的时候会从物质中被挤出来，人们把这种看不见的特殊流体叫作"电"。从此，电就产生了。

琥珀的阿拉伯语为 electrum，就是英语中电气 electricity 的语源。

18 世纪中期，美国科学家富兰克林经过分析和研究，认为有两种性质不同的电，叫作正电和负电。物体因摩擦而带的电，不是正电就是负电。例如，用丝绸摩擦过的玻璃棒所带的电为正电，用毛皮摩擦过的橡胶棒所带的电为负电。1752年，他提出了风筝实验（据传，没有实际证据证明富兰克林做过此类实验）。在实验中，富兰克林将系上钥匙的风筝用金属线放到云层中，被雨淋湿的金属线将空中的闪电引到手指与钥匙之间，证明了空中的闪电与地面上的电是同一回事。后来他根据这个原理，发明了避雷针。

电流现象的研究，对于人们深入研究电学和电磁现象有着重要的意义。最早开始电流研究的是意大利解剖学教授伽伐尼（1737—1798）。伽伐尼的发现源自1780年的一次极为普通的闪电现象。闪电使伽伐尼解剖室内桌子上与钳子和镊子连环接触的一只青蛙腿发生痉挛现象。严谨的科学态度，使他没有放弃对这个"偶然"的奇怪现象的研究。他花费了整整12年的时间，研究像青蛙腿这种肌肉运动中的电气作用。最后，他发现如果使神经和肌肉同两种不同的金属（如铜丝和铁丝）接触，青蛙腿就会发生痉挛。这种现象是在一种电流回路中产生的现象。但是，伽伐尼对这种电流现象的产生原因仍然未能回答，他认为青蛙腿的痉挛现象是"动物电"的表现，由金属丝构成的回路只是一个放电回路。

伽伐尼的看法在当时的科学界中引起了巨大的反响，但是，另一位意大利科学家伏特（1745—1827）不同意伽伐尼的看法，他认为电存在于金属之中，而不是存在于肌肉中，两种明显不同的意见引起了科学界的争论，并使科学界分成两大派。1799年，意大利科学家伏特以含食盐水的湿抹布，夹在银和锌的圆形板中间，堆积成圆柱状，制造出世界上最早的电池——伏特电池。1800年春季，伏特在英国皇家协会发表关于伏特电池的论文。

1821年，英国的法拉第完成了一项重大的电发明。在这两年之前，奥斯特已发现如果电路中有电流通过，它附近的普通罗盘的磁针就会发生偏移。法拉第从中得到启发，认为假如磁铁固定，线圈就可能会运动。根据这种设想，他成功地发明了一种简单的装置。在装置内，只要有电流通过线路，线路就会绕着一块磁铁不停地转动。事实上法拉第发明的是第一台电动机，是第一台使用电流将物体运动的装置。

1831年，法拉第制造出了世界上第一台发电机。他发现一块磁铁穿过一个闭合线路时，线路内就会有电流产生，这个效应叫作电磁感应。法拉第的电磁感应定律是一项伟大的贡献。

1866年，德国人西门子（Siemens）制成世界上第一台工业用发电机。

二、电路和电路模型

1. 电路的组成和作用

根据前面的分析，我们可以给电路下个定义，即由电路器件用导线连接成的，能完成某种特定功能的电流通路。如照明电路具备照明功能、电力系统电路为用户传送能量、通信线路可以传输信息、计算机电路可以存储和处理信息。

本文中我们以手电筒电路为例介绍直流电路。手电筒虽然是一个简单的电路，但是它具备组成电路的基本元素：电源，负载和中间环节（导线或电缆、开关、熔断器）三部分。

电源是将其他形式的能量转换为电能的装置，如发电机、干电池、蓄电池、太阳能电板等，它们分别将机械能、化学能、光能等转换成电能。

负载是取用电能的装置，通常也称用电器，即将电能转换成其他形式能量的装置，如白炽灯、电炉、电视机、电动机等。

中间环节是将电源与负载连接起来的部分，起到传输、控制、分配、保护等作用的装置，如连接导线、变压器、开关、保护电器等，也可以是超大规模的集成电路或电力输送电路。

实际电路的结构形式多种多样，除了上面列举的照明电路外，还具有其他功能，各种电路的功能可以划分归结为两个方面，一是电能的传送、分配、转换。例如，电力电路，电场的发电机产生电能，经过变压器、输电线送到用电单位，并通过负载将电能转换为其他形式的能量，这就是复杂的供电系统。二是进行电信号的产生、传输、处理。例如，电子电路（弱电电路），日常生活中使用的扩音器、电视机、手机以及生产和科研中使用的电子自动控制设备、测量仪表、计算机等都是这类电路。

在现代电路中除了要用到电路的概念外，还经常用到网络的概念，这两个概念有时有一定的区别，有时又是可以通用的。通常网络更具有普遍的适用性，特别是在讨论普遍规律及复杂电路问题时，常把电路称为网络。而在讨论比较简单或是某一具体电路时，则比较多地使用电路这个名词，所以，可以认为网络是电路的泛称。

2. 电路模型

实际电路中的元器件品种繁多，有的元器件主要是消耗电能，如各种电阻器、电灯、电烙铁等；有的元器件主要是储存磁场能量，如各种电感线圈；有的元器件主要是储存电场能量，如各种类型电容器；有的元器件主要是提供电能，如电池、发电机等。

对某一个元器件而言，其电磁性能却并不是单一的。例如，实验室用的滑线电阻器，它由导线绕制而成，主要具有消耗电能的性质，即具有电阻的性质；其次由于电压和电流会产生电场与磁场，它又具有储存电场能量和磁场能量的性质，即具有电容和电感的性质。上述性质总是交织在一起的，当电压、电流的性质不同时，其表现程度也不一样。

为了便于对电路进行分析和计算，将实际元器件近似化、理想化，使每一种元器件只集中表现一种主要的电或磁的性能，这种理想化元器件就是实际元器件的模型。即根据实际电路所具备的电磁性质所假想的具有某一种特定电磁性质的元件，其 u、i 关系可以用简单的数学关系严格表示，这样的元件称为理想电路元件，简称电路元件。

电路中的一个实际设备可用一个或几个电路元件的组合来近似地表示。例如，上面提到的滑线电阻器可用电阻元件来表示；若考虑磁场的作用，则可用电阻元件和电感元件的组合来表示。同时，对电磁性能相近的元器件，也可用同一种电路元件近似地表示。例如，各种电阻器、电灯、电烙铁、电熨斗等，都可用电阻元件来近似地表示。

在实际电路中，电气设备和电气元件的电磁关系是非常复杂的，为了研究的方便，我们通常所说的电路是将实际电路中的电气设备和元件理想化后的结果，即用理想电路元件及其组合来代替实际电路中的电气设备和电气元件。

我们用理想元件及其组合构成的电路就是实际电路的电路模型，以后所研究的电路均为实际电路的电路模型。

基本的理想电路元件分为有源元件和无源元件两种。

电源元件有电压源和电流源两种，也称其为有源元件，用它表示将其他形式的能量转换为电能的元件。

电阻元件表示消耗电能的元件。

电感元件表示电感线圈储存电磁能量的元件。

电容元件表示电容器储存电场能量的元件。

理想电路元件的电路模型如图1-1所示。

把实际电路的器件或设备用理想电路元件代替，并用国标规定的图形符号及文字符号表示，就是该实际电路的电路模型。故手电筒的电路模型如图1-2所示。今后本书中未加特殊说明时，我们所研究的电路均为电路模型。

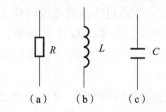

图1-1 理想电路元件的电路模型
(a) 电阻；(b) 电感；(c) 电容

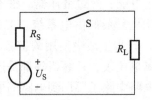

图1-2 手电筒的电路模型

三、电路的基本物理量

电路中有许多物理量，其中电源电动势 E 和电路中电流 i、电压 u 及电位是电路的基本物理量。

1. 电流及其参考方向

1) 电流的基本概念

在电场力的作用下，电荷做有规律的定向移动就形成了电流，规定以正电荷运动的方向作为电流的实际方向。

电流的大小用电流强度（简称"电流"）来表示。电流强度在数值上等于单位时间内通过导线某一截面的电荷量，用 i 表示电流，q 表示电荷量，t 表示时间，则电流的计算公式为

$$i = \frac{dq}{dt}$$

式中：i 为某个时刻的电流大小；dq 为某一时刻通过导体横截面的电荷量；dt 为某一时刻时长。

在国际单位制（SI）中，电流的单位是安培（简称"安"），用符号 A 表示；电荷量的单位为库仑（简称"库"），用符号 C 表示；时间的单位为秒，用符号 s 表示。当电流很小时，常用单位为毫安（mA）或微安（μA）；当电流很大时，常用单位为千安（kA）。它们之间的换算关系为

$$1\ A = 10^3\ mA,\ 1\ mA = 10^3\ \mu A,\ 1\ kA = 10^3\ A$$

2) 电流的实际方向和参考方向

带电微粒的定向移动形成了电流，则电流是矢量（有方向的量）。通常规定正电荷运动的方向为电流正方向，负电荷运动的方向为电流负方向，当然，电流的方向也不是一成不变的，如在分析电路时，有时电流的实际方向难以确定，为了分析、计算的需要，引入了电流的参考方向，或称电流的正方向。

所谓的正方向，就是在一段电路里，从电流可能的两种实际方向中，人为地选择其中的一个方向为参考方向。当然，所选定的参考方向并不一定就是电流的实际方向。当电流的参考方向与实际方向相同时，电流为正值；反之，若电流的参考方向与实际方向相反，则电流为负值，如图1-3所示。

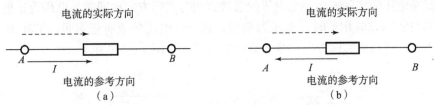

图 1-3　电流的实际方向和参考方向
(a) $I>0$；(b) $I<0$

这样，电流的值就有正有负，它是一个代数量，其正负可以反映电流的实际方向与参考方向的关系。因此电流的正负，只有在选定了参考方向以后才有意义。或者说，电流的正方向是分析计算电路时事先假定的电流方向，它可以是任意设定的，当一个直流电路的元器件参数确定以后，电路中各部分的电流的实际方向也就确定了，它不受正方向的影响，正方向的改变只影响计算电流的正、负符号。

电流的参考方向一般用实线箭头表示，既可以画在线上，如图 1-4 (a) 表示；也可以画在线外，如图 1-4 (b) 所示；还可以用双下标表示，如图 1-4 (c) 所示。其中，I_{ab} 表示电流的参考方向是由 a 点指向 b 点。

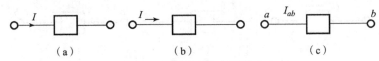

图 1-4　电流参考方向的标注法
(a) 箭头画在线上；(b) 箭头画在线外；(c) 用双下标表示

2. 电压及其参考方向

1) 电压的基本概念

电压是描述电场力对电荷做功的能力大小的物理量。在电场中，电场力将正电荷从 a 点移到 b 点所做的功与被移到电荷电量的比值称为 a、b 两点之间的电压。用 u_{ab} 表示，即

$$u_{ab} = \frac{dw}{dq}$$

式中：dw 为电场力将正电荷 dq 从电路中 a 点移到电路中 b 点时所做的功，并规定电压的方向为电场力做功使正电荷移动的方向。

大小和方向都不随时间变化的电压称为恒定电压，简称直流电压，采用大写字母 U 表示，如 a、b 两点间的直流电压为

$$U_{ab} = \frac{W_{ab}}{Q}$$

式中：W_{ab} 为电场力将正电荷 Q 从电路中 a 点移到电路中 b 点时所做的功。

电压的单位为伏特（V），常用的单位为千伏（kV）、毫伏（mV）、微伏（μV）。它们之间的换算关系为

$$1\ kV = 10^3\ V,\ 1\ mV = 10^{-3}\ V,\ 1\ \mu V = 10^{-6}\ V$$

2) 电压的实际方向和参考方向

a、b 两点间的电压也叫 a、b 两点之间的电位差。电压的方向是从高电位指向低电位。与电流类似，分析、计算电路时，也要预先设定电压的参考方向。同样，所设定的参考方向

并不一定就是电压的实际方向。当电压的参考方向与实际方向相同时，电压为正值，当电压的参考方向与实际方向相反时，电压为负值。这样，电压的值有正有负，它也是一个代数量，其正负表示电压的实际方向与参考方向的关系，如图1-5所示。

图1-5 电压的实际方向和参考方向
(a) $U_{ab}>0$；(b) $U_{ab}<0$

电压的参考方向既可以用实线箭头表示，如图1-6（a）所示；也可以用正（+）、负（-）极性表示，如图1-6（b）所示，正极性指向负极性的方向就是电压的参考方向；还可以用双下标表示，如图1-6（c）所示，其中，U_{ab}表示a、b两点间的电压参考方向由a指向b。这三种表示方法所代表的意义是相同的，可以互相通用，实际使用时任选其中的一种。

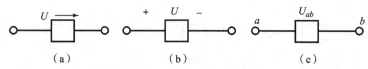

图1-6 电压参考方向的标注
(a) 用实线箭头表示；(b) 用正负极性表示；(c) 用双下标表示

进行电路分析时，对于一个元件，我们既要对流过元件的电流选取参考方向，又要对元件两端的电压选取参考方向，两者是相互独立的，可以任意选取。也就是说，它们的参考方向可以一致，也可以不一致。如果电流的参考方向与电压的参考方向一致，则称为关联参考方向，如图1-7（a）所示；如果电流的参考方向与电压的参考方向不一致，则称为非关联参考方向，如图1-7（b）所示。

当选取电压、电流方向为关联参考方向时，电路图上只需标出电流的参考方向或电压的参考方向，如图1-8所示的是两种电路等效的表示方法。

图1-7 电压、电流参考方向
(a) 关联参考方向；(b) 非关联参考方向

图1-8 关联方向的简单标注

3. 电动势

1）电动势的概念

电动势是描述电源性质的重要物理量，是反映电源力把正电荷由负极推向正极所做的功。电源的电动势符号用E表示，在数值上等于非静电力将单位正电荷从电源的低电位由电源内部移到高电位端所做的功，电动势单位和电压一样，也是伏特（V），电动势的计算公式为

$$E = \frac{W}{q}$$

式中：E 为电动势，V；W 为非静电力所做的功，J；q 为电荷量，C。

2）电动势的实际方向和参考方向

电动势的作用是将正电荷从低电位点移动到高电位点，使正电荷的电势能增加，所以规定电动势的实际方向是由低电位指向高电位，即从电源的负极指向电源的正极。在电路中电源的极性和电动势的数值一般都是已知的，所以电动势的参考方向都取与实际方向相同的方向，即由电源的负极指向电源的正极。

4. 电位及其计算

1）电位

电位是表示电路中某一点性质的物理量，是一个相对物理量。为了求得电路中各点的电位值，必须在电路中选择一个参考点，将该参考点的电位看作零，所求点的电位就算该点到参考点的电压。

参考点可以任意选择，但为了方便，如果电路中有接地端，尽量选择接地端作为参考点，或者在电子电路中常取若干导线的交汇点或机壳作为电位的参考点。

2）电位的计算

使用电位能够使表示电路状态的电量大大减少，在调试、检修电气设备和电子电路时具有实用意义。

电位的计算步骤如下：

（1）任选电路中某一点为参考点（如果有接地端尽量选接地端），其电位为零。

（2）标出各电流参考方向并计算。

（3）计算各点至参考点间的电压即各点的电位。

在一个电路中，参考点一旦确定，电路中各点的电位就是唯一确定的数值。某点电位为正，说明该点电位比参考点高；某点电位为负，说明该点电位比参考点低。

例1-1 电路如图1-9所示，其中 $R_1 = 6$ kΩ，$R_2 = 4$ kΩ，R_P 最大为 10 kΩ，求：

（1）零电位参考点在哪里？画电路图表示出来。

（2）当电位器 R_P 的滑动触点处于 B 点时，A、B 两点的电位各是多少？A、B 两点的电压 U_{AB} 是多少？

（3）当电位器 R_P 的滑动触点向上滑动时，A、B 两点的电位是增高了还是降低了？

（4）如果参考点改为 C 点，A、B 两点的电位又各是多少？（R_P 的滑动触点处于 A 点），A、B 两点的电压 U_{AB} 是多少？

解：（1）零电位参考点为 +12 V 电源的"-"端与 -12 V 电源的"+"端的连接处。

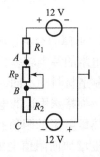

图1-9 例1-1电路

（2）当电位器 R_P 的滑动触点处于 B 点时，$R_P = 10$ kΩ，故电路中的电流为

$$I = \frac{E - (-E)}{R_1 + R_2 + R_P} = \frac{12 - (-12)}{(6 + 4 + 10) \times 10^3} = 1.2 \text{ (mA)}$$

$$V_A = -IR_1 + 12 = -1.2 \times 6 + 12 = 4.8 \text{ (V)}$$

$$V_B = IR_2 - 12 = 1.2 \times 4 - 12 = -7.2(\text{V})$$
$$U_{AB} = V_A - V_B = 4.8 - (-7.2) = 12(\text{V})$$

(3) 当电位器 R_P 的滑动触点向上滑动时，回路中电阻减小，电流 I 增加，所以 A 点电位降低、B 点电位增高。

(4) 如果参考点改为 C 点，则
$$V_A = IR_P + IR_2 = 1.2 \times (10+4) = 16.8(\text{V})$$
$$V_B = IR_2 = 1.2 \times 4 = 4.8(\text{V})$$
$$U_{AB} = V_A - V_B = 16.8 - 4.8 = 12(\text{V})$$

根据定义及以上分析计算可见，电压和电位既有一定的联系又有一定的区别。

①电位值是相对的，参考点选取的不同，电路中各点的电位也将随之改变。

②电路中两点间的电压值是固定的，不会因参考点的不同而改变，即与零电位参考点的选取无关。

第二节　电路基本元件

一、电阻元件

电阻元件是代表消耗电能的理想电路元件，它有阻碍电流流动的本能，沿电流流动的方向必然会产生电压降。国际制单位：欧姆（Ω）。

电阻一般按照流经其电流和电压的关系可分为线性电阻与非线性电阻两种。

线性电阻：在一定条件下，流经一个电阻的电流与电阻两端的电压成正比，其电阻值为常数，且电阻、电流、电压之间符合欧姆定律。

非线性电阻：电阻两端的电压与通过它的电流不是线性关系，其电阻值不是常数。

一般常温下金属导体的电阻是线性电阻，在其额定功率内，其伏安特性曲线为直线。像热敏电阻、光敏电阻等，在不同的电压、电流情况下，电阻值不同，伏安特性曲线为非线性。

1. 电阻的分类、特点及用途

电阻的种类较多，按制作的材料不同，可分为绕线电阻和非绕线电阻两大类。非绕线电阻因制造材料的不同，有碳膜电阻、金属膜电阻、金属氧化膜电阻、实心碳质电阻等。另外还有一类特殊用途的电阻，如热敏电阻、压敏电阻等。

热敏电阻的阻值是随着环境和电路工作温度变化而改变的。它有两种类型：一种是随着温度增加而阻值增加的正温度系数热敏电阻，另一种是随着温度增加而阻值减小的负温度系数热敏电阻。在电信设备和其他设备中作正或负温度补偿，或作测量和调节温度之用。

压敏电阻在各种自动化技术和保护电路的交直流及脉冲电路中，作过压保护、稳压、调幅、非线性补偿之用。特别是对各种电感性电路的熄灭火花和过压保护有良好作用。

常用电阻元件的外形、特点与应用如表 1-1 所示。

表 1-1 常用电阻元件的外形、特点与应用

名称及实物图	特点与应用
碳膜电阻 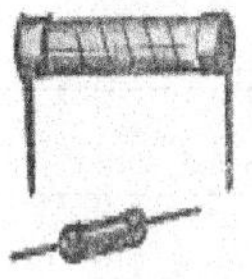	碳膜电阻稳定性较高，噪声比较小。一般在无线电通信设备和仪表中做限流、阻尼、分流、分压、降压、负载和匹配等用途
金属膜电阻 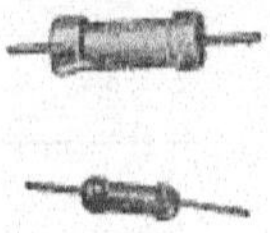	金属膜/金属氧化膜电阻用途和碳膜电阻一样，具有噪声小、耐高温、体积小、稳定性和精密度高等特点
实心碳质电阻 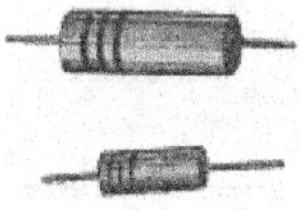	实心碳质电阻的用途和碳膜电阻一样，具有成本低、阻值范围广、容易制作等特点，但阻值稳定性差，噪声和温度系数大
绕线电阻 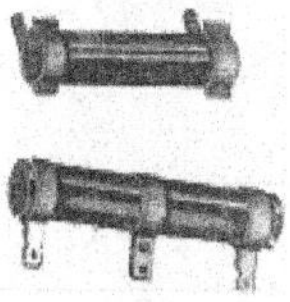	绕线电阻有固定式和可调式两种。其特点是稳定、耐热性能好，噪声小、误差范围小。一般在功率和电流较大的低频交流和直流电路中作降压、分压、负载等用途。额定功率大都在 1 W 以上
电位器 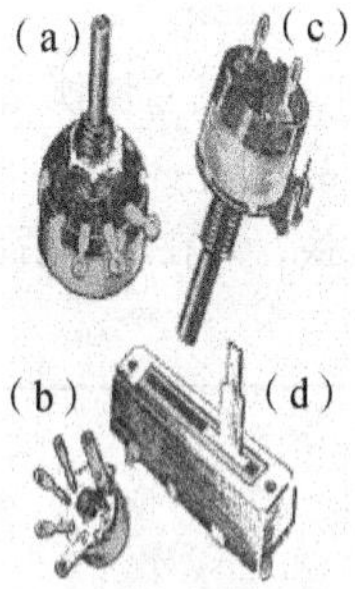 (a)(b)(c)(d)	(a) 绕线电位器阻值变化范围小，功率较大； (b) 碳膜电位器稳定性较高，噪声较小； (c) 推拉式带开关碳膜电位器使用寿命长，调节方便； (d) 直滑式碳膜电位器节省安装位置，调节方便

2. 电阻的类别和型号

随着电子工业的迅速发展，电阻的种类也越来越多，为了区别电阻的类别，在电阻上可用字母符号来标明，电阻的类别和型号标志如表 1-2 所示。

表 1-2　电阻的类别和型号标志

第一部分	主称	R：电阻
		R_P：电位器（也叫滑动变阻器）
第二部分	导体材料	T：碳膜电阻
		J：金属膜电阻
		Y：金属氧化膜电阻
		X：绕线电阻
		M：压敏电阻
		G：光敏电阻
		R：热敏电阻
第三部分	形状性能	X：大小
		J：精密
		L：测量
		G：高功率
		1：普通
		2：普通
		3：超高频
		4：高阻
		5：高温
		8：高压
		9：特殊
第四部分	序号	对主称、材料特征相同，仅尺寸性能指标略有差别，但基本上不影响互换的产品给同一序号，若尺寸、性能指标的差别已明显影响互换，则在序号后面用大写字母予以区别

3. 电阻的主要参数

电阻的主要参数是指电阻标称阻值、误差和额定功率。在实际应用中，根据电路图的要求选用电阻时，必须了解电阻的主要参数。

（1）标称阻值和误差是指电阻元件外表面上标注的电阻值（热敏电阻则指 25℃时的阻值）。使用电阻，首先要考虑的是它的阻值是多少。为了满足不同的需要，必须生产出各种不同大小阻值的电阻。为了便于大量生产，同时也让使用者在一定的允许误差范围内选用电阻，国家规定一系列的阻值作为产品的标准，这一系列阻值叫作电阻的标称阻值。另外，电阻的实际阻值也不可能做到与它的标称阻值完全一样,两者之间总存在一些偏差。最大允许偏差值除以该电阻的标称值所得的百分数叫作电阻的误差。对于误差,国家也规定出一个系列。普通电阻的误差有5%、10%、20%三种,在标志上分别以Ⅰ、Ⅱ和Ⅲ表示。例如,一只电阻上印有"47kⅡ"的字样,我们就知道它是一只标称阻值为47 kΩ,最大误差不超过10%的电阻。误差为2%,1%,0.5%…的电阻称为精密电阻。

(2) 电阻的额定功率是指电阻元件在直流或交流电路中,在一定大气压力和产品标准中规定的温度下(−55℃~125℃不等),长期连续工作所允许承受的最大功率。当电流通过电阻时,电阻因消耗功率而发热。与电阻元件的标称阻值一样,电阻的额定功率也有标称值,通常有1/8瓦、1/4瓦、1/2瓦、1瓦、2瓦、3瓦、5瓦、10瓦、20瓦等。"瓦"在电路中用字母"W"表示。

当有的电阻上没有瓦数标志时,我们就要根据电阻的体积大小来判断,常用的碳膜电阻和金属膜电阻的额定功率和外形尺寸的关系如表1−3所示。

表1−3 常用的碳膜电阻和金属膜电阻的额定功率和外形尺寸的关系

额定功率/W	碳膜电阻(RT)		金属膜电阻(RJ)	
	长度/mm	直径/mm	长度/mm	直径/mm
1/8	11	3.9	6~8	2~2.5
1/4	18.5	5.5	7~8.2	2.5~2.9
1/2	28	5.5	10.8	4.2
1	30.5	7.2	13	6.6
2	48.5	9.5	18.5	8.6

4. 电阻的规格标注方法

电阻的类别、标称阻值及误差、额定功率一般都标注在电阻元件的外表面上,目前常用的标注方法有两种:直标法和色标法。

(1) 直标法。直标法是将电阻的类别及主要技术参数直接标注在它的表面上,如图1−10 (a) 所示。有的国家或厂家用一些文字符号标明单位,如3.3 kΩ标为3k3,这样可以避免因小数点小,不易看清的缺点。

(2) 色标法。色标法是将电阻的类别及主要技术参数用颜色(色环或色点)标注在它的表面上,如图1−10 (b) 所示。碳质电阻和一些小碳膜电阻的阻值和误差,一般用色环来表示(个别电阻也有用色点表示的)。

色标法是在电阻元件的一端上画有三道或四道色环 [图1−10 (b)],紧靠电阻端的为第一色环,其余依次为第二、三、四色环。第一道色环表示阻值第一位数字,第二道色环表示阻值第二位数字,第三道色环表示阻值倍率的数字,第四道色环表示阻值的允许误差。

色环所代表的数及数字意义如表1−4所示。例如,一只电阻有四个色环,颜色依次为:红、紫、黄、银。这个电阻的阻值为270 000 Ω,误差为10% (270k10%);另有一只电阻标有棕、绿、黑三道色环,显然其阻值为15 Ω,误差为20% (15Ω20%);还有一只电阻的四个色环颜色依次为：绿、棕、金、金，其阻值为5.1Ω，误差为10%（5.1Ω10%）。用色点表示的电阻，其识别方法与色环表示法相同，这里不再重复。

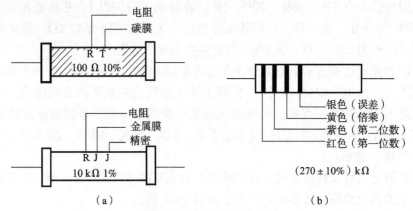

图1-10　电阻规格标注法
（a）直标法；（b）色标法

表1-4　色环所代表的数及数字意义

色　别	第一色环	第二色环	第三色环	第四色环
	第一位数	第二位数	应乘位数	允许误差
棕色	1	1	10^1	—
红色	2	2	10^2	—
橙色	3	3	10^3	—
黄色	4	4	10^4	—
绿色	5	5	10^5	—
蓝色	6	6	10^6	—
紫色	7	7	10^7	—
灰色	8	8	10^8	—
白色	9	9	10^9	—
黑色	0	0	10^0	—
金色	—	—	10^{-1}	5%
银色	—	—	10^{-2}	10%
无色	—	—	—	20%

5. 电阻、电位器的检测

电阻的主要故障是：过流烧毁、变值、断裂、引脚脱焊，等等。电位器还经常发生滑动触头与电阻片接触不良等情况。

（1）外观检查。对于电阻，通过目测可以看出引线是否松动、折断或电阻体烧坏等外观故障。对于电位器，应检查引出端子是否松动，接触是否良好，转动转轴时应感觉平滑，不应有过松过紧等情况。

（2）阻值测量。通常可用万用表欧姆挡对电阻进行测量，需要精确测量阻值可以通过电桥来进行。值得注意的是，测量时不能用双手同时捏住电阻或测试笔，否则，人体电阻与被测电阻并联，影响测量精度。

电位器也可先用万用表欧姆挡测量总阻值，然后将表笔接于活动端子和引出端子，反复慢慢旋转电位器转轴，看万用表指针是否连续均匀变化，如指针平稳移动而无跳跃、抖动现象，则说明电位器正常。

二、电容元件

电容器是电信器材的主要元件之一，在电信方面采用的电容器以小体积为主，大体积的电容器常用于电力方面。

电容器基本上分为固定的和可变的两大类。固定电容器按介质来分，有云母电容器，瓷介电容器，纸介电容器，薄膜电容器（包括塑料、涤纶等），玻璃釉电容器，漆膜电容器和电解电容器等。可变电容器有空气可变电容器、密封可变电容器两类。半可变电容器又分为瓷介微调、塑料薄膜微调和线绕微调电容器等。

常用电容元件的外形、特点与应用如表1-5所示。

表1-5 常用电容元件的外形、特点与应用

名称及实物图	特点与应用
云母电容器	耐高温、高压，性能稳定，体积小，漏电小，但电容量小，适用于高频电路中
瓷介电容器	耐高温、体积小、性能稳定、漏电小，但电容量小，可用于高频电路中
纸介电容器	价格低、损耗大、体积也较大，宜用于低频电路中
金属化纸介电容器	体积小、电容量较大，受高电压击穿后能"自愈"，即当电压恢复正常后，该电容器仍然能正常工作。一般用于低频电路中

续表

名称及实物图	特点与应用
有机薄膜电容器	电容器的介质是聚苯乙烯和涤纶等。前者漏电小、损耗小、性能稳定，有较高的精密度，可用于高频电路中。后者介电常数高，体积小，容量大，稳定性较好，宜作旁路电容
油质电容器	油质电容器又称油浸纸介电容器，电容量大，耐压高，体积大，常用于大电力的无线电设备中
钽（或铌）电容器	它是一种电解电容器，体积小、容量大、性能稳定、寿命长、绝缘电阻大、温度特性好，用于要求较高的设备中
电解电容器	电容量大，有固定的极性，漏电大，损耗大，宜用于电源滤波电路中
半可变（微调）电容器	用螺钉调节两组金属片间的距离来改变电容量，一般用于振荡或补偿电路中
可变电容器	它是由一组（多组）定片和一组（多组）动片所构成的。它们的容量随着片组转动的角度不同而改变。空气可变电容器多用于大型设备中，聚苯乙烯薄膜密封可变电容器体积小，多用于小型设备中

当电容两极板加上电压后，极板上分别积聚着等量的正负电荷。在两个极板之间产生电场，积聚电荷越多，所形成的电场就越强，电容元件所存储的电场能也就越大。电容元件电路如图 1-11 所示。

用 q 表示电容极板上所存储的电量，u 表示外加电压，则

$$q = Cu$$

式中：C 为电容，是表征电容元件特性的参数。当电压的单位为伏特（V），电量的单位为库仑（C）时，则电容的单位为法拉（F）。由于

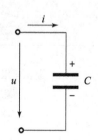

图 1-11 电容元件电路

法拉的单位太大，工程上多采用微法（μF）和皮法（pF）作单位。

$$1\ \mu F = 10^{-6}\ F,\ 1\ pF = 10^{-12}\ F$$

当电压 u 和电流 i 的参考方向一致时，有

$$i = \frac{dq}{dt} = C\frac{du}{dt}$$

上式说明：①只有当电容元件两端的电压发生变化时，电路中才有电流流过，电压的变化越快，电流越大。当电容元件两端加直流电压 U 时，$\frac{dU}{dt}=0$，电容元件对于直流电路相当于断路，即电容有隔断直流的作用。②电容两端的电压不能跃变。

当电压 u 和电流 i 的参考方向一致时，电容元件的功率

$$P = ui = Cu\frac{dU}{dt}$$

当电压为直流电压 U 时，有

$$W_C = \frac{1}{2}CU^2$$

电容元件在某时刻储存的能量与所加外电压的平方成正比，电容元件是一个储能元件。

三、电感元件

电感元件是反映电流周围存在磁场并储存磁场能量的一种储能元件，电感元件的原始模型为导线绕成圆柱线圈。常用电感元件的外形、特点与应用如表1-6所示。

表1-6 常用电感元件的外形、特点与应用

名称及实物图	特点与应用
单层螺旋管线圈 (a) (b) (c)	（a）密绕绕法，容易制作，但体积大，分布电容大，一般用于较简单的收音机电路中； （b）间绕法的特点是具有较高的品质因数和稳定度，多用于收音机的短波电路； （c）脱胎绕法的特点是分布电容小，具有较高的品质因数，改变线圈的间距可以改变电感量，多用于超短波电路
蜂房式线圈	体积小，分布电容小，电感量大，多用于收音机中波段振荡电路
铁粉芯或铁氧体芯线圈	为了调整方便，提高电感量和品质因数，常在线圈中加入一种特制材料（铁粉芯或铁氧体芯），不同的频率采用不同的磁芯。利用螺纹的旋动，可调节磁芯与线圈的位置，从而改变这种线圈的电感量。多用于收音机的振荡电路及中频调谐回路

续表

名称及实物图	特点与应用
铜芯线圈	为了改变电感量和调整可靠方便、耐用，在一些超短波范围用的线圈常采用铜芯线圈，利用旋动铜芯在线圈中的位置来改变电感量，多用于电视机的高频头内
阻流圈	（a）高频阻流圈的电感量较小，分布电容和介质损耗小，用来阻止高频信号通过而让较低频率的交流信号和直流信号通过，通常采用陶瓷和铁粉芯作骨架； （b）低频阻流圈具有较大的电感量，线圈中都插有铁芯，常与电容元件组成滤波电路，消除整流后残存一些交流成分而只让直流通过

如图 1-12 所示，当线圈中通以电流 i，在线圈周围产生磁场，当电流变化时，磁场也随着变化，并在线圈中产生自感电动势 e_L。

$$e_L = -L\frac{\mathrm{d}i}{\mathrm{d}t}$$

因此

$$u = -e_L = L\frac{\mathrm{d}i}{\mathrm{d}t}$$

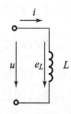

图 1-12 电感元件电路

上式说明：①电感元件两端的电压，与它的电流对时间的变化率成正比。其中 L 称为电感，是表征电感元件特性的参数。当 u 的单位为伏特（V），i 的单位为安培（A）时，则 L 的单位为亨利（H），较小的单位还有毫亨（mH）、微亨（μH）。当电感元件通入直流电流 I 时，$\frac{\mathrm{d}I}{\mathrm{d}t}=0$，电感元件在直流电路中相当于短路。②电感元件的电流不能跃变。

当电压 u 和电流 i 的参考方向一致时，电感元件的功率

$$P = ui = Li\frac{\mathrm{d}i}{\mathrm{d}t}$$

当电压为直流电压 U 时，有

$$W_L = \frac{1}{2}LI^2$$

电感元件在某时刻储存的能量与该时刻流过元件的电流的平方成正比。

第二章 直流电路分析装调

学习目标

1. 掌握电阻的串、并联电路特点及欧姆定律的应用。
2. 理解并掌握基尔霍夫定律的应用。
3. 掌握电路的分析方法：戴维南定理。
4. 掌握电路基本物理量的测量。

第一节 手电筒电路装调

任务描述

一、电流的测量

进行直流电流测量时，通常选用直流电流表。直流电流表包括两种类型：指针式直流电流表和数字式直流电流表。测量某一支路电流时，只有被测电流流过电流表，电流表才能指示其结果，因此电流表应串联在被测电路中。考虑到电流表有一定的电阻，串入之后不应该影响电流的测量结果，所以电流表的内阻必须远小于电路的负载电阻。

对于指针式电流表在接入电路中时，注意极性不能接反，如果接反会损坏电流表；而数字式电流表接反之后，读数将是一个负值，并不会损坏电流表。

测量较大电流时，必须扩大电流表的量程，可在表头上并联分流电阻或接入电流互感器。

二、电压的测量

测量某一段电路的直流电压时,应将直流电压表并联在被测电压的两端,电压表的端电压才等于被测电压。直流电压表有两种类型:指针式直流电压表和数字式直流电压表。电压表并到电路中必然会分掉原来支路的电流,影响电路的测量结果,为了尽量减小测量误差,不影响电路的正常工作状态,电压表的内阻应远大于被测支路的电阻。

对于指针式电压表在接入电路中时,注意极性不能接反,如果接反会损坏电压表;而数字式电压表接反之后,读数将是一个负值,并不会损坏电压表。

测量较大电压时,必须扩大电压表的量程,可在表头上串联分压电阻或接入电压互感器。

【任务实施】

Multisim 仿真

1. 实验要求与目的

(1) 验证欧姆定律的正确性,熟练掌握电压 U、电流 I 和电阻 R 之间的关系。

2. 实验原理

欧姆定律的表达式:

$$R = \frac{U}{I}, \quad U = IR, \quad I = \frac{U}{R}$$

采用不断地改变直流电路的相关参数的方法,检测电路中电压和电流的变化,从而归纳出其规律,验证欧姆定律的正确性。

3. 实验电路

改变电阻时欧姆定律的试验电路如图 2-1 所示,改变电压时欧姆定律的试验电路如图 2-2 所示。

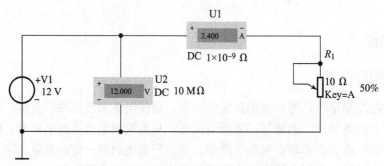

图 2-1 改变电阻时欧姆定律的试验电路

4. 实验步骤

(1) 按图 2-1 连接电路,电阻 R_1 为 10 Ω,通过键盘 "A" 或者 "Shift + A" 改变箭头指向部分电阻占总电阻的比例,0% 对应 0 Ω,100% 对应 10 Ω。依次改变电阻的值,打开仿真开关,将测量结果填入表 2-1 中。

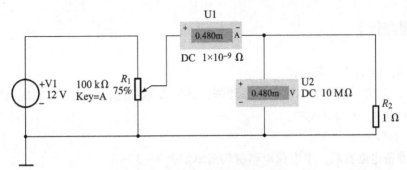

图2-2 改变电压时欧姆定律的试验电路

表2-1 改变电阻R_1时的测量结果

R_1/Ω	10	8	6	5	4	2	1
U/V							
I/A							

（2）按图2-2连接电路，调节电位器可以改变电阻R_1两端的电压，依次改变电压的值，打开仿真开关，将测量结果填入表2-2中。

表2-2 改变电阻R_1时的测量结果

R_1/Ω	1	2	3	4	5	6	7
U/mV							
I/mA							

在以上两个测量电路中，图2-1采用的是电压表外接的测量方法，实际测量的电压值是电阻和电流表串联后两端的电压。电压表的读数除了电阻两端的电压外，还包含了电流表两端的电压。图2-2采用的是电压表内接的测量方法，实际测量的电流值是电阻和电压表并联后的电流。电流表的读数除了有电阻元件的电流外，还包括了流过电压表的电流。显然，无论采用哪种电路都会引起测量的误差。由于Multisim提供的电流表的默认内阻为$1\times10^{-9}\,\Omega$，电压表的内阻为$1\,G\Omega$，所以仿真的误差很小。但在实际测量中电压表的内阻不是足够大，电流表的内阻也不是足够小，因此在实际测量中会引起一定的误差。

5. 数据分析与结论

【实训操作】

1. 可调光手电筒电路原理图

图2-3所示为可调光手电筒电路原理图，其中L为灯泡，R为定值分压电阻，R_P为电位器，E为干电池，S为开关键。

2. 电路材料

按要求准备电路材料，手电筒电路材料清单如表2-3所示。

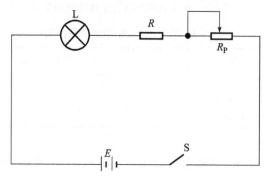

图2-3 可调光手电筒电路原理图

表2-3 手电筒电路材料清单

名称和规格	数量	名称和规格	数量
小灯泡6 V、3 W	1个	直流电流表	1个
干电池1.5 V	6节	导线	若干
开关键	1个	电位器0~20 Ω，2 A	1个
直流电压表	1个	定值分压电阻6 Ω	1个

3. 电路连接

按图2-3进行实物连接，并将电流表串入电路中，电压表并联接在灯泡的两端，电表在接入时，应注意极性不能接反。

4. 分析电路

对电路的组成和作用进行分析，并通过改变电位器的电阻，观察灯泡的亮度，利用电流表和电压表测量电路中的电流与灯泡两端的电压。

5. 电路分析与测量的相关问题

(1) 电位器滑到什么位置时，灯泡正常发光？

(2) 改变电位器的阻值，对灯泡的亮度有什么影响？

(3) 连接好电路后，闭合开关键，发现电流表示数为零，电压表有示数且等于电源电压，是什么原因？

(4) 改变电位器的电阻能否使灯泡熄灭？

第二节　多量程直流电表电路装调

任务描述

在第一节中用到直流电流表和直流电压表，为了能够准确地对电路基本物理量进行测量，还需要掌握多量程直流电表电路的装调。

在进行电路物理量测量时，可根据需要扩大电流表量程或将电流表改装成多量程的电压表。电表的装调在电路的实际测量中经常遇到，本任务通过装调多量程电压表，使学生熟悉并掌握电表改装的简单方法，从而更好地理解欧姆定律，并能够对其进行灵活运用。

在分析电路的过程中，经常会遇到电阻的串并联问题，如何来分析电路的串并联问题，以及利用电阻的连接分析问题十分重要，下面就来看一下电阻的连接。

一、电阻的串联和并联

图 2-4 所示为电阻串并联及其等效电路。

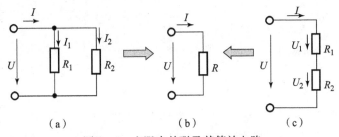

图 2-4　电阻串并联及其等效电路
(a) 电阻并联；(b) 等效电路；(c) 电阻串联

1. 电阻串联的特点

(1) 通过各电阻的电流相等，即
$$I = I_1 = I_2$$

(2) 串联等效电阻 R 等于各电阻之和，即
$$R = R_1 + R_2$$

(3) 总电压等于各电阻分电压之和，即
$$U = U_1 + U_2$$

(4) 总功率等于各电阻功率之和，即
$$P = P_1 + P_2$$

(5) 串联电路中，电阻阻值越大，所分得的电压越大，串联电路分压。

2. 电阻并联的特点

(1) 并联电路中干路的电流（总电流）等于各支路中的电流之和，即
$$I = I_1 + I_2$$

(2) 并联电路两端的电压均相等,即
$$U = U_1 = U_2$$
(3) 并联电路等效电阻 R 的倒数等于各电阻倒数之和,即
$$\frac{1}{R} = \frac{1}{R_1} + \frac{1}{R_2}$$
(4) 并联电路中,总功率等于各电阻功率之和,即
$$P = P_1 = P_2$$
(5) 并联电路中,电阻阻值越大,流过的电流越小,并联电路分流。

第三章

正弦交流电的安装与测试

学习目标

1. 掌握正弦交流电路中的电阻、电感、电容元件的电压和电流的关系及计算方法。
2. 掌握正弦交流电路中功率的计算方法。
3. 掌握测定交流电路元件参数的方法。
4. 理解正弦量的三要素及正弦量的相量表示法。
5. 掌握线电压与相电压、线电流与相电流的关系。
6. 理解并掌握三相异步电动机的工作原理及连接方法。

第一节 日光灯电路安装与测试

任务描述

我们日常用电一般为交流电，如照明、灌溉、电器用电等。还有一些直流用电是通过交流电转换而成的，如手机、笔记本电脑用电等。

图3-1所示为日光灯线路图，由镇流器、启辉器、日光灯管组成。

通过对日光灯线路的安装与调试，掌握交流电路中的电压、电流、功率的测量方法。

一、正弦交流电的概念及基本物理量

1. 正弦交流电的概念

随时间按正弦规律变化的电压、电流称为正弦电压和正弦电流，简称正弦量，如图3-

2 所示。

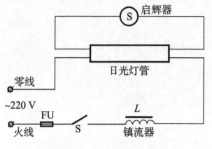

图 3-1 日光灯线路图

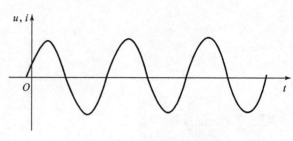

图 3-2 正弦交流电

表达式：

$$u = U_m \sin(\omega t + \psi_u)$$
$$i = I_m \sin(\omega t + \psi_i)$$

2. 正弦交流电的基本物理量

正弦交流电的特征表现在三个方面：角频率、幅值和初相角，这三个方面是决定正弦量变化特征的三要素。

1) 周期、频率和角频率

周期、频率和角频率是表示正弦电量随时间变化快慢的物理量，如图 3-3 所示。

周期 T：正弦量完整变化一周所需要的时间，单位是秒，用 s 表示。

频率 f：正弦量在单位时间内变化的周数，单位是赫兹，用 Hz 表示。

周期与频率的关系：

$$f = \frac{1}{T}$$

角频率 ω：正弦量单位时间内变化的弧度数，单位是弧度/秒，用 rad/s 表示。

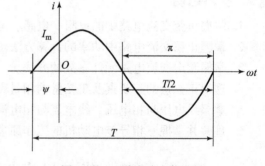

图 3-3 正弦交流电物理量

角频率与周期及频率的关系：

$$\omega = \frac{2\pi}{T} = 2\pi f$$

2) 瞬时值、幅值和有效值

正弦量是时间函数，它的大小和方向每时每刻都在变化。如图 3-2 所示，对应某一时刻 t，电流值 i 称为该电流在 t 时刻的瞬时值。规定用小写字母表示交流电的瞬时值，如交流电的电流、电压、电动势的瞬时值分别用 i、u、e 表示。

以电流为例，瞬时值是以解析式表示的：

$$i(t) = I_m \sin(\omega t + \psi_i)$$

式中，ψ_i 为初相位角。

正弦量变化过程中所能达到的最大值称为正弦量的幅值，就是上式中的 I_m，I_m 反映了正弦量振荡的幅度。

为了确切表示出正弦量的实际大小，工程上常采用有效值来表示交流电，有效值指与交流电热效应相同的直流电数值，如图 3-4 所示。

图 3-4 有效值电路图
(a) 交流电流；(b) 直流电流

在图 3-4 (a) 中，i 通过电阻 R 时，在 t 时间内产生的热量为 Q；在 3-4 (b) 中，I 通过电阻 R 时，在 t 时间内产生的热量也为 Q，则直流电流 I 就是上述交流电流 i 的有效值。

通过推导和计算得出电流有效值为

$$I = \frac{I_m}{\sqrt{2}} = 0.707 I_m$$

电压有效值为

$$U = \frac{U_m}{\sqrt{2}} = 0.707 U_m$$

电动势有效值为

$$E = \frac{E_m}{\sqrt{2}} = 0.707 E_m$$

3) 相位、初相位、相位差

以正弦交流电流为例（图 3-3），电流的表达式为

$$i = I_m \sin(\omega t + \psi)$$

式中，$(\omega t + \psi)$ 为正弦交流电的相位角，简称相位，单位是弧度，用 rad 表示。

当 $t=0$ 时，$\omega t + \psi = \psi$，ψ 称为初相位角或初相位，初相位的取值范围为 $-180° \leq \psi \leq 180°$。初相位决定了正弦量在 $t=0$ 时刻的值。初相位与计时起点的选择有关，是区别同频率正弦量的重要标志之一。

相位差是指两个同频率正弦量之间的相位之差，数值上等于它们的初相之差，用 ϕ 表示。如果

$$u = U_m \sin(\omega t + \psi_u)$$
$$i = I_m \sin(\omega t + \psi_i)$$

u，i 的相位差为

$$\phi = (\omega t + \psi_u) - (\omega t + \psi_i) = \psi_u - \psi_i$$

由上式可看出两个同频率的正弦量的相位差始终不变，它与计时起点无关。根据 ϕ 的取值不同，两个正弦量的相位关系也不同。

若 $\phi=0$，则表示 $\psi_u = \psi_i$，则 u 与 i 同时到达最大值，也同时到达零点，称 u 与 i 同相，如图 3-5 (a) 所示。

若 $\phi>0$，则表示 $\psi_u > \psi_i$，则 u 比 i 先到达最大值，也先到达零点，称 u 超前 i 一个相位角 ϕ，如图 3-5 (b) 所示。

若 $\phi<0$，则表示 $\psi_u < \psi_i$，则 u 滞后 i 一个相位角 ϕ，如图 3-5 (c) 所示。

若 $\phi=\pi$，则表示 $\psi_u - \psi_i = \pi$，则 u 与 i 反相，如图 3-5 (d) 所示。

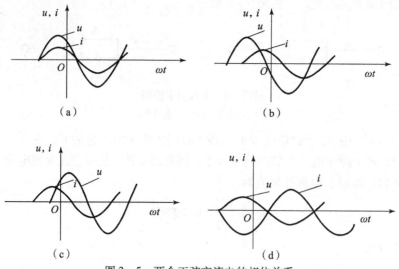

图3-5 两个正弦交流电的相位关系
(a) u 与 i 同相；(b) u 超前 i；(c) u 滞后 i；(d) u 与 i 反相

二、正弦量的相量表示法

1. 正弦量的相量图

为了进行正弦量的加减运算，引入相量表示法。

正弦量的相量表示法是建立在数学中复数的基础上的，一个正弦量的瞬时值可以用一个旋转矢量在纵轴上的投影值来表示，如图3-6所示。

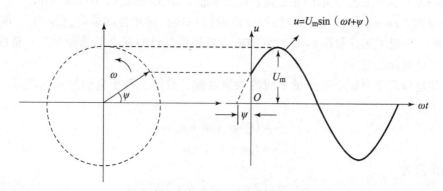

图3-6 交流电压的相量表示法

从图3-6中可以看出正弦量可以用旋转的有向线段表示（注意，两者并不相等）。

矢量长度 = U_m；

矢量与横轴之间夹角 = 初相位 ψ；

矢量以角速度 ω 按逆时针方向旋转。

把在复数平面上表示正弦量的有向线段称为相量，用大写字母上边加上"·"表示，如 $\dot{U}$、$\dot{U}_m$、$\dot{I}_m$、$\dot{I}$。实际画向量图时，只画出有代表性的 $t=0$ 时的位置，实际应用时，多用有效值相量，它与幅值相量的关系式为

$$i = \frac{I_m}{\sqrt{2}}$$

按照正弦量的大小和相位关系用初始位置的有向线段画出的若干个相量的图形,称为相量图。

相量图的表示法能把正弦量的大小和初相位表现得非常直观,因而特别适用于同时表示几个同频率正弦量之间的关系。

例 3-1 已知以下正弦量,画出相量图。

$$u = U_m \sin(\omega t + 45°)$$
$$i = I_m \sin(\omega t - 30°)$$

解:根据相量图的画法,则 u 与 i 的有效值相量图如图 3-7 所示。

本例题中,u 和 i 的有效值相量可表示为

$$\dot{U} = U \angle 45°$$
$$\dot{I} = I \angle -30°$$

例 3-2 同频率正弦量相加——平行四边形法则,已知电流

$$i_1 = 30\sqrt{2}\sin(\omega t - 70°)$$
$$i_2 = 40\sqrt{2}\sin(\omega t + 20°)$$

求 $i = i_1 + i_2$。

解:根据所给的正弦量画出相量图,如图 3-8 所示。

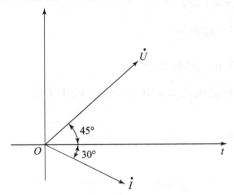

图 3-7 例 3-1 题解用图

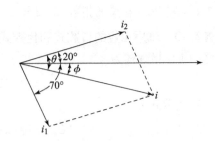

图 3-8 例 3-2 题解用图

因为 $i = i_1 + i_2$,所以

$$\dot{I} = \dot{I}_1 + \dot{I}_2$$

由平行四边形法则可得合成相量 $\dot{I}$ 的长度为

$$I = \sqrt{I_1^2 + I_2^2} = \sqrt{30^2 + 40^2} = 50(\text{A})$$

$\dot{I}$ 与实轴的夹角为 ϕ,则

$$\phi = -(\theta - 20°)$$

式中

$$\theta = \arctan\frac{I_1}{I_2} = \arctan\frac{30}{40} = 37°$$

于是
$$\phi = -(\theta - 20°) = -(37° - 20°) = -17°$$
所以
$$i = i_1 + i_2 = 50\sqrt{2}\sin(\omega t - 17°)$$

2. 正弦量的代数式与指数式

图 3-9 所示为电流向量图，电流有效值相量 $\dot{I}$，它在实轴和虚轴上的投影分别为 a 与 b。

因而 $\dot{I}$ 可以表示为
$$\dot{I} = a + jb$$

得出相量代数式：
$$a = I\cos\phi (实部)$$
$$b = I\sin\phi (虚部)$$

由欧拉公式
$$\cos\phi + j\sin\phi = e^{j\phi}$$

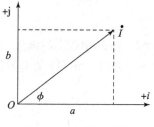

图 3-9 电流向量图

可得
$$\dot{I} = Ie^{j\phi} \text{ 或 } \dot{I} = I\angle\phi$$

式中
$$|I| = \sqrt{a^2 + b^2} (模)$$
$$\phi = \arctan\frac{b}{a} (幅角)$$

式 $\dot{I} = Ie^{j\phi}$ 称为相量的指数式，$\dot{I} = I\angle\phi$ 称为相量的极坐标式。

例 3-3 试用相量的指数式和代数式表示正弦电压 $u = 10\sqrt{2}\sin(\omega t + 30°)$ V。

解：(1) 指数式为
$$\dot{U}_m = 10\sqrt{2}e^{j30°} \text{ 或 } \dot{U} = 10\angle 30°$$

(2) 代数式为
$$\dot{U}_m = 10\sqrt{2}\cos 30° + 10\sqrt{2}j\sin 30°$$
$$= 10\sqrt{2} \times 0.866 + 10\sqrt{2} \times 0.5j$$
$$\approx 12.2 + 7.05j (V)$$

例 3-4 已知相量，求瞬时值。已知两个频率都为 1 000 Hz 的正弦电流，其相量形式为

$$\begin{cases} \dot{I}_1 = 100\angle -60° \\ \dot{I}_2 = 10\angle 30° \end{cases}$$

求：i_1、i_2。

解：
$$\omega = 2\pi f = 2\pi \times 1\,000 \approx 6\,280 (\text{rad/s})$$
$$i_1 = 100\sqrt{2}\sin(6\,280t - 60°) \text{ A}$$

$$i_2 = 10\sqrt{2}\sin(6\,280t + 30°)\,\text{A}$$

三、单一参数交流电路

1. 电阻元件的交流电路

在日常生活中，我们用到的白炽灯、电炉、电烙铁等都属于电阻性负载，它们与交流电连接成纯电阻电路，如图 3–10（a）所示。

1）电压与电流的关系

设流过电阻的电流

$$i = I_\text{m}\sin\omega t$$

则

$$u = iR = I_\text{m}R\sin\omega t = U_\text{m}\sin\omega t$$

如图 3–10（b）所示，电阻两端的电压 u 与电流 i 的频率相同，在数值上电压与电流满足关系式

$$U_\text{m} = I_\text{m}R \text{ 或 } I_\text{m} = \frac{U_\text{m}}{R}$$

用有效值表示，则

$$U = IR \text{ 或 } I = \frac{U}{R}$$

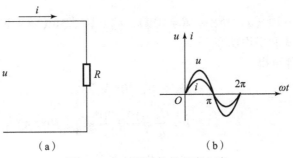

图 3–10　电阻元件的交流电路
（a）电阻元件交流电路；（b）电压与电流的波形图

结论：在电阻元件的交流电路中，电压的幅值（或有效值）与电流的幅值（或有效值）成正比，符合交流电路的欧姆定律。

用相量表示电压与电流的关系为

$$\dot{U} = \dot{I}R$$

电压与电流的相位关系如图 3–11 所示。

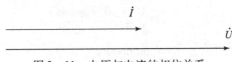

图 3–11　电压与电流的相位关系

2）电阻元件的功率

（1）瞬时功率。电阻元件中流过的瞬时电流 i 与其两端瞬时电压 u 的乘积，称为电阻元

件的瞬时功率,用 p 表示,即

$$p = u \cdot i = U_m \sin\omega t \cdot I_m \sin\omega t$$
$$= UI - UI\cos2\omega t = UI(1 - \cos2\omega t)$$

上式表明,电阻元件的瞬时功率总为正值。其瞬时功率的波形图如图 3 – 12 所示。

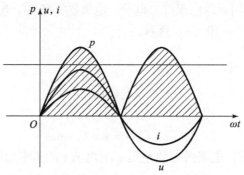

图 3 – 12　电阻元件瞬时功率的波形图

(2) 平均功率。瞬时功率随着时间的变化而变化,因此瞬时功率的实用意义不大,通常所说的交流电功率是指平均功率,也称为有功功率,即在一个周期内瞬时功率的平均值,用 P 表示。

$$P = UI = I^2 R = \frac{U^2}{R}$$

例 3 – 5　如图 3 – 10 (a) 所示,$R = 10\ \Omega$,$u_R = 10\sqrt{2}\sin(\omega t + 30°)$ V,求电流的瞬时值表达式、相量表达式和平均功率。

解:根据已知条件可得

$$\dot{U}_R = 10\angle 30°\ \text{V}$$
$$\dot{I} = \frac{\dot{U}_R}{R} = \frac{10\angle 30°}{10} = 1\angle 30°(\text{A})$$
$$i = \sqrt{2}\sin(\omega t + 30°)\ \text{A}$$
$$P = U_R I = 10 \times 1 = 10(\text{W})$$

2. 电感元件的交流电路

电感元件交流电路如图 3 – 13 (a) 所示。

1) 电压与电流的关系

如果电路中正弦电流为

$$i = I_m \sin\omega t$$

电感元件两端电压为

$$u_L = L\frac{di}{dt} = L\frac{d(I_m\sin\omega t)}{dt}$$
$$= I_m \omega L \cos\omega t$$
$$= U_{Lm}\sin(\omega t + 90°)$$

上式表明,电压 u 超前电流 i 一个电角,其波形如图 3 – 13 (b) 所示。在数值上电压与电流满足关系式

$$U_m = I_m\omega L \quad 或 \quad \frac{U_m}{I_m} = \frac{U}{I} = \omega L$$

式中，ωL 称为电感元件的电感电抗，简称感抗，用 X_L 表示，单位为 Ω。

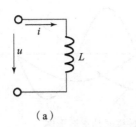

图 3-13 电感元件交流电路
(a) 电路图；(b) 电压与电流波形图

$$X_L = \omega L = 2\pi f L$$

所以

$$U_m = X_L I_m \quad 或 \quad \frac{U_m}{I_m} = X_L$$

用有效值表示，则

$$U = X_L I \quad 或 \quad \frac{U}{I} = X_L$$

用相量表示电压与电流的关系为

$$\dot{U} = jX_L \dot{I} = j\omega L \dot{I}$$

电感元件电路中电压与电流的相量图如图 3-14 所示。

结论：感抗表示线圈对交流电流阻碍作用的大小。当 $f = 0$，$X_L = 0$ 时，表明线圈对直流电流相当于短路，这就是线圈本身所固有的"通直流，阻交流"作用。

2）电感元件的功率

(1) 瞬时功率

$$p = ui = U_m\sin(\omega t + 90°) \cdot I_m\sin\omega t$$
$$= \frac{1}{2}U_m I_m \sin 2\omega t = UI\sin 2\omega t$$

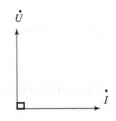

图 3-14 电感元件电路中
电压与电流的相量图

电感元件瞬时功率波形图如图 3-15 所示。

(2) 平均功率

$$P = 0$$

因此，在纯电感电路中只有能量的交换而没有能量的损耗。

(3) 无功功率。工程中为了表示能量交换的规模大小，将电感瞬时功率的最大值定义为电感的无功功率，用 Q_L 表示。

$$Q_L = UI = I^2 X_L = \frac{U^2}{X_L}$$

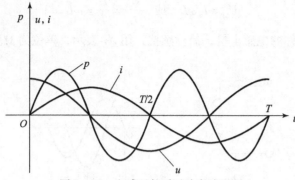

图3-15 电感元件瞬时功率波形图

式中，Q_L 的单位为乏，用 var 表示。

例3-6 把一个电感为 0.35 H 的线圈，接到 $u = 220\sqrt{2}\sin(100\pi t + 60°)$ V 的交流电路中，求线圈中电流瞬时值表达式。

解：由已知电压的瞬时值表达式可得

$$U = 220 \text{ V}, \quad \omega = 10\pi \text{ rad/s}, \quad \phi = 60°$$

电压的极坐标式为

$$\dot{U} = 220\angle 60° \text{ V}$$

$$X_L = \omega L = 100 \times 3.14 \times 0.35 \approx 110(\Omega)$$

$$\dot{I}_L = \frac{\dot{U}_L}{jX_L} = \frac{220\angle 60°}{1\angle 90° \times 110} = 2\angle -30°(\text{A})$$

得出通过线圈的电流瞬时值表达式为

$$i = 2\sqrt{2}\sin\left(100\pi t - \frac{\pi}{6}\right) \text{ A}$$

3. 电容元件的交流电路

电容元件的交流电路如图 3-16（a）所示。

1) 电压与电流的关系

如果电容两端的电压

$$u = U_m \sin\omega t$$

则

$$i = C\frac{du}{dt} = C\frac{d(U_m\sin\omega t)}{dt}$$
$$= U_m\omega C\cos\omega t$$
$$= I_m\sin(\omega t + 90°)$$

电压 u 滞后电流 i 一个电角，如图 3-16（b）所示。在数值上电压与电流满足关系式

$$I_m = U_m\omega C \text{ 或 } \frac{U_m}{I_m} = \frac{U}{I} = \frac{1}{\omega C}$$

式中，$\frac{1}{\omega C}$ 称为电容元件的电容电抗，简称容抗，用 X_C 表示，单位为 Ω。

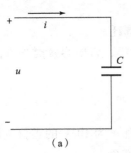 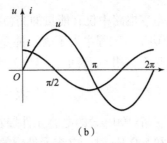

图 3-16 电容元件的交流电路
(a) 交流电路；(b) 电压与电流的波形图

$$X_C = \frac{1}{\omega C} = \frac{1}{2\pi f C}$$

则

$$U_m = I_m X_C \text{ 或 } \frac{U_m}{I_m} = X_C$$

有效值表示为

$$U = I X_C \text{ 或 } \frac{U}{I} = X_C$$

用相量表示电压与电流的关系为

$$\dot{U} = -jX_C\dot{I} = -j\frac{\dot{I}}{\omega C} = \frac{\dot{I}}{j\omega C}$$

电容元件交流电路中电压与电流的相量图如图 3-17 所示。

结论：电容在交流电路中，对频率越高的电流所呈现的容抗越小，当频率 f 很低或 $f=0$（直流）时，电容就相当于开路。这就是电容本身所固有的"通交流，阻直流"作用。

2）电容元件的功率

（1）瞬时功率

$$p = ui = U_m\sin\omega t \cdot I_m\sin(\omega t + 90°)$$
$$= \frac{1}{2}U_m I_m \sin 2\omega t = UI\sin 2\omega t$$

电容元件瞬时功率波形图如图 3-18 所示。

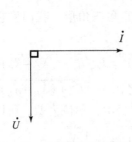 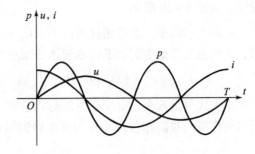

图 3-17 电容元件交流电路中
电压与电流的相量图

图 3-18 电容元件瞬时功率波形图

（2）平均功率。由图 3-18 可以看出平均功率

$$P = 0$$

因此，纯电容电路中仅有能量的交换而没有能量的损耗。

（3）无功功率。工程中为了表示能量交换的规模大小，将电容瞬时功率的最大值定义为电容的无功功率，用 Q_C 表示，单位为乏，用 var 表示。

$$Q_C = UI = I^2 X_C = \frac{U^2}{X_C}$$

例 3-7 一个 100 μF 的电容元件接在电压（有效值）为 10 V 的正弦电源上，当电源频率为 50 Hz 和 500 Hz 时，电容元件中的电流分别是多少？

解： 当电源频率为 50 Hz 时

$$X_C = \frac{1}{2\pi fC} = \frac{1}{2 \times 3.14 \times 50 \times 100 \times 10^{-6}} \approx 31.8(\Omega)$$

$$I = \frac{U}{X_C} = \frac{10}{31.8} \approx 0.314(\text{A}) = 314(\text{mA})$$

当电源频率为 500 Hz 时

$$X_C = \frac{1}{2\pi fC} = \frac{1}{2 \times 3.14 \times 500 \times 100 \times 10^{-6}} \approx 3.18(\Omega)$$

$$I = \frac{U}{X_C} = \frac{10}{3.18} = 3.14(\text{A}) = 3\,140(\text{mA})$$

四、RLC 串联电路

图 3-19 所示为 RLC 串联电路。

1. 电压与电流的关系

若电路中电流

$$i = I_m \sin\omega t$$

根据 KVL 定律可以列出总电压瞬时值为

$$u = u_R + u_L + u_C$$

用相量表示为

$$\dot{U} = \dot{U}_R + \dot{U}_L + \dot{U}_C$$

由于串联电路中流过各元件的电流相同，因此以电流相量作为参考相量，作出电压的相量图，如图 3-20 所示。

在图 3-20 中，电压相量 $\dot{U}_R$、$\dot{U}$、$\dot{U}_L + \dot{U}_C$ 构成一个直角三角形，我们称它为电压三角形，在电压三角形中利用平行四边形法则求得

$$U = \sqrt{U_R^2 + (U_L - U_C)^2} = \sqrt{(RI)^2 + (X_L I - X_C I)^2} = I\sqrt{R^2 + (X_L - X_C)^2}$$

由上式可以看出，电压与电流的有效值（或幅值）之比为 $\sqrt{R^2 + (X_L - X_C)^2}$，也对电流起阻碍作用，我们称它为 RLC 串联电路的阻抗模，用 $|Z|$ 表示，单位为 Ω。所以

$$|Z| = \sqrt{R^2 + (X_L - X_C)^2} = \sqrt{R^2 + \left(\omega L - \frac{1}{\omega C}\right)^2}$$

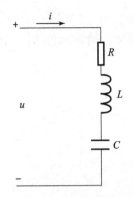

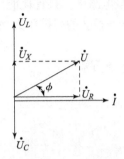

图 3-19　RLC 串联电路　　图 3-20　以电流相量作为参考相量的电压相量图

RLC 串联电路的电压与电流有效值关系为

$$U = I|Z|$$

根据此式画出电路的阻抗三角形，如图 3-21 所示。

电压 u 与电流 i 之间的相位差也可以从电压三角形得出，即

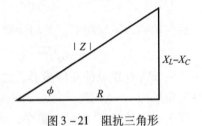

图 3-21　阻抗三角形

$$\phi = \arctan\frac{U_L - U_C}{U_R} = \arctan\frac{X_L - X_C}{R}$$

当 $\phi > 0$ 时，$U_L > U_C$，电压 u 超前电流 i，此时电路性质为电感性。

当 $\phi < 0$ 时，$U_L < U_C$，电压 u 滞后电流 i，此时电路性质为电容性。

当 $\phi = 0$ 时，$U_L = U_C$，电压 u 与电流 i 同相，此时电路性质为电阻性。

用相量表示电压与电流的关系为

$$\dot{U} = \dot{U}_R + \dot{U}_L + \dot{U}_C = R\dot{I} + jX_L\dot{I} - jX_C\dot{I}$$
$$= [R + j(X_L - X_C)]\dot{I}$$

将上式变化写成

$$\frac{\dot{U}}{\dot{I}} = R + j(X_L - X_C)$$

式中，$[R + j(X_L - X_C)]$ 称为电路的阻抗，用 Z 表示，即

$$Z = R + j(X_L - X_C) = \sqrt{R^2 + (X_L - X_C)^2}\,e^{j\arctan\frac{X_L - X_C}{R}} = |Z|e^{j\phi}$$

2. RLC 串联电路的功率

1）平均功率（有功功率）

在 RLC 串联电路中，只有电阻元件消耗能量，所以电路的平均功率为

$$P = P_R = U_R I$$

由电压三角形可知

$$U_R = U\cos\phi$$

则

$$P = UI\cos\phi$$

式中，$\cos\phi$ 称为交流电路的功率因数。

2) 无功功率

在 RLC 串联电路中，只有耗能元件 R 上产生有功功率 P；储能元件 L、C 不消耗能量，但存在能量吞吐，吞吐的规模用无功功率 Q 来表征：

$$Q = Q_L - Q_C = U_L I - U_C I$$

由电压三角形可知

$$U_L - U_C = U\sin\phi$$

则

$$Q = UI\sin\phi$$

3) 视在功率

电路提供的总功率常称作视在功率 S，单位是伏·安（V·A）或千伏·安（kV·A）。

$$S = UI$$

视在功率、平均功率、无功功率之间的关系

$$S = \sqrt{P^2 + Q^2}$$

式中，S、P、Q 组成的几何图形，如图 3-22 所示，称为功率三角形。

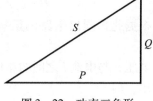

图 3-22 功率三角形

例 3-8 在 RLC 串联电路中，$R = 30\ \Omega$，$X_L = 40\ \Omega$，$X_C = 80\ \Omega$，若电源电压 $u = 220\sqrt{2}\sin\omega t$，求电路的电流、电阻电压、电感电压、电容电压的相量。

解： 由于

$$u = 220\sqrt{2}\sin\omega t$$

所以

$$\dot{U} = 220\angle 0°\ \text{V}$$

$$\dot{I} = \frac{\dot{U}}{Z} = \frac{\dot{U}}{R + j(X_L - X_C)} = \frac{220\angle 0°}{30 + j(40-80)} = \frac{220\angle 0°}{50\angle -53°} = 4.4\angle 53°\ (\text{A})$$

$$\dot{U}_R = \dot{I}R = 30 \times 4.4\angle 53° = 132\angle 53°\ (\text{V})$$

$$\dot{U}_L = j\dot{I}X_L = 40\angle 90° \times 4.4\angle 53° = 176\angle 143°\ (\text{V})$$

$$\dot{U}_C = -j\dot{I}X_C = 80\angle -90° \times 4.4\angle 53° = 352\angle -37°\ (\text{V})$$

【任务实施】

Multisim 仿真

1. 实验要求与目的

(1) 测量各元件两端的电压、电路中的电流及电路功率，掌握它们之间的关系。

(2) 熟悉 RLC 串联电路的特性。

2. 实验原理

RLC 串联电路有效值之间的关系为

$$U = \sqrt{U_R^2 + (U_L - U_C)^2}$$

有功功率和视在功率之间的关系为

$$P = S\cos\phi$$

3. 实验电路

RLC 串联电路如图 3-23 所示。

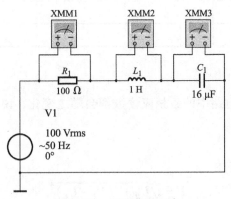

图 3-23　RLC 串联电路

4. 实验步骤

（1）测量各元件两端的电压。按图 3-23 连接电路，将万用表全部调到交流电压挡，打开仿真开关，其测量结果如图 3-24 所示。

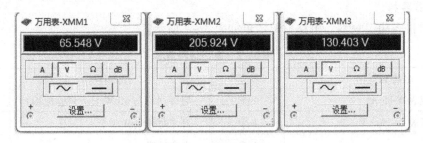

图 3-24　万用表测量结果

（2）测量电路中的电流和功率。按图 3-25 连接好功率表和万用表，将万用表调到交流电流挡，打开仿真开关，测量结果如图 3-26 所示。

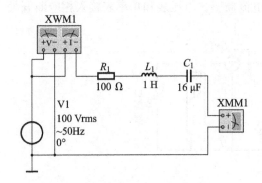

图 3-25　测量电路的功率和电流

图 3-26　测量结果

（3）将交流电源的频率改为 100 Hz，其他参数不变，对以上数据重新测量一次，将结果填入表 3-1 中。

表 3-1 *RLC* 串联电路测量结果

f/Hz	U_R/V	U_L/V	U_C/V	I/mA	P/W
50					
100					

5. 数据分析

（1）当频率改变时，电路中的各相应读数都会随之变化，说明电路的相应元器件的电流和功率是频率的函数。

（2）分别验证：

电压有效值之间的关系为

$$U = \sqrt{U_R^2 + (U_L - U_C)^2}$$

有功功率和视在功率之间的关系为

$$P = S\cos\phi$$

【实训操作】

1. 所用器材

按要求准备电路材料，电路材料清单如表 3-2 所示。

表 3-2 电路材料清单

名称和规格	数量	名称和规格	数量
交流电流表 0~5 A	1 个	启辉器（与 40 W 日光灯管配用）	1 个
交流电压表 0~500 V	1 个	日光灯管（40 W）	1 个
功率表	1 个	电流插座	1 个
镇流器（与 40 W 日光灯管配用）	1 个	自耦调压器（提供 220 V 交流电压）	1 个

2. 实物连接

按图 3-27 进行实物连接，并将电流表插入电流插座，电压表和功率表接入相应断开处位置。

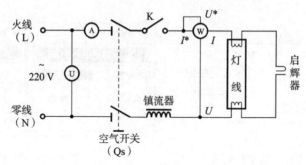

图 3-27 日光灯线路图

3. 记录读数

通入 220 V 交流电源，观察各表读数并记录下来。

4. 相关问题

（1）若日光灯电路在正常电压作用下不能启辉，如何用万用表找出故障部位？

（2）如果启辉器损坏，如何点亮日光灯？

第二节　三相交流电路的测量

任务描述

现代电力工程上几乎都采用三相四线制。三相交流供电系统在发电、输电和配电方面都具有很多优点，因此在生产和生活中得到了极其广泛的应用。

通过对三相交流电路的测量，理解对称三相交流电的概念；掌握三相电路中相、线电压电流的关系；学会对称三相电路的分析和计算方法；重点理解中线的作用；了解不对称三相电路的简单分析方法。

目前电力工程上普遍采用三相制供电，由三个幅值相等、频率相同（我国电网频率为50 Hz），彼此之间相位互差120°的正弦电压所组成的供电系统。

三相制供电比单相制供电优越表现如下。

在发电方面：三相交流发电机比相同尺寸的单相交流发电机容量大。

在输电方面：如果以同样电压将同样大小的功率输送到同样距离，三相输电线比单相输电线节省材料。

在用电设备方面：三相交流电动机比单相电动机结构简单、体积小、运行特性好等，因而三相制是目前世界各国的主要供电方式。

一、三相交流电源

1. 三相对称电动势的产生

三相交流电是由三相交流发电机产生的。图 3 - 28 所示为一个三相交流发电机原理。

三相交流发电机主要由两部分组成，里面旋转的部分称为转子，在转子的线圈中通以直流电流，则在空间产生一个按正弦规律分布的磁场；外面固定不动的部分称为定子，在定子的铁芯槽内分别嵌入三个结构完全相同的线圈 U1 - U2、V1 - V2、W1 - W2，它们在空间的位置互差 120°，称为三相定子绕组，U1、V1、W1 称为三个绕组的始端，U2、V2、W2 称为三个绕组的末端。当发电机拖动转子以角速度匀速旋转时，三相定子绕组就会切割磁力线而感生电动势。由于磁场按正弦规律分布，因此感应出的电动势为正弦电动势，而三相绕组结构相同、切割磁力线的速度相同、位置互差 120°，因此三相绕组感应出的电动势幅值相等、频率相同、相位互差 120°。这样的三相电动势称为对称三相电动势，设各相电动势方向由末端指向始端，如图 3 - 28（b）所示，并以 E_U 为参考量，则三个电动势的瞬时值表达式为

$$e_U = E_m \sin\omega t$$
$$e_V = E_m \sin(\omega t - 120°)$$
$$e_W = E_m \sin(\omega t - 240°) = E_m \sin(\omega t + 120°)$$

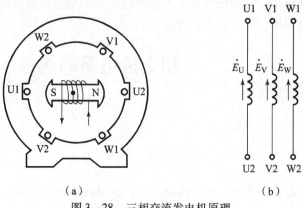

图 3-28 三相交流发电机原理
（a）结构；（b）电动势方向

三相发电机的三相对称电动势（e_U、e_V、e_W）的波形如图 3-29 所示。

若用有效值相量表示，其相量图如图 3-30 所示。表达式如下：

$$\begin{cases} \dot{E}_U = E e^{j0°} = E\angle 0° \\ \dot{E}_V = E e^{-j120°} = E\angle -120° \\ \dot{E}_W = E e^{j120°} = E\angle 120° \end{cases}$$

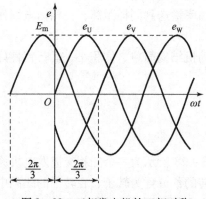
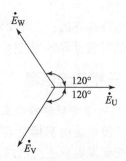

图 3-29 三相发电机的三相对称　　　图 3-30 三相发电机三相对称
电动势（e_U、e_V、e_W）的波形　　　　　电动势的相量图

2. 三相交流电源的连接

三相发电机给负载供电，它的三个绕组可有两种接线方式，即星形连接和三角形连接。

1）电源的星形连接

（1）接法。将发电机三相绕组的末端连接成一点，而把始端分别用导线引出，作为与外电路相连接的端点，如图 3-31 所示，这种连接方式称为电源的星形连接。三个绕组末端接线相交的一点，称为三相电源的中点，用 N 表示。从中点引出一根线称为中线。中线通常与大地相连，所以也称地线。从端点引出的三根导线，称为端线或火线。因为总共引出四根导线，所以这样的电源称为三相四线制电源。

（2）相电压与线电压的关系。端线与中线之间的电压称为相电压，分别用 u_A、u_B、u_C 表示 A、B、C 三相的相电压，用相量表示为 $\dot{U}_A$、$\dot{U}_B$、$\dot{U}_C$。每两根端线之间的电压称为线电压，分别用 u_{AB}、u_{BC}、u_{CA} 表示，用相量表示为 $\dot{U}_{AB}$、$\dot{U}_{BC}$、$\dot{U}_{CA}$。在图 3 – 31 中，由 KVL 得出

$$\begin{cases} \dot{U}_{AB} = \dot{U}_A - \dot{U}_B \\ \dot{U}_{BC} = \dot{U}_B - \dot{U}_C \\ \dot{U}_{CA} = \dot{U}_C - \dot{U}_A \end{cases}$$

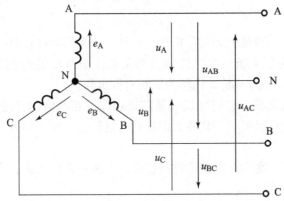

图 3 – 31　三相交流电源的星形（Y）接法图

根据上述三个式子可以画出它们的相量图，如图 3 – 32 所示。

因为三相绕组的电动势是对称的，所以三相绕组的电压也是对称的，即大小相等、频率相同、相位差为 120°，这个电压称为"三相对称电压"。三相电源的线电压也是对称的，线电压与相电压的关系为

$$\frac{1}{2}\dot{U}_{AB} = \dot{U}_A\cos 30° = \frac{\sqrt{3}}{2}\dot{U}_A$$

$$\dot{U}_{AB} = \sqrt{3}\dot{U}_A$$

线电压的有效值（幅值）是相电压的有效值（幅值）的 $\sqrt{3}$ 倍，在相位上线电压超前相电压。

同理

$$\dot{U}_{BC} = \sqrt{3}\dot{U}_B,\ \dot{U}_{CA} = \sqrt{3}\dot{U}_C$$

在三相交流电源中，一般用 U_P 表示相电压，用 U_L 表示线电压，因此

$$U_L = \sqrt{3}U_P$$

2）电源的三角形连接

（1）接法。发电机三相绕组依次首尾相连，引出三根线，称为三角形连接，如图 3 – 33 所示。

（2）线电压和相电压的关系。根据图 3 – 33 可知，当三相交流电源进行三角形连接时，线电压与相电压是相等的，即

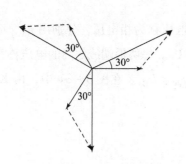 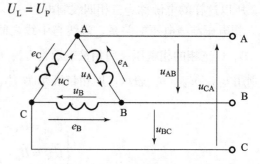

图 3-32 相电压和线电压相量图   图 3-33 三相交流电源的三角形连接图

二、三相负载

三相负载有两种：一种是三相对称负载，一种是三相不对称负载。

需要接在三相电源上才能正常工作的三相负载，而且阻抗值相等，即 $|Z_A|=|Z_B|=|Z_C|$，阻抗角相同，$\phi_A=\phi_B=\phi_C$，则称为三相对称负载。

只需接单相电源的负载，它们可以按照需要接在三相电源的任意一相相电压或线电压上。对于电源来说它们也组成三相负载，但各相的复阻抗一般不相等，所以不是三相对称负载，如照明灯。

不管负载对称与否，在实际电路中进行连接时有两种连接方式，即星形连接和三角形连接。

1. 三相负载的星形连接

图 3-34 所示为三相负载的星形连接，点 N′ 称为负载的中点，NN′ 是中线，此电路是三相四线制电路。

如果三相负载对称，中线中无电流，故可将中线除去，而成为三相三线制系统。

如果三相负载不对称，中线上就有电流 I_N 通过，此时中线不能被除去，否则电气设备就不能正常工作。

1) 相电压与线电压的关系

由图 3-34 可以看出，负载的电压也是对称的，负载的相电压等于电源的相电压，且等于线电压的 $\dfrac{1}{\sqrt{3}}$ 倍，线电压超前相电压 30°，即

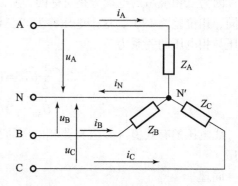

图 3-34 三相负载的星形连接

$$U_A = U_B = U_C = \frac{U_{AB}}{\sqrt{3}}$$

2) 相电流与线电流的关系

端线中流过的电流叫线电流，分别用 i_A、i_B、i_C 表示。每相负载流过的电流叫相电流，在星形连接时，每相负载的相电流就是对应的线电流，即相电流等于线电流。

各相负载的电流为

$$I_A = \frac{U_A}{|Z_A|}, \quad I_B = \frac{U_B}{|Z_B|}, \quad I_C = \frac{U_C}{|Z_C|}$$

各相负载的相电压与相电流的相位差是

$$\phi_A = \arctan\frac{X_A}{R_A}, \quad \phi_B = \arctan\frac{X_B}{R_B}, \quad \phi_C = \arctan\frac{X_C}{R_C}$$

式中，R_A、R_B、R_C 分别为各相负载的等效电阻；X_A、X_B、X_C 分别为各相负载的等效电抗（等效感抗与等效容抗之差）。

中线中流过的电流称为中线电流，用 i_N 表示。根据 KVL 定律，可得

$$i_N = i_A + i_B + i_C = 0$$

用相量表示，则

$$\dot{I}_N = \dot{I}_A + \dot{I}_B + \dot{I}_C$$

如果三相负载是对称负载，则

$$I_A = I_B = I_C = \frac{U_P}{|Z|}$$

式中

$$|Z| = \sqrt{R^2 + X^2}$$

$$\phi_A = \phi_B = \phi_C = \arctan\frac{X}{R}$$

结论：对于三相对称的负载，中线电流等于零，因而在生产上可以不设置中线，即采用三相三线制接法。

例 3 – 9 如图 3 – 34 所示，每相的等效电阻 $R = 6\ \Omega$，等效感抗 $X_L = 8\ \Omega$，电源电压对称且已知，试求各相电流的三角函数式。

解： 据已知条件可知

$$U_{AB} = 380\ \text{V}$$

则

$$U_A = \frac{380}{\sqrt{3}} = 220(\text{V})$$

线电压超前相电压30°，得出

$$u_A = 220\sqrt{2}\sin\omega t$$

A 相电流的有效值

$$I_A = \frac{U_A}{|Z_A|} = \frac{220}{\sqrt{6^2 + 8^2}} = 22(\text{A})$$

A 的相电流与相电压的相位差为

$$\varphi_A = \arctan\frac{X_L}{R} = \arctan\frac{8}{6} = 53°$$

A 的相电流三角函数式为

$$i_A = 22\sqrt{2}\sin(\omega t - 53°)$$

由于是对称负载，其他两相的电流三角函数式为

$$i_B = 22\sqrt{2}\sin(\omega t - 53° - 120°) = 22\sqrt{2}\sin(\omega t - 173°)$$
$$i_C = 22\sqrt{2}\sin(\omega t - 53° + 120°) = 22\sqrt{2}\sin(\omega t + 67°)$$

2. 三相负载的三角形连接

图 3-35 所示为三相负载的三角形连接。

1) 相电压与线电压的关系

负载的相电压等于电源的线电压，无论负载对称与否，负载的相电压总是对称的，即

$$U_{AB} = U_{BC} = U_{CA} = U_L = U_P$$

2) 相电流与线电流的关系

三相负载进行三角形连接时，相电流分别用 i_{AB}、i_{BC}、i_{CA} 表示，线电流用 i_A、i_B、i_C 表示。

各相负载的相电流为

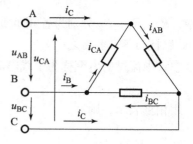

图 3-35 三相负载的三角形连接

$$I_{AB} = \frac{U_{AB}}{|Z_{AB}|}, \quad I_{BC} = \frac{U_{BC}}{|Z_{BC}|}, \quad I_{CA} = \frac{U_{CA}}{|Z_{CA}|}$$

各相负载的相电压与相电流之间的相位差为

$$\varphi_{AB} = \arctan\frac{X_{AB}}{R_{AB}}, \quad \varphi_{BC} = \arctan\frac{X_{BC}}{R_{BC}}, \quad \varphi_{CA} = \arctan\frac{X_{CA}}{R_{CA}}$$

若三相负载对称，则

$$I_{AB} = I_{BC} = I_{CA} = I_P = \frac{U_P}{|Z|}$$

$$\varphi_{AB} = \varphi_{BC} = \varphi_{CA} = \arctan\frac{X}{R}$$

式中，$|Z| = \sqrt{R^2 + X^2}$，R 为每相的等效电阻；X 为各相负载的等效电抗（等效感抗与等效容抗之差）。

利用 KVL 定律可知，负载的线电流为

$$i_A = i_{AB} - i_{CA}$$
$$i_B = i_{BC} - i_{AB}$$
$$i_C = i_{CA} - i_{BC}$$

用相量表示为

$$\dot{I}_A = \dot{I}_{AB} - \dot{I}_{CA}$$
$$\dot{I}_B = \dot{I}_{BC} - \dot{I}_{AB}$$
$$\dot{I}_C = \dot{I}_{CA} - \dot{I}_{BC}$$

作出线电流与相电流的相量图，如图 3-36 所示。

由相量图可得

$$\frac{1}{2}I_A = I_{AB}\cos 30° = \frac{\sqrt{3}}{2}I_{AB}$$

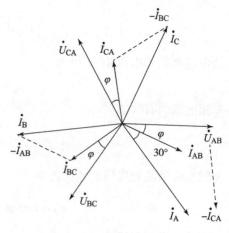

图 3-36 线电流与相电流的相量图

$$I_A = \sqrt{3}I_{AB}$$

同理
$$I_B = \sqrt{3}I_{BC}, \quad I_C = \sqrt{3}I_{CA}$$

相电流与线电流的相位关系是：相电流超前线电流30°。

三相负载进行连接的时候，连接方式取决于电源电压和负载额定相电压。例如，电源的线电压为380 V，而某三相异步电动机的额定相电压也为380 V，电动机的三相绕组就应接成三角形；如果电动机的额定电压为220 V，则电动机的三相绕组应接成星形。

三、三相电路的功率

（1）有功功率：三相负载总的有功功率等于各相有功功率之和，即
$$P = P_A + P_B + P_C = U_A I_A \cos\varphi_A + U_B I_B \cos\varphi_B + U_C I_C \cos\varphi_C$$

式中，U_A、U_B、U_C 和 I_A、I_B、I_C 分别为三相负载的相电压和相电流；φ_A、φ_B、φ_C 分别为各相负载的相电压和相电流之间的相位差。

（2）无功功率：三相负载总的无功功率等于各相无功功率之和，即
$$Q = Q_A + Q_B + Q_C = U_A I_A \sin\varphi_A + U_B I_B \sin\varphi_B + U_C I_C \sin\varphi_C$$

当负载对称时
$$P = 3U_P I_P \cos\varphi_P$$
$$Q = 3U_P I_P \sin\varphi_P$$

因为测量线电压和线电流往往比测量相电压与相电流方便，所以三相对称负载的功率常用线电压、线电流来计算。

当对称负载是星形连接时
$$U_P = \frac{U_L}{\sqrt{3}}, \quad I_P = I_L$$

当对称负载是三角形连接时
$$U_P = U_L, \quad I_P = \frac{I_L}{\sqrt{3}}$$

代入负载对称时功率公式得
$$P = \sqrt{3}U_L I_L \cos\varphi$$
$$Q = \sqrt{3}U_L I_L \sin\varphi$$

（3）视在功率：
$$S = \sqrt{P^2 + Q^2} = \sqrt{3}U_L I_L$$

例 3-10 图 3-37 所示为三相负载，每相负载的 $R = 6\ \Omega$，电感抗 $X_L = 8\ \Omega$，接入 380 V 三相三线制电源，试比较在星形和三角形两种连接时消耗的三相电功率。

解：各相负载的阻抗
$$|Z| = \sqrt{R^2 + X_L^2} = \sqrt{6^2 + 8^2} = 10(\Omega)$$

（1）星形连接时，负载的电压
$$U_P = \frac{U_L}{\sqrt{3}} = \frac{380}{\sqrt{3}} = 220(V)$$

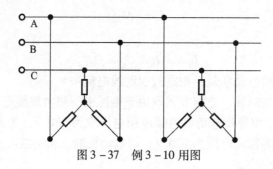

图 3-37 例 3-10 用图

相电流等于线电流

$$I_P = I_L = \frac{U_P}{|Z|} = \frac{220}{10} = 22(A)$$

负载的功率因数

$$\cos\varphi = \frac{R}{|Z|} = \frac{6}{10} = 0.6$$

星形连接时消耗的电功率

$$P_Y = \sqrt{3} U_L I_L \cos\varphi = \sqrt{3} \times 380 \times 22 \times 0.6 \approx 8.7(kW)$$

（2）三角形连接时，负载相电压等于电源的线电压

$$U_P = U_L = 380(V)$$

负载的相电流

$$I_P = \frac{U_P}{|Z|} = \frac{380}{10} = 38(A)$$

则线电流

$$I_L = \sqrt{3} I_P = \sqrt{3} \times 38 \approx 66(A)$$

三角形连接时消耗的电功率

$$P_\triangle = \sqrt{3} U_L I_L \cos\varphi = \sqrt{3} \times 380 \times 66 \times 0.6 = 26.1(kW)$$

可见

$$P_Y \neq P_\triangle, \text{而且} \quad P_\triangle = 3P_Y$$

综上所述，在三相电源线电压一定的条件下，对称负载三角形接法所消耗的功率是星形接法所消耗功率的 3 倍。

【任务实施】

Multisim 仿真

1. 实验要求与目的

（1）测量三相交流电源的相序，掌握判断相序的方法。

（2）观察三相负载变化对三相电路的影响，掌握三相交流电路的特性。

2. 实验原理

（1）当负载 Y 连接并有中线时，不论三相负载对称与否，三相负载的电压都是对称的，且线电压是相电压的 $\sqrt{3}$ 倍，线电流等于对应的相电流。当负载对称时，中线电流为零；当负载不对称时,中线电流不为零。

(2) 当负载丫连接但没有中线时,若三相负载对称,则三相负载电压是对称的;若负载不对称,则三相负载电压不对称。

(3) 当负载△连接时每相负载上的电压是对应的线电压,当三相负载对称时,线电流是相电流的$\sqrt{3}$倍;当三相负载不对称时,三相负载电流不再对称。

3. 测试电路

三相电源相序测试电路如图3-38所示。

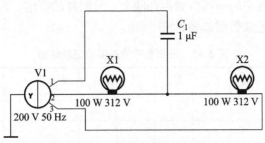

图3-38 三相电源相序测试电路

4. 实验步骤

(1) 确定三相电源相序。在实际应用中,常规的测相序的方法是用一个电容与两个灯泡组成如图3-38所示的测试电路进行测定。如果电容所接的相为A相,则灯泡较亮的是B相,较暗的是C相,相序是A-B-C。

仿真过程中,灯泡会一闪一闪地亮,通过观察便可知道哪只较亮。判断相序的仿真效果与实际操作的结果是一致的。

(2) 观察三相负载变化对三相电路的影响。三相电路的负载连接方式分为丫(又称为星形)和△(三角形)两种。图3-39所示为以三只150 W的灯泡为负载的丫连接的电路,其中FU1、FU2、和FU3是三只1 A的熔断丝。通过适当的设置,进行以下各项的测量或观察。注意:图3-39中电压表、电流表应设置成AC(清零)模式,所显示的读数为有效值。

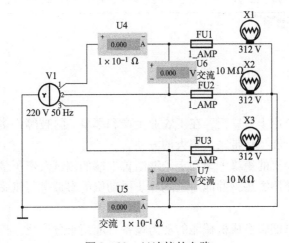

图3-39 丫连接的电路

47

①有中性线时电路的电流和电压。
②无中性线时电路的电流和电压。
③有中性线时，将其中的一相负载断开，测量电路的电流与电压。
④无中性线时，将其中的一相负载断开，观察电路出现的现象。
⑤有中性线时，将其中的一相负载短路，测量电路的电流与电压。
⑥无中性线时，将其中的一相负载短路，观察电路出现的现象。
⑦有中性线时，将其中的一相负载再并联上一只同样的灯泡，观察电路出现的现象。
⑧无中性线时，将其中的一相负载再并联上一只同样的灯泡，观察电路出现的现象。
三相负载仿真实验记录数据如表 3-3 所示。

表 3-3 三相负载仿真实验记录数据

测量项目		U_{AB}	U_{BC}	U_{CA}	U_A	U_B	U_C	I_A	I_B	I_C	U_{NN}	I_N
有中性线	对称负载											
	不对称负载											
	A 相开路											
无中性线	对称负载											
	不对称负载											
	A 相开路											

注：这两组数据是灯泡的电压设置为 312 V 时仿真的取值。

5. 数据分析及结论

利用同样的方法，我们可以将三相负载连接成△，仿真出各种电路现象并可验证其相电流与线电流的关系。特别是可以验证某相负载发生短路时的情况，避免高电压做短路实验时发生危险。

第三节 三相异步电动机的测试

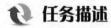
任务描述

三相异步电动机应用十分广泛，在工农业生产和军事、科技等许多方面都有应用，三相异步电动机给我们生产和生活带来了很大的方便。

本任务通过对电动机的绝缘电阻和定子绕组首末端的测试及定子绕组的连接学习，使学生熟悉掌握兆欧表的使用方法，并能对三相异步电动机的参数进行正确的测量，以增强学生的动手能力。

电动机是一种将电能转换成机械能的动力设备，应用十分广泛。按照所需电源的不同可分为交流电动机和直流电动机，交流电动机按工作原理的不同又可分为同步电动机和异步电动机。由于交流异步电动机具有结构简单、价格便宜、运行可靠、坚固耐用等优点，因此它的应用较为广泛。

一、三相异步电动机的结构

三相异步电动机由定子和转子构成。图 3-40 所示为封闭式三相笼型异步电动机的结构。

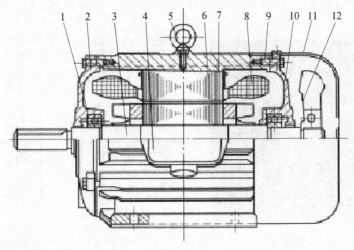

图 3-40 封闭式三相笼型异步电动机的结构
1—轴承；2—前端盖；3—转轴；4—接线盒；5—吊环；6—定子铁芯；
7—转子；8—定子绕组；9—机座；10—后端盖；11—风罩；12—风扇

1. 定子部分

定子是电动机的不动部分，是用来产生旋转磁场的。它主要由定子铁芯、定子绕组和机座等部件组成。

1) 定子铁芯

定子铁芯是电动机工作磁通的主要通路，一般由 0.35~0.5 mm 厚、表面涂有绝缘漆或氧化膜的硅钢片叠压而成，如图 3-41 所示。由于硅钢片较薄而且片与片之间是绝缘的，所以可以减小交流磁通所引起的涡流损耗。在定子铁芯硅钢片的内圆周上均匀分布着许多槽口，用以嵌放对称的三相绕组。

2) 定子绕组

定子绕组是电动机的电路部分。由对称的三个绕组组成，它们按照一定的规律依次嵌放在定子铁芯的槽口内，并与铁芯之间夹以绝缘层，当绕组中通入三相对称电流时，就会产生旋转磁场。三相绕组由三个彼此独立的绕组组成，且每个绕组又由若干线圈连接而成。每个绕组即为一相，每个绕组在空间相差120°电角。线圈由绝缘铜导线或绝缘铝导线绕制而成。中、小型三相电动机多采用漆包线，大、中型三相电动机的定子线圈则用较大截面的绝缘扁铜线或扁铝线绕制后，再按照一定的规律嵌入定子铁芯槽内。定子三相绕组的六个出线端都引至接线盒上，首端分别标为 U1、V1、W1，末端分别标为 U2、V2、W2。这六个出线端在接线盒里的排列如图 3-42 所示。

3）机座

机座由铸铁或铸钢浇铸而成，它的作用是保护和固定三相电动机的定子绕组。中、小型三相电动机的机座还有两个端盖支撑着转子，它是三相电动机机械结构的重要组成部分。通常，机座的外表要求散热性能好，所以一般都铸有散热片。

2. 转子部分

转子是电动机的旋转部分，它的作用是输出机械转矩。它由转轴、转子铁芯和转子绕组三部分组成。

图 3-41 定子铁芯

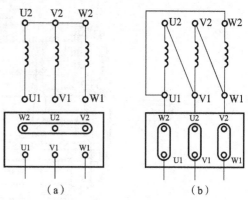

图 3-42 定子绕组的连接
（a）星形接法；（b）三角形接法

转子铁芯是由 0.35~0.5 mm 厚的硅钢片叠压而成的圆柱体，并固定在转轴上，在硅钢片的外圆周上冲有均匀的槽口，用来嵌放转子绕组用，如图 3-43 所示。

转子绕组根据结构不同，可分为鼠笼型和绕线型两种，所以电动机根据转子绕组结构的不同可分为鼠笼型异步电动机和绕线型异步电动机。

1）鼠笼型转子绕组

鼠笼型转子绕组是在转子铁芯的每一个槽中嵌放铜条，并在两端用短路环焊接成鼠笼形状，如图 3-44 所示。为了节省铜材，现在中小型电动机 100 kW 以下的一般都采用铸铝转子。

图 3-43 转子硅钢片

图 3-44 鼠笼型转子绕组

2）绕线型转子绕组

图3-45所示为绕线型转子绕组，它与定子绕组一样也是一个三相绕组，一般接成星形，三相引出线分别接到转轴上的三个与转轴绝缘的铜质滑环上，通过电刷装置与外电路相连，以便在转子电路中串接附加电阻以改善电动机的启动和调速性能，它与启动变阻器的连接电路如图3-46所示。

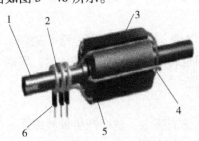 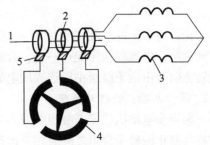

图3-45　绕线型转子绕组
1—转轴；2—滑环；3—转子铁芯；4—转子绕组；
5—星接中性点；6—电刷

图3-46　绕线型转子与启动变阻器的连接电路
1—转轴；2—集电环；
3—转子绕组；4—启动变阻器；5—电刷

绕线型转子绕组的电动机结构比较复杂，成本比鼠笼型转子绕组的电动机高，但它有较好的启动性能和调速性，一般多用在具有特殊要求的场合。

二、三相异步电动机的工作原理

1. 旋转磁场的产生

三相异步电动机是通过在定子绕组中通入三相交流电，从而产生旋转磁场来工作的。图3-47所示为三相异步电动机定子绕组示意图。

设定子绕组接成星形，接在三相电源上，在三相绕组中通入三相对称交流电流，即

$$i_U = I_m \sin\omega t$$
$$i_V = I_m \sin(\omega t - 120°)$$
$$i_W = I_m \sin(\omega t + 120°)$$

其电流波形图如图3-48所示。

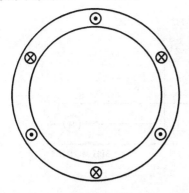 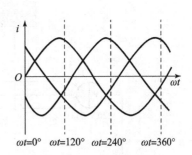

图3-47　三相异步电动机定子绕组示意图

图3-48　电流波形图

规定电流的正方向是由每个线圈的始端进、末端出。凡电流流进去的一端标"⊗"表示，电流流出的一端标"⊙"表示。

三相交流电在各自的绕组中都会产生交变磁场。为了研究它们在定子空间中的合成磁场，在图 3-48 的波形图中分别取 ωt 为 0°、120°、240°、360°四个特殊角度来分析。

当 $\omega t = 0°$ 时，此时 $i_U = 0$，绕组 U1U2 中没有电流流过；$i_V < 0$，说明电流从绕组 V2 端流入，从 V1 端流出；$i_W > 0$，说明电流从绕组 W1 端流入，从 W2 端流出。按照右手定则，可以判定磁场方向由 U1 指向 U2。同理，依次判定 $\omega t = 120°$，$\omega t = 240°$，$\omega t = 360°$ 时的磁场方向。

结论：在定子的三相绕组中通入三相对称电流以后，将在空间产生两个磁极（一对）的旋转磁场，电流顺相序变化一周，合成磁场在空间也将沿相同方向旋转一周，即旋转磁场的旋转方向是由定子绕组中所通入的电流相序决定的。

2. 异步电动机的转动原理

三相异步电动机的定子绕组中通入对称的三相正弦交流电，就会产生旋转磁场，由于旋转磁场与静止的转子绕组之间有相对运动，转子导体将切割磁力线，从而产生感应电动势。因为转子绕组是闭合的，转子中会有电流流过，转子立即又受到旋转磁场的电磁力作用，于是，转子在电磁场的转矩作用下，沿着旋转磁场的方向旋转起来，这就是三相异步电动机的工作原理。

【任务实施】

Multisim 仿真：三相交流电路功率的测量

测量三相交流电路的功率可以用三相功率表测量，也可以用三只瓦特表分别测出三相负载的功率后相加而得，这在电工上称为"三瓦法"。还有一种方法在电工上也是常用的，即"两瓦法"，其接法如图 3-49 所示，这里取三相电动机为负载，两表读数之和等于三相负载的总功率。在编辑原理图时，在元件箱中取出 3PH MOTOR（三相电动机）作为负载。如果要改变三相电动机负载功率的大小，需要修改其模型参数。方法是：双击原理图上的 3PH MOTOR，在其属性对话框选择参数标签页，单击"编辑模型"，将其中的 R_1、R_2 和 R_3 后中的"2"改为想要取的值（这里取 150），单击更改部分模型按钮即可。运行仿真开关，两只瓦特表显示的数值如图 3-50 所示。

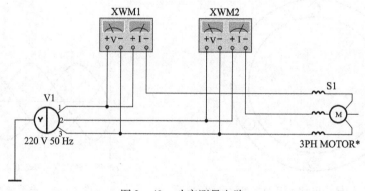

图 3-49 功率测量电路

图 3-50 功率表读数

三相交流电路的总功率为

$$P = 484.618 + 483.501 = 968.119(\text{W})$$

从功率表还可以读出电动机的功率因数约为 0.87。

变压器的制作及应用

【学习目标】

1. 掌握磁场的主要物理量及关系。
2. 掌握磁性材料的磁化性质。
3. 理解变压器的结构及工作原理。

第一节　普通变压器的应用

【任务描述】

在实际的电力传输过程中，发电厂发出的电压一般为 6~10 kV，在电能的输送过程中，为了减少供电线路上的能量损耗，通常要将电压升高到 100~500 kV，图 4-1 所示为发电厂附近的升压变压器。而我们日常使用的交流电的电压为 220 V，三相交流电动机的线电压则为 380 V，这就又需要变压器将电网的高压交流电降低到 380/220 V，图 4-2 所示为各用电单位附近的箱式变电箱。

在实际生活中，我们常常需要不同电压的交流电，变压器的应用如表 4-1 所示。

图 4-1　发电厂附近的升压变压器

第四章 变压器的制作及应用

图4-2 各用电单位附近的箱式变电箱

表4-1 变压器的应用

用电器	额定工作电压/V	用电器	额定工作电压/V
随身听	3	机床上的照明灯	36
扫描仪	12	防身器	3 000
手机充电器	4.2、4.4、5.3	黑白电视机显像管	几万
录音机	6、9、12	彩色电视机显像管	十几万

变压器是一种变换交流电压的电磁设备，其主要应用如下：

（1）变换电压，主要应用于输、配电电路。

（2）变换电流，主要应用于电工测量。

（3）变换阻抗，主要应用于电子技术领域。

变压器为什么能改变电压，变压器怎样改变电压、电流？以这些问题为线索来展开，采用定性分析和定量分析相结合、理论推导和实验验证相结合的方法，使学生理解互感现象，通过学生探究活动，验证电压与匝数的关系，通过法拉第电磁感应定律推导出电压与线圈匝数之间存在的关系，最后掌握变压器同名端判断、工程中的应用等。

1. 磁场基本物理量

1）磁感应强度 B

磁感应强度 B 是表征磁场中某点的磁场强弱和方向的物理量。可用磁感线的疏密程度来表示，磁感线的密集度称为磁通密度。在磁感线密的地方磁感应强度大，在磁感线疏的地方磁感应强度小。其大小定义为

$$B = \frac{F}{Il}$$

磁感应强度的单位是特斯拉（T）。在工程计算中，有时由于特斯拉单位太大，也常采用高斯（Gs）作为磁感应强度的单位，$1\text{ T} = 10^4\text{ Gs}$。

如果磁场内各点的磁感应强度的大小相等，方向相同，则这样的磁场称为均匀磁场。

2）磁通 Φ

磁感应强度 B（如果不是均匀磁场，则取 B 的平均值）与垂直于磁场方向的面积 S 的

乘积，称为通过该面积的磁通 Φ，即

$$\Phi = BS$$

磁通的单位是伏·秒，通常称为韦伯（Wb）。在工程计算中，有时由于 Wb 这一单位太大，也常采用麦克斯韦（Mx）作为磁通的单位，1 Wb = 10^8 Mx。

3）磁导率 μ

各种物质在磁场中表现是不一样的，有的会增强磁场，有的会削弱磁场，这主要与各种物质的导磁性能有关。为了衡量物质的导磁性能而引入了磁导率这个物理量，用符号 μ 表示，它的物理单位是亨/米（H/m）。

经测定，真空中的磁导率为一个常数，用 μ_0 表示，有

$$\mu_0 = 4\pi \times 10^{-7} (\text{H/m})$$

自然界中，大多数的物质对磁场强弱影响甚微，有的物质使磁场略比真空中增强，如空气、锡、铝等；有的物质使磁场略比真空中减弱，如铜、银、石墨等，它们的磁导率，$\mu \approx \mu_0$，将这类物质称为非铁磁材料；只有铁、镍、钴及其合金等物质的磁导率 μ 很大，能使磁场大为增强，将这类物质称为铁磁材料。

铁磁材料的磁导率是真空的几百倍，它能使磁场大大增强，故而通电线圈一般都绕在铁磁材料制成的铁芯外，这样就能以较小的电流产生较强的磁场，使线圈的圈数、体积、质量减小。所以在电气设备中，铁磁材料得到了广泛的应用。

其他任一媒质的磁导率与真空的磁导率的比值称为相对磁导率，用 μ_r 表示，即

$$\mu_r = \frac{\mu}{\mu_0} \text{ 或 } \mu = \mu_0 \mu_r$$

4）磁场强度 H

磁感应强度 B 的计算在实际中往往很难求得，因为它不仅与电流、导体的形状、位置有关，而且还与物质的磁导率有关。为了方便地计算出 B，我们引入了一个辅助物理量，称为磁场强度，用符号 H 表示。

在磁场中，各点磁场强度的大小只与电流的大小和导体的形状有关，而与磁场介质的磁性 μ 无关。H 的方向与 B 相同，在数值上

$$B = \mu H$$

式中，μ 为该点处的物质磁导率。

磁场强度也是一个矢量，磁场中某点的磁场强度的方向即为该点的磁感应强度 B 的方向，它的物理量单位是 A/m。

磁场强度的引入不仅简化了磁场计算，而且常用来分析铁磁材料的磁化状况。

2. 铁磁材料

物质根据相对磁导率的不同可分为两大类：非磁性物质和铁磁性物质。

非磁性物质：$\mu_r \approx 1$ 的物质，如铜、铝、橡胶、空气、塑料等。

铁磁性物质：$\mu_r \gg 1$ 的物质，如铁、镍、钴、钢、合金钢、坡莫合金等。

铁磁材料是受到外磁场作用时显示很强磁性的材料。例如，铁、钴、镍和它们的一些合金，稀土族金属以及一些氧化物都属于铁磁材料，具有明显而特殊的磁性。将这些材料放入磁场后，磁场会显著增强。铁磁材料在外磁场中呈现很强的磁性，此现象称为铁磁物质的磁化。磁化是铁磁材料的特性之一。

1) 铁磁性

铁磁性物质只要在很小的磁场作用下就能被磁化到饱和,不但磁化率 $\mu_r \gg 1$,而且数值大到 $10\sim10^6$ 数量级,其磁化强度 M 与磁场强度 H 之间的关系是非线性的复杂函数关系,这种类型的磁性称为铁磁性。

2) 顺磁性

铁磁性物质只有在居里温度以下才具有铁磁性;在居里温度以上,由于受到晶体热运动的干扰,原子磁矩的定向排列被破坏,使得铁磁性消失,这时物质转变为顺磁性。

19 世纪末,著名物理学家居里在自己的实验室里发现磁石的一个物理特性,就是当磁石加热到一定温度时,原来的磁性就会消失。后来,人们把这个温度叫作"居里点",也称居里温度或磁性转变点。

3) 铁磁材料的特点

(1) 高导磁性:磁性很强,有很大的磁导率 μ(可达 $10^2\sim10^4$),通常所说的磁性材料主要是指这类物质。由铁磁材料组成的磁路磁阻很小,在线圈中通入较小的电流即可获得较大的磁通。

(2) 磁饱和性:B 不会随 H 的增强而无限增强,当 H 增大到一定值时,B 不再继续增强。

(3) 磁滞性:铁芯线圈中通过交变电流时,H 的大小和方向都会改变,铁芯在交变磁场中反复磁化的过程中,B 的变化总是滞后于 H 的变化,这种现象称为磁滞性;当 H 减为零时 B 并不为零。如图 4-3 所示的曲线称为磁滞曲线。

当铁磁物质中不存在磁化场时,H 和 B 均为零,即 $B-H$ 曲线的坐标原点 O。随着磁化场 H 的增加,B 也随之增加,但两者之间不是线性关系。当 H 增加到一定值时,B 不再增加(或增加十分缓慢),这说明该物质的磁化已达到饱和状态。H_m 和 B_m 分别为饱和时的磁场强度与磁感应强度(对应于图 4-4 中 a 点)。如果再使 H 逐渐退到零,则与此同时 B 也逐渐减少。然而 H 和 B 对应的曲线轨迹并不沿原曲线轨迹 aO 返回,而是沿另一曲线 ab 下降到 B_r,这说明当 H 下降为零时,铁磁物质中仍保留一定的磁性,这种现象称为磁滞,B_r 称为剩磁。将磁化场反向,再逐渐增加其强度,直到 $H=-H_C$,磁感应强度消失,这说明要消除剩磁,必须施加反向磁场 H_C。H_C 称为矫顽力,它的大小反映铁磁材料保持剩磁状态的能力。

图 4-4 表明,当磁场按 $H_m \to O \to -H_C \to -H_m \to O \to H_C \to H_m$ 次序变化时,B 所经历的相应变化为 $B_m \to B_r \to O \to -B_m \to -B_r \to O \to B_m$,于是得到一条闭合的 $B-H$ 曲线,称为磁滞回线。

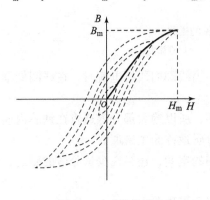

图 4-3 磁滞曲线

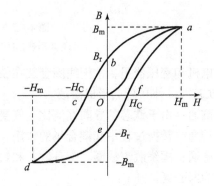

图 4-4 磁滞回线

所以，当铁磁材料处于交变磁场中时（如变压器中的铁芯），它将沿磁滞回线反复被磁化→去磁→反向磁化→反向去磁，在此过程中要消耗额外的能量，并以热的形式从铁磁材料中释放，这种损耗称为磁滞损耗。可以证明，磁滞损耗与磁滞回线所围面积成正比。

应该说明，对于初始态为 $H=0$，$B=0$ 的铁磁材料，在交变磁场强度由弱到强依次进行磁化的过程中，可以得到面积由小到大向外扩张的一簇磁滞回线，如图 4-3 所示。这些磁滞回线顶点的连线称为铁磁材料的基本磁化曲线，由此可近似确定其磁导率 μ。因 B 与 H 之比为非线性，故铁磁材料的 μ 不是常数，而是随 H 而变化。

4) 分类

按照磁滞回线形状的不同，铁磁材料可分为软磁材料、硬磁（永磁）材料和矩磁材料，现分述如下：

（1）软磁材料。磁滞回线窄、剩磁和矫顽力 H_C 都小的材料，称为软磁材料，具有磁导率高、易磁化、易去磁的特点。常用的软磁材料有铸铁、铸钢和硅钢片等。软磁材料适用于制作各种电机的铁芯。

（2）硬磁（永磁）材料。具有磁导率不太高，但一经磁化就能保留很大的剩磁且不易去磁特点的铁磁材料，称为硬磁（永磁）材料，其典型代表是钡铁氧体。硬磁材料适用于制作各种人造磁体、扬声器的磁钢和电子电路中的记忆元件等。

（3）矩磁材料。具有磁导率极高，磁化后只有正、负两个饱和状态特点的铁磁材料，称为矩磁材料。常用的有镁锰铁氧体和锂锰铁氧体，主要用作各种类型电子计算机的存储器磁芯，应用于自动控制雷达、导航、宇宙航行信息显示等场所。

3. 磁路

磁通所通过的路径称为磁路。磁路实质上是局限在一定路径内的磁场。磁路中的磁通由励磁电流产生，经过铁芯和空气隙而闭合。图 4-5 所示为三种常见的磁路，其中图 4-5（a）为电磁铁的磁路，图 4-5（b）为变压器的磁路，图 4-5（c）为直流电机的磁路。

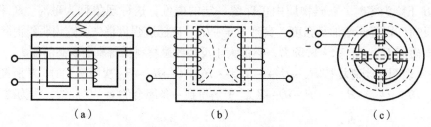

图 4-5 三种常见的磁路
(a) 电磁铁；(b) 变压器；(c) 直流电机

在电机和变压器里，常把线圈套装在铁芯上。当线圈内通有电流时，在线圈周围的空间（包括铁芯内、外）就会形成磁场。

主磁通：由于铁芯的导磁性能比空气要好得多，所以绝大部分磁通将在铁芯内通过，并在能量传递或转换过程中起耦合场的作用，这部分磁通称为主磁通。

漏磁通：围绕载流线圈、部分铁芯和铁芯周围的空间，还存在少量分散的磁通，这部分磁通称为漏磁通。

主磁通和漏磁通所通过的路径分别构成主磁路和漏磁路。

直流磁路：用以激励磁路中磁通的载流线圈称为励磁线圈（或称励磁绕组），励磁线圈中的电流称为励磁电流（或激磁电流）。若励磁电流为直流，则磁路中的磁通是恒定的，不随时间而变化，这种磁路称为直流磁路；直流电机的磁路就属于这一类。

交流磁路：若励磁电流为交流（为将交、直流激励区分开，本书中对交流情况以后称为激磁电流），则磁路中的磁通随时间交变变化，这种磁路称为交流磁路；交流铁芯线圈、变压器和感应电机的磁路都属于这一类。

磁动势 F：电流 I 通过 N 匝线圈产生磁动势：$F = IN$。

4. 磁路的基本定律

1）安培环路定律

在磁场中，沿任一闭合曲线，磁感应强度矢量的线积分（也称矢量的环流），等于真空中的磁导率 μ_0 乘以穿过闭合路径所包围面积的各恒定电流的代数和 $\sum I$：

$$\oint_L \vec{B} \cdot d\vec{l} = \mu_0 \sum I = \oint_L \mu_0 \vec{H} \cdot d\vec{l} = \mu_0 \sum I$$

或者

$$\oint_L \vec{H} \cdot d\vec{l} = \sum I$$

如图 4-6 所示，则

$$\oint_L H \cdot dl = \sum I = I_1 + I_2 + I_3$$

上式等号左侧为磁场强度矢量沿闭合回线的线积分；等号右侧为穿过由闭合回线所围面积的电流的代数和。电流的符号规定为：电流方向和磁场强度的方向符合右手定则的，电流取正；否则取负。即沿着任何一条闭合回线 L，磁场强度 H 的线积分值恰好等于该闭合回线所包围的总电流值代数和 $\sum I$，这就是安培环路定律。

在无分支的均匀磁路（图 4-7），磁路的材料和截面积相同，各处的磁场强度相等，安培环路定律可写成：

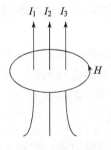

图 4-6 安培环路定律

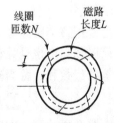

图 4-7 无分支均匀磁路

$$IN = HL$$

式中，N 为线圈匝数；I 为通过线圈的电流，IN 即磁动势，用 F 表示；H 为磁路中心处的磁场强度；L 为磁路长度，HL 称为磁压降。

2）磁路欧姆定律

磁路和电路在分析思路上基本一致，所以我们在分析磁路时，可以将全电流定律应用到磁路中来。

图4-8所示为绕有线圈的铁芯，当线圈中通入电流I时，在铁芯中就会有磁通Φ通过。

实验可知，铁芯中的磁通Φ与通过线圈的电流I、线圈匝数N、磁路的截面积A及磁导率μ成正比，与磁路的长度l成反比，即

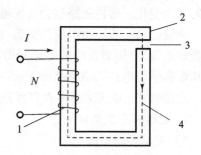

$$\Phi = \frac{INA\mu}{l} = \frac{IN}{\dfrac{l}{\mu A}} = \frac{F_m}{R_m}$$

式中，$F_m = IN$称为磁动势，由此而产生磁通；R_m称为磁阻，是表示磁路对磁通具有阻碍作用的物理量。空气和真空的磁阻较大，而容易磁化的铁磁材料则磁阻较低。上式可以与电路中的欧姆定律对应，因而称为磁路欧姆定律。

图4-8 磁路示意图
1—通电线圈（磁源）；2—铁芯；
3—空气隙；4—磁路

因铁磁物质的磁阻R_m不是常数，它会随励磁电流I的改变而改变，因而通常不能用磁路的欧姆定律直接计算，但可以用于定性分析很多磁路问题。

磁通量总是形成一个闭合回路，但路径与周围物质的磁阻有关，它总是集中于磁阻最小的路径。

3）磁路的基尔霍夫第一定律

穿出（或进入）任一闭合面的总磁通量恒等于零（或者说，进入任一闭合面的磁通量恒等于穿出该闭合面的磁通量），这就是磁通连续性原理。

由于磁通的连续性，如果忽略漏磁通，则认为全部磁通都在磁路里通过，那么磁路与电路相似，在一条支路内处处都有相同的磁通。对于有分支磁路，在磁路的分支点作闭合面，根据磁通连续性原理，可知穿过闭合面的磁通代数和必为零，即进入闭合面的磁通恒等于穿出该闭合面的磁通，称为磁路的基尔霍夫第一定律，表达式为

$$\sum \Phi = 0$$

一般对参考方向背离分支点的磁通取正号，对参考方向指向分支点的磁通取负号。

4）磁路的基尔霍夫第二定律

磁路计算时，总是把整个磁路分成若干段，每段为同一材料、相同截面积，且段内磁通密度处处相等，从而磁场强度也处处相等。那么在磁路的任何闭合回路中，各段磁位差的代数和等于各总磁动势的代数和，称为磁路的基尔霍夫第二定律，表达式为

$$\sum U_m = \sum F = \sum IN$$

应用该公式时，要选择一绕行方向，磁通的参考方向与绕行方向一致时，该段磁位差取正号，反之取负号；励磁电流的参考方向与磁路回线绕行方向之间符合右手螺旋关系时，该磁动势取正号，反之取负号。

为了更好地理解磁路及其基本物理量，把磁路与电路的有关物理量一一对应，如表4-2所示。

5. 铁芯线圈电路

将铁芯构成闭合磁路，绕上线圈，叫作铁芯线圈。通常，铁芯线圈分为由直流励磁的直流铁芯线圈和由交流励磁的交流铁芯线圈两种。

表 4-2 磁路与电路有关物理量对照

	磁路参数	磁路欧姆定律	安培环路定律	磁感应强度	磁阻
	磁动势 $F=IN$ 磁通 Φ 磁压降 HL 磁阻 R_m 磁导率 μ	$\Phi = F/R_m$	$\sum IN = \sum HL$ $\sum \Phi = 0$	$B = \Phi/S$	$R_m = L/\mu S$
	电路参数	电路欧姆定律	基尔霍夫定律	电流密度	电阻
	电动势 E 电流 I 电压 U 电阻 R 电阻率 ρ	$I = E/R$	$\sum E = \sum U$ $\sum I = 0$	$J = I/S$	$R = \rho L/S$

1) 直流铁芯线圈电路

将线圈接通直流电,会在铁芯中产生主磁通 Φ,在空气中产生漏磁通 Φ_σ。直流铁芯线圈电路具有以下特点:

(1) $I = \dfrac{U}{R}$,I 只与 U、R 有关,与磁路特性无关。

(2) I 产生的是恒定磁通,除在通断电一瞬间外,不会在线圈中产生感应电动势。

(3) $\Phi = \dfrac{IN}{R_m}$,其方向根据右手螺旋定则,由电流方向以及线圈绕向决定。

(4) 功率损耗 $\Delta P = I^2 R$,由 I、U 决定,与磁路无关。

2) 交流铁芯线圈电路

Φ、Φ_σ 这两个磁通分别在线圈中感应出电动势 e 和 e_σ。

图 4-9 所示为交流铁芯线圈电路,在带铁芯的线圈上加正弦交流电压 u,线圈中就产生了电流 i 及磁动势 iN(电流 i 通过 N 匝线圈产生的原动力,为"安匝")。磁动势产生的磁通绝大部分通过铁芯而闭合,这部分磁通就是主磁通 Φ;另外还有很少一部分磁通通过空气(或其他非铁磁物质)而闭合,这部分磁通就是漏磁通 Φ_σ。主磁通 Φ 是流经铁芯的工作磁通,漏磁通 Φ_σ 是由于空气隙或其他原因损耗的磁通,它不流经铁芯。主磁通和漏磁通都要在线圈中产生感应电动势,一个是主磁电动势 e,另一个是漏磁电动势 e_σ。

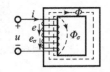

图 4-9 交流铁芯线圈电路

设线圈的电阻为 R,主磁电动势为 e,漏磁电动势为 e_σ,根据 KVL 得

$$u + e + e_\sigma = Ri$$

对交流铁芯线圈而言,设主磁通 Φ 按正弦规律变化:

$$\Phi = \Phi_m \sin\omega t$$

当交变磁通穿过线圈时,在线圈中感应电压,其值为

$$u_L = N\frac{d\Phi_m \sin\omega t}{dt} = \Phi_m N\omega\cos\omega t$$
$$= 2\pi f N\Phi_m \sin(\omega t + 90°)$$
$$= U_m \sin(\omega t + 90°)$$

可得
$$U_m \approx 4.44 f N\Phi_m$$

该公式表明只要外加电压有效值及电源频率和线圈的匝数不变，铁芯中工作主磁通最大值 Φ_m 也将维持不变，称为主磁通原理。

（1）磁滞损耗。当铁磁材料反复磁化时，内部磁畴的极性取向随着外磁场的交变来回翻转，在翻转的过程中，由于磁畴间相互摩擦而引起的能量损耗称为磁滞损耗，即磁滞回线所围面积。为减少损耗，应选用磁滞回线狭小的磁性材料制造铁芯，如硅钢。

（2）涡流损耗。由法拉第电磁感应原理可知：在交变磁场作用下，整块铁芯中产生的旋涡状感应电流称为涡流。根据电流的热效应，涡流通过铁芯将使铁芯发热，严重时会造成设备烧损。涡流在铁芯中造成的热量损耗，称为涡流损耗。

减少涡流损耗的方法有以下两种：
①增大铁芯材料的电阻率，如掺入硅。
②片形铁芯，片间涂上绝缘体。

所以，交流铁芯线圈的有功损耗包括铜损耗 P_{Cu}（由线圈导线发热引起，$P_{Cu}=I^2 R$）和铁损耗 P_{Fe}（由磁滞损耗和涡流损耗引起）。

$$总损耗 = P_{Cu} + P_{Fe}$$

6. 变压器的基本结构认识

变压器是一种能变换电压、变换电流、变换阻抗的"静止"电气设备，在传递电能的过程中频率不变。虽然变压器的种类繁多，形状各异，但其基本结构是相同的。变压器的主要组成部分是铁芯和绕组，如图4-10所示。

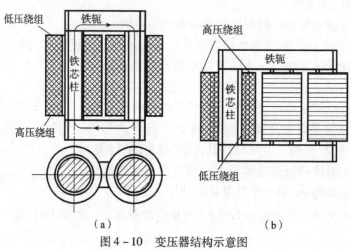

图4-10 变压器结构示意图
(a) 单相变压器；(b) 三相变压器

1）铁芯

铁芯是变压器磁路的主体部分，由表面涂有绝缘漆膜、厚度为 0.35~0.5 mm 的硅钢片冲压成一定形状后叠装而成，如 Z11 硅钢片。变压器使用的铁芯材料主要是硅钢片，在钢片中加入硅能降低钢片的导电性，增加电阻率，它可减少涡流，使其损耗减少，通常称加了硅的钢片为硅钢片。

铁芯由铁芯柱和铁轭两部分组成，绕组套装在铁芯柱上，而铁轭则用来使整个磁路闭合。变压器铁芯一般采用交叠方式进行叠装，应使上层和下层叠片的接缝相互错开，减小气隙，降低磁路磁阻。

铁芯按结构可分为心式和壳式两种，如图 4-11 所示。铁芯构成变压器的磁路部分，担负着变压器原、副边的电磁耦合任务。

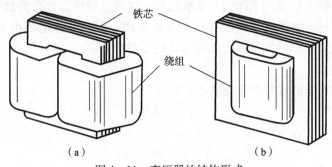

图 4-11 变压器的结构形式
(a) 心式；(b) 壳式

2) 绕组

绕组即变压器或电机的线圈，是变压器电路的主体部分，担负着输入和输出电能的任务。绕制变压器通常用的材料有漆包线、丝包线，最常用的是漆包线。对导线的要求是导电性能好，绝缘漆层有足够耐热性能，并且要有一定的耐腐蚀能力。一般情况下最好用 Q2 型号高强度的聚酯漆包线。

变压器至少有两个或两个以上的线圈，绕组构成变压器的电路部分。

变压器的绕组由原边绕组和副边绕组组成，其中接电源的绕组叫原边绕组或初级绕组（或线圈），其余的绕组叫副边绕组或次级绕组（或线圈）。原边绕组接输入电压，副边绕组接负载。原边绕组只有一个，副边绕组为一个或多个原副边绕组套装在同一铁芯柱上。套在两个铁芯柱上的原边绕组或副边绕组可分别相互串联或并联。

当初级绕组中通有交流电流时，铁芯（或磁芯）中便产生交流磁通，使次级绕组中感应出电压（或电流）。

7. 变压器的变压、变流、变阻抗作用

1) 空载运行与电压变换

变压器的一次侧接电源，二次侧开路，这种运行状态称为空载，如图 4-12 所示。

变压器空载时原边电流 i_{10} 很小，在铁芯磁路中产生按正弦规律变化的磁通 $\varPhi$，当 $\varPhi$ 穿过两线圈时，分别感应电压：

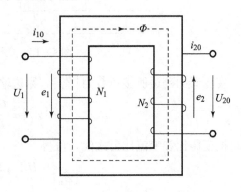

图 4-12 变压器空载运行

$$E_1 = 4.44fN_1\varPhi_{\mathrm{m}}$$

$$E_2 = 4.44fN_2\Phi_m$$

变压器原、副边电压与感应电压的关系为

$$U_1 \approx E_1 = 4.44fN_1\Phi_m$$
$$U_{20} = E_2 = 4.44fN_2\Phi_m$$
$$\frac{U_1}{U_{20}} \approx \frac{E_1}{E_2} = \frac{4.44fN_1\Phi_m}{4.44fN_2\Phi_m} = \frac{N_1}{N_2} = k$$

式中，k 为变压器的变压比。显然，变压器通过改变原、副边的匝数即可变换电压。

2）负载运行与电流变换

变压器的一次侧接电源，二次侧与负载接通，这种运行状态称为负载运行。

变压器负载运行时由于副边电流存在的去磁作用，因此原边电流由 i_{10} 增大至 i_1。原边磁动势增加的数值恰好等于二次侧负载所需要的磁动势，即

$$I_1N_1 = I_{10}N_1 + I_2N_2$$

变压器在能量传递的过程中损耗甚小，因此：

$$I_1N_1 \approx I_2N_2$$

即

$$\frac{I_1}{I_2} \approx \frac{U_2}{U_1} = \frac{N_2}{N_1} = \frac{1}{k}$$

式中，$1/k$ 为变压器的变流比。显然，变压器在改变电压的同时也改变了电流，即变压器还可以变换电流。

3）阻抗变换

变压器还有变换负载阻抗的作用，即所谓的实现"阻抗匹配"。变压器的阻抗变换电路如图 4-13 所示。

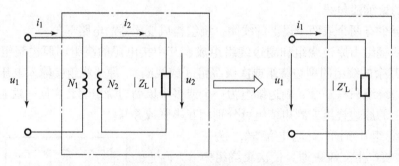

图 4-13 变压器的阻抗变换电路

变压器的副边所接负载为 $|Z_L|$，原边输入阻抗为 $|Z'_L|$ 时，有

$$|Z_L| = \frac{U_2}{I_2}, \quad |Z'_L| = \frac{U_1}{I_1}$$

把变压比和变流比公式代入可得

$$|Z'_L| = \frac{U_1}{I_1} = \frac{kU_2}{\frac{I_2}{k}} = k^2\frac{U_2}{I_2} = k^2|Z_L|$$

由此可得以下结论：变压器原边的等效负载，为副边所带负载乘以变比的平方。变压器

的阻抗变换作用常用于电子电路中。

8. 变压器的铭牌数据

变压器的铭牌主要表示变压器的额定值，额定值是制造厂对变压器正常使用所做的规定，变压器在规定的额定值状态下运行，可以保证长期可靠地工作，并且有良好的性能。

(1) 额定容量 (S_N)：指变压器的视在功率，对三相变压器指三相容量之和，单位用伏·安 (V·A)、千伏·安 (kV·A) 或兆伏·安 (MV·A) 表示。

(2) 额定电压 (U_N)：指线电压，单位用伏 (V)、千伏 (kV) 表示。U_{1N} 指电源加到一次绕组上的电压，U_{2N} 是副边开路即空载运行时二次绕组的端电压。

(3) 额定电流 (I_N)：一、二次绕组的额定电流 I_{1N}、I_{2N}，分别指变压器在规定条件下运行时，一、二次绕组所允许长期通过的最大电流，即在此电流下运行，变压器不会因过流而损坏，在三相变压器中均指线电流。

(4) 额定频率 (f_N)：变压器一次绕组所加的电源频率必须符合变压器所规定的额定频率，我国市电的频率为 50 Hz，所以使用的电力变压器的额定频率均为 50 Hz。

此外，额定工作状态下变压器的效率、温升等数据均属于额定值。图 4-14 所示为变压器的铭牌。

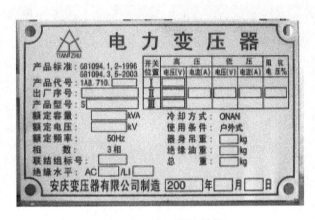

图 4-14 变压器的铭牌

【任务实施】

Multisim 仿真：变压器变压比实验

变压器变压比实验电路如图 4-15 所示。变压器元件选择 TS_IDEAL 模型，参数对话框中匝数修改为 10 和 1，如图 4-16 所示。

万用表选择交流挡，打开仿真开关，得到变压器次级线圈电压，如图 4-17 所示。

打开示波器，通道 A 和通道 B 打到 AC 挡，比例均设置为 200 V/Div，观察其波形，如图 4-18 所示。

改变变压器匝数参数，重复实验，观察实验结果。

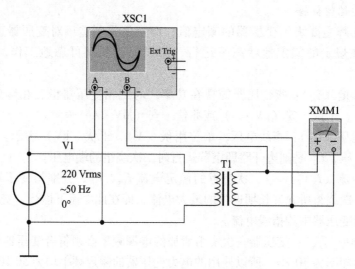

图 4-15 变压器变压比实验电路

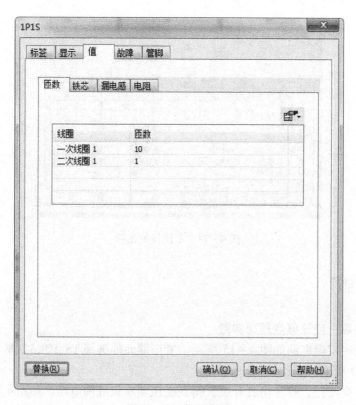

图 4-16 参数设置

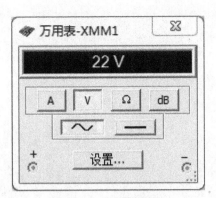

图4-17 万用表读数

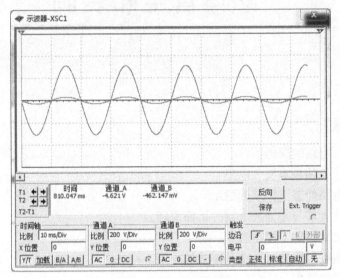

图4-18 实验波形

第五章 晶体管电路装调

【学习目标】

1. 掌握二极管电路的应用。
2. 掌握三极管三种基本放大电路。
3. 掌握放大电路静态工作点的稳定。
4. 了解反馈放大器与差分放大器的工作原理。
5. 掌握功率放大器的工作原理。
6. 理解并掌握场效应管、单结晶体管的应用。
7. 掌握晶闸管的特性。

第一节 二极管基本电路的应用

【任务描述】

晶体二极管是电子电路中最常用的半导体元器件。利用其单向导电性及导通时正向压降很小的特点,可用来进行整流、限幅、开关、输入电路保护及钳位的应用。

本任务要求掌握晶体二极管的测量方法,正确分析二极管在整流、限幅、开关、输入电路保护及钳位电路中的应用;掌握二极管的型号选择。

1. 半导体的特性

导电性能介于导体和绝缘体之间的物质称为半导体,硅(Si)和锗(Ge)的单晶体是常用的半导体材料,也是制作半导体器件的主要材料。

1) 本征半导体

纯净不含任何杂质的半导体材料的晶体称为本征半导体。半导体的导电能力介于导体和绝缘体之间。

2) 杂质半导体

掺入杂质后的半导体称为杂质半导体。杂质半导体分为 N 型半导体和 P 型半导体两类。

3) PN 结及其单向导电性

(1) PN 结的形成。用特定的制造工艺使 P 型半导体和 N 型半导体相结合,在其交界面上将形成一个特殊的薄层,这个薄层就是 PN 结。图 5-1 所示为 PN 结的结构示意图,其中字母 P 代表 P 型半导体,字母 N 代表 N 型半导体,中间画有虚线的部分代表 PN 结。

(2) PN 结的单向导电性。如图 5-2(a) 所示,给 PN 结加正向电压(又称正向偏置),即外加电压 U 的正极接 P 型半导体,负极接 N 型半导体,则 PN 结变窄,此时 PN 结呈现很小的正向电阻,PN 结内部从 P 到 N 流过较大的正向电流 I_F,将这种状态称为 PN 结的正向导通状态。

如图 5-2(b) 所示,给 PN 结加反向电压(又称反向偏置),即外加电压 U 的负极接 P 型半导体,正极接 N 型半导体,则 PN 结变宽,此时 PN 结呈现很大的反向电阻,PN 结内部只有很小的反向电流 I_R 流过,将这种状态称为 PN 结的反向截止状态。

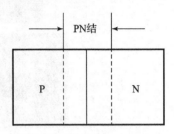

图 5-1 PN 结的结构示意图

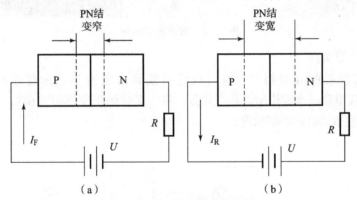

图 5-2 PN 结的单向导电性
(a) 正向偏置时;(b) 反向偏置时

PN 结加正向电压导通,加反向电压截止,这种导电特性称为 PN 结的单向导电性。

2. 半导体二极管

1) 二极管的结构与符号

PN 结加上引出线和管壳就构成半导体二极管(简称二极管)。它的结构示意图如图 5-3 所示,由 P 区引出的电极为二极管的正极,由 N 区引出的电极为二极管的负极。二极管的符号如图 5-4 所示,常用的二极管如图 5-5 所示,它们是用于电视机、收音机、稳压电源等电子产品中的各种不同外形的二极管。

半导体二极管的类型很多。按材料分,最常用的有硅二极管和锗二极管两种;按用途又可分为整流二极管、稳压二极管、检波二极管、开关二极管等。

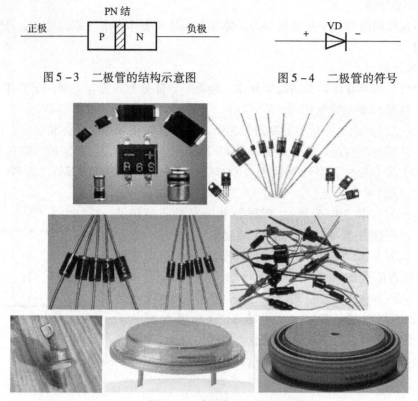

图 5-3 二极管的结构示意图　　图 5-4 二极管的符号

图 5-5 常用的二极管

2）二极管的导电性

为了观察二极管的导电特性，将二极管串接到由电池和指示灯组成的电路中。按图 5-6（a）连接电路，观察指示灯是否发亮；将二极管的正负电极对调后，按图 5-6（b）连接电路，再观察指示灯的亮暗情况。

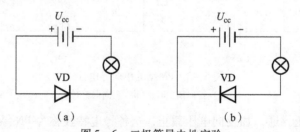

图 5-6 二极管导电性实验
(a) 实验电路一；(b) 实验电路二

当电流由二极管的正极流入、负极流出时，指示灯亮，表明二极管的电阻很小，很容易导电；若电流以相反方向通过时，指示灯不亮，表明此时二极管的电阻很大，反向偏置时几乎不导电，与绝缘体相似。

3）二极管的主要特性

（1）加正向电压导通。在二极管的两电极加上电压，称为给二极管正向偏置，简称正偏。此时二极管内部呈现较小的电阻，有较大的电流通过，二极管的这种状态称为正向导通状态。

(2) 加反向电压截止。与正向偏置相反，如果将电源负极与二极管的正极相连，电源正极与二极管的负极相连，称为反向偏置，简称反偏。此时，二极管内部呈现较大的电阻，几乎没有电流通过，二极管的这种状态称为反向截止状态。

综上所述，二极管具有"加正向偏压导通，加反向偏压截止"的导电特性，即单向导电性，这是二极管最重要的特性。

4）二极管的伏安特性曲线

加在二极管两电极间的电压 U 与流过二极管的电流 I 的对应关系称为二极管的伏安特性。伏安特性可以用伏安特性曲线表示，如图 5-7 所示。

(1) 正向特性。当二极管承受正向电压小于某一数值（称为死区电压）时，称为死区。死区电压的大小与二极管的材料有关，并受环境温度的影响。通常，硅材料二极管的死区电压约为 0.5 V，锗材料二极管的死区电压约为 0.1 V。

当正向电压超过死区电压值时，二极管完全导通后，正向压降基本维持不变，称为二极管正向导通压降 U_F。一般硅管的 U_F 为 0.7 V，锗管的 U_F 为 0.3 V。

(2) 反向特性。当二极管承受反向电压时，这时二极管反向截止。

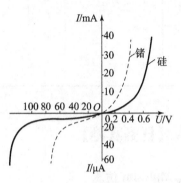

图 5-7　二极管的伏安特性曲线

当反向电压增大到某一数值时，反向电流将随反向电压的增加而急剧增大，这种现象称为二极管反向击穿。

5）二极管的主要性能指标

二极管性能指标是反映二极管性能质量的指标，必须根据二极管的性能指标来合理选用二极管。

(1) 最大整流电流 I_{FM}。最大整流电流 I_{FM} 是指二极管长期工作时，允许通过的最大正向平均电流值。

(2) 最高反向工作电压 U_{RM}。最高反向工作电压 U_{RM} 是指二极管不击穿所允许外加的最高反向电压。

(3) 最大反向电流 I_{RM}。最大反向电流 I_{RM} 是指二极管在常温下承受最高反向工作电压 U_{RM} 时的反向漏电流，一般很小，但其受温度影响较大。当温度升高时，I_{RM} 显著增大。

(4) 最高工作频率 f_M。最高工作频率 f_M 是指保持二极管单向导通时，外加电压允许的最高频率。

6）二极管的型号命名

根据国产半导体器件型号命名规则，半导体器件的型号由四部分组成，如表 5-1 所示。

例如，二极管 2AK 系列，表示 N 型锗材料开关二极管；

　　　　二极管 2CZ 系列，表示 N 型硅材料整流二极管；

　　　　二极管 2DW 系列，表示 P 型硅材料稳压二极管。

表 5-1 二极管的型号命名及意义

第一部分		第二部分		第三部分		第四部分
用阿拉伯数字表示器件电极数目		用汉语拼音字母表示器件的材料和极性		用汉语拼音字母表示器件的类型		用阿拉伯数字表示序号
符号	意义	符号	意义	符号	意义	意义
2	二极管	A B C D	N 型锗材料 P 型锗材料 N 型硅材料 P 型硅材料	P W Z K V L U C	普通管 稳压管 整流管 开关管 微波管 整流堆 光电管 参量管	如前三部分相同,仅第四部分不同,则表示某些性能上有差异

【任务实施】

Multisim 仿真

1. 实验要求与目的

(1) 测量二极管的伏安特性,掌握二极管各工作区的特点。

(2) 掌握二极管正向电阻、反向电阻的特性。

2. 实验原理

半导体二极管主要由一个 PN 结构成,为非线性元件,具有单向导电性。一般二极管的伏安特性可划分为四个区:死区、正向导通区、反向截止区和反向击穿区。

3. 实验电路

(1) 测试二极管正向伏安特性的电路,如图 5-8 所示。

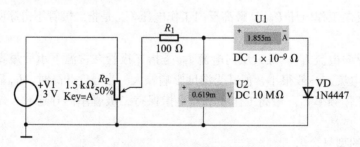

图 5-8 测试二极管正向伏安特性的电路

(2) 测试二极管反向伏安特性的电路,如图 5-9 所示。

4. 实验步骤

(1) 测量二极管的正向伏安特性。

按图 5-8 连接电路,按 A 键或者 Shift + A 键改变电位器的大小,先将电位器的百分数调为 0,再逐渐增加百分数,从而可改变加在二极管两端正向电压的大小。启动仿真开关,将测量的结果依次填入表5-2中。

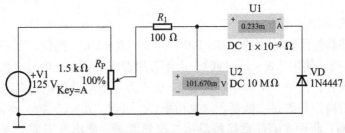

图5-9 测试二极管反向伏安特性的电路

表5-2 正向伏安特性测试结果

R_P	10%	20%	30%	50%	70%	90%	100%
U_{VD}/V							
I_{VD}/mA							
$R_{VD}=\dfrac{U_{VD}}{I_{VD}}$/Ω							

数据分析及结论：

(2) 测量二极管的反向伏安特性。

按图5-9连接电路。改变R_P的百分比，启动仿真开关，将测量的结果依次填入表5-3中。

表5-3 反向伏安特性测试结果

R_P	10%	20%	30%	50%	70%	90%	100%
U_{VD}/V							
I_{VD}/mA							
$R_{VD}=\dfrac{U_{VD}}{I_{VD}}$/Ω							

数据分析及结论：

【实训操作】

1. 晶体二极管的测量方法

对一般小功率管使用欧姆挡的"$R \times 100$"挡或"$R \times 1\text{ k}$"挡位,而不宜使用"$R \times 1$"挡和"$R \times 10\text{ k}$"挡,使用"$R \times 1$"挡时,由于万用表内阻很小,通过二极管的正向电流较大,可能烧毁二极管;使用"$R \times 10\text{ k}$"挡时,由于万用表电池的电压较高,加在二极管两端的反向电压也较高,易击穿二极管。对大功率管,可选"$R \times 1$"挡,具体检测方法如下。

(1)性能判断:将两表笔任意接触晶体二极管两端,读出电阻值,再交换红黑表笔测量,读出电阻值。对正常的晶体二极管来讲,两次测量的阻值一定相差很大,阻值大的是反向电阻,阻值小的是正向电阻。

(2)正、负极判断:在检测的电阻值一大一小的情况下,电阻值小的那次,万用表的黑表笔接的是二极管的正极,红表笔接的是二极管的负极。

(3)硅、锗材料判断:硅材料二极管的正向电阻为数百至数千欧姆,反向电阻在 1 MΩ以上;锗材料二极管的正向电阻为 10~1 000 Ω,反向电阻在 100 kΩ 以上。

如果实测反向电阻很小,说明二极管已被击穿;如果正反电阻均为无穷大,则表明二极管已经断路;如果正、反电阻相差不大或有一个阻值偏离正常,则说明二极管性能不良,一般不宜使用。

2. 二极管的整流应用

利用二极管的单向导电性,可以把大小和方向都随时间发生变化的正弦交流电变为单向脉动的直流电,称为整流,如图 5-10 所示。忽略二极管正向导通压降,当 u_i 为正弦波时,在 $0 \sim \pi$ 区间内,u_i 为上正下负,二极管 VD 因正偏导通,$u_o = u_i$;在 $\pi \sim 2\pi$ 区间内,u_i 为上负下正,二极管 VD 因反偏截止,$u_o = 0$,所以 u_o 的波形只有 u_i 的正半周波形。这种方法简单、经济,在日常生活及电子电路中经常采用。

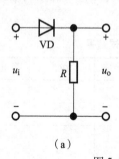
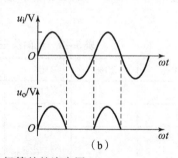

(a)　　　　　　　　　　　(b)

图 5-10　二极管的整流应用

3. 二极管的限幅应用

利用二极管的单向导电性,将输入电压限定在要求的范围之内,叫作限幅。如图 5-11(a)所示的双向限幅电路中,假设 VD1、VD2 为理想二极管。当输入电压 $u_i > 2$ V 时,二极管 VD1 因处在正向偏置而导通,二极管 VD2 因处在反向偏置而截止,此时 $u_o = 2$ V;当 $u_i < -2$ V 时,同理可得,二极管 VD1 截止,二极管 VD2 导通,此时输出电压 $u_o = -2$ V;当 u_i 在 -2 V 与 $+2$ V 时,VD1 和 VD2 均截止,因此输出电压 $u_o = u_i$。输入输出波形如图 5-11(b)所示。利用这个限幅电路就可以把输入电压 u_i 的幅度加以限制。

4. 二极管的开关应用

因为二极管具有单向导电性，正向偏置时导通，反向偏置时截止，在电路中的作用类似于开关，因此在数字电路中经常将半导体二极管作为开关元件来使用。图 5-12 所示为二极管的开关应用，其中 u_s 是需要定期通过二极管 VD 加入应用电路的信号，u_i 为控制信号。当控制信号 u_i < 5 V 时，二极管 VD 因处于反向偏置而截止，相当于"开关断开"，u_s 不能通过 VD；当 u_i > 5 V 时，二极管 VD 处于正向偏置而导通，u_s 可以通过 VD 加入应用电路，此时二极管相当于"开关闭合"。这样，二极管 VD 就在信号 u_i 控制下，实现了开关的作用。

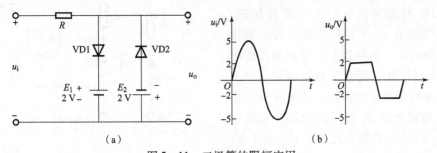

图 5-11　二极管的限幅应用
(a) 双向限幅电路；(b) 输入输出波形

5. 二极管的输入电路保护应用

利用二极管的单向导电性，如图 5-13 所示电路中，两个二极管并联于电路中起限幅保护作用，用于限制运算放大器输入电压的峰值，使之不超过二极管的正向导通电压。

6. 二极管的钳位应用

利用二极管的单向导电性，如图 5-14 所示电路中，二极管在电路中起钳位作用，将输入信号的顶部钳位于直流电平 -3 V，作用类似于开关作用，选用的二极管也是开关二极管。

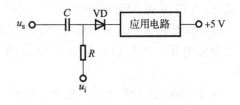

图 5-12　二极管的开关应用

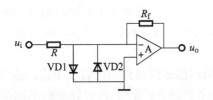

图 5-13　二极管的输入电路保护应用

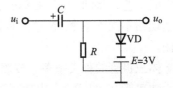

图 5-14　二极管的钳位应用

第二节　三极管基本电路的应用

【任务描述】

在电子设备及线路检修过程中，经常会遇到判断几根导线之间是否有短路的问题，若用万用表逐一测量，工作效率低。而利用二极管的单向导电性、正向压降、三极管的开关和放大等特性可巧妙构成线间短路指示器，能快速、准确地对多路同时进行检测。

线间短路检测电路原理图如图 5-15 所示。该电路主要由两只三极管、若干只二极管以及一只发光二极管组成。三极管 VT1 及其外围元件组成开关电路，VT2 和发光二极管 LED 等构成短路指示电路。电路的工作原理如下：n 只二极管（VD1～VDn）接在三极管 VT1 的基极至地之间，$n-1$ 只二极管（VDn+1～VD2n-1）接在 VT1 的发射极与地之间。从 VD1 至 VDn 的连接点上引出 n 根检测线，加上接地线共有 $n+1$ 根检测线，可分别接至需要检测的 $n+1$ 根导线上，这样便可同时检查 $n+1$ 根导线之间有无短路现象。当被检测的导线间不存在短路时，VT1 导通。由于基极上偏置电阻 R_1 的阻值较小，基极电流大，使 VT1 处于饱和状态，$U_{CE1}<1$ V，VT2 截止，发光二极管 LED 不亮；当被检测的导线间存在短路时，VT1 因基极电位下降而截止，VT2 导通，LED 发光。

这时只要检查 VD1～VDn 中哪几只二极管之间无电压，就可以迅速找出短路的导线。

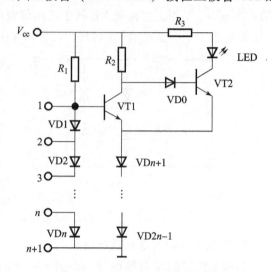

图 5-15 线间短路检测电路原理图

通过线间短路检测电路的装调，使学生掌握用万用表检测小功率晶体三极管各电极极性和三极管的质量及性能的简单鉴别；进一步熟悉二极管的单向导电特性和二极管的钳位作用；熟悉三极管的开关作用和放大作用及发光二极管 LED 的应用。

1. 半导体三极管的结构

半导体三极管是电子电路的重要器件，又称晶体三极管、晶体管或简称为三极管。它是通过一定的工艺，将两个 PN 结结合在一起的器件。由于两个 PN 结的相互影响，使半导体三极管呈现出不同于单个 PN 结的特性，即具有电流放大作用。图 5-16 所示为常见三极管的外形图。

半导体三极管的种类很多，按照半导体材料的不同可分为硅管、锗管；按照功率的不同可分为小功率管（<1 W）、中功率管和大功率管（≥1 W）；按照频率的不同可分为高频管（≥3 MHz）和低频管（≤3 MHz）；按照制造工艺的不同可分为合金管和平面管等。由于半导体三极管是由两个 PN 结构成的，所以根据两个 PN 结的组成不同又可分为 NPN 型三极管和 PNP 型三极管，其结构示意图及电路符号如图 5-17 所示，符号中的箭头方向是三极管的实际电流方向，三极管有三个区，分别为基区、发射区和集电区。从三个区引出的三个电极相应地为基极、发射极和集电极，分别用 B、E、C 来表示。组成三极管的两个 PN 结分别为发射结（基区与发射区交界处的 PN 结）和集电结（基区和集电区交界处的 PN 结）。NPN 型三极管和 PNP 型三极管结构的区别在于：NPN 型三极管的基区是一块很薄的 P 型半导体，两端为 N 型半导体；PNP 型三极管的基区是一块很薄的 N 型半导体，而两端为 P 型半导体。两种三极管的工作原理及用途几乎相同，仅在实现放大作用时各电极端的电压极性

和电流流动方向不同,两种三极管的电流方向在符号中已用箭头表示出,因此根据符号中的箭头方向可以判断三极管的类型。

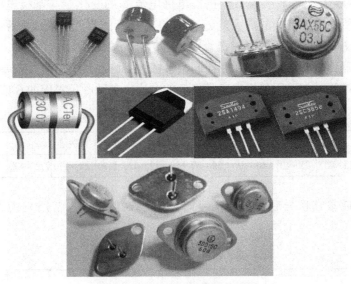

图 5-16 常见三极管的外形图

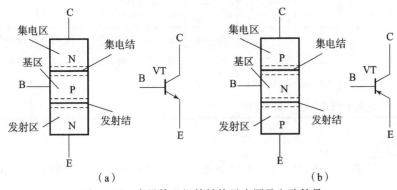

图 5-17 半导体三极管结构示意图及电路符号
(a) NPN 型三极管;(b) PNP 型三极管

为了使三极管具有放大作用,三极管在制造工艺上应具有如下特点:基区做得很薄,一般只有 1 μm 到几十微米厚;发射区掺杂浓度远远高于基区掺杂浓度,使发射区有足够多的载流子发射;集电区的面积比较大,保证集电区有足够的收集能力。由此可见三极管在使用时发射极和集电极不能对调使用。

当三极管电流放大作用的内部条件(三极管制造工艺的特点)满足后,为实现电流放大作用,还必须具备一定的外部条件。使三极管具有电流放大作用的外部条件为:给三极管发射结加正向偏置电压,使发射结正偏;给三极管集电结加反向偏置电压,使集电结反偏。

2. 晶体三极管的性能指标

晶体三极管的参数很多,包括直流参数、交流参数和极限参数三类,但一般使用时只需关注电流放大系数 β、特征频率 f_T、集电极-发射极击穿电压 BU_{CEO}、集电极最大电流 I_{CM} 和集电极最大功耗 P_{CM} 等几项即可。

1）电流放大系数

电流放大系数 β 和 h_{FE} 是晶体三极管的主要参数之一。

β 是三极管的交流电流放大系数，指集电极电流 I_C 的变化量与基极电流 I_B 的变化量之比，反映了三极管对交流信号的放大能力。h_{FE} 是三极管的直流电流放大系数，指集电极电流 I_C 与基极电流 I_B 的比值，反映了三极管对直流信号的放大能力。

由于半导体器件的离散性较大，即使同型号三极管的 β 数值也可能相差很大。为了便于选用三极管，国产管通常采用色标来表示 β 值的大小，各种颜色对应的 β 值如表 5-4 所示。

表 5-4　部分三极管色标对应的 β 值

色标	棕	红	橙	黄	绿	蓝	紫	灰	白	黑（或无色）
β	5~15	15~25	25~40	40~55	55~80	80~120	120~180	180~270	270~400	400 以上

进口三极管通常在型号后加上英文字母来表示 β 值，部分常用三极管对应的 β 值如表 5-5 所示。

表 5-5　部分常用三极管对应的 β 值

字母＼型号	A	B	C	D	E	F	G	H	I
9011，9018				28~44	39~60	54~80	72~108	97~146	132~198
9012，9013				64~91	78~112	96~135	116~166	144~202	180~350
9014，9015	60~150	100~300	200~600	400~1 000					
5551，5401	82~160	150~240	200~395						

2）特征频率

特征频率 f_T 是晶体三极管的另一主要参数。三极管的电流放大系数 β 与工作频率有关，工作频率超过一定值时，β 值开始下降，当 β 值下降为 1 时，所对应的频率即为特征频率 f_T，这时三极管已完全没有电流放大能力，一般应使三极管的工作频率不超过 $5\% f_T$。

3）集射极-发射极击穿电压

集电极-发射极击穿电压 BU_{CEO} 是晶体三极管的一项极限参数，BU_{CEO} 是指基极开路时，所允许加在集电极与发射极之间的最大电压，一旦工作电压超过 BU_{CEO}，三极管就可能被击穿。

4）集电极最大电流

集电极最大电流 I_{CM} 是晶体三极管的又一项极限参数。I_{CM} 是指三极管正常工作时，集电极所允许通过的最大电流，三极管的工作电流不应超过 I_{CM}。

5）集电极最大功耗

集电极最大功耗 P_{CM} 是晶体三极管的一项重要权限参数。P_{CM} 是指三极管性能不变坏时所允许的最大集电极耗散功率，使用时，三极管实际功耗应小于 P_{CM} 并留有一定余量，以防烧管。

3. 晶体三极管的特点与工作原理

1) 晶体三极管的特点

晶体三极管的特点是具有电流放大作用，即可以用较小的基极电流控制较大的集电极（或发射极）电流，集电极电流是基极电流的 β 倍。常用三极管的 β 取值范围为 20~200，在一般放大电路中，采用 β 为 30~80 的三极管为宜。β 值太小放大作用差，但 β 太大易使三极管性能不稳定。

2) 晶体三极管的工作原理

当给基极（输入端）输入一个较小的基极电流 I_B 时，其集电极（输出端）将按比例产生一个较大的集电极电流 I_C，这个比例就是三极管的电流放大系数 β，即 $I_C = \beta I_B$。发射极是公共端，发射极电流 $I_E = I_B + I_C$。可见，集电极电流和发射极电流受基极电流 I_B 控制，所以晶体三极管是电流控制型元器件。

晶体三极管的主要作用是放大、振荡、电子开关、可变电阻和阻抗变换。

4. 三极管的伏安特性曲线

三极管的伏安特性曲线是指三极管各极电压与电流之间的关系曲线。它反映了三极管的性能，是分析放大电路的依据。三极管有三个电极，所以常用的伏安特性曲线有输入特性曲线和输出特性曲线，这些曲线和电路的接法有关。这里仅以最常用的 NPN 管构成的共发射极电路为例来分析三极管的特性曲线。测试三极管共发射极特性曲线的电路如图 5-18 所示，特性曲线可以直接对电流进行测量后绘出，也可用晶体管特性图示仪从荧光屏上直接显示出。

1) 输入特性曲线

输入特性曲线是指当集电极与发射极之间的电压 U_{CE} 为一常数时，输入回路中基极电流 I_B 与输入电压 U_{BE} 之间的关系。其函数表达式为

$$I_B = f(U_{BE})|U_{CE} = 常数$$

如图 5-19 所示，改变 U_{CE} 的大小，可得到一组输入特性曲线。但当 $U_{CE} > 1\text{ V}$ 以后，不同 U_{CE} 数值下的输入特性曲线基本重合。实际使用时，$U_{CE} > 1\text{ V}$ 的条件总能满足，所以 $U_{CE} > 1\text{ V}$ 的这条曲线具有实际意义。

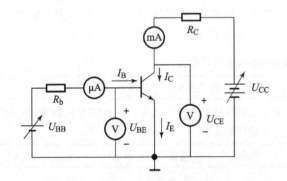
图 5-18 测试三极管共发射极特性曲线的电路

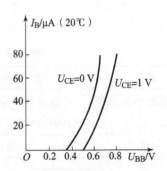
图 5-19 共发射极输入特性曲线

输入特性曲线与二极管的伏安特性曲线形状相似，因为三极管的基极与发射极之间也是一个 PN 结。三极管输入特性曲线也有死区，硅管死区电压约为 0.5 V，锗管约为 0.1 V。当 U_{BE} 大于死区电压后 I_B 增长很快。正常工作时的发射结压降，硅管为 0.6~0.8 V，锗管为 0.2~0.3 V。

2）三极管输出特性曲线

共发射极输出特性曲线是指当输入电流 I_B 为某一固定值时，输出电流 I_C 与输出电压 U_{CE} 之间的关系，其函数表达式为

$$I_C = f(U_{BE})|I_B = 常数$$

如图 5-20 所示，输出特性曲线是由数条不同 I_B 值时的曲线组成的一个曲线簇。

根据三极管的不同工作状态，输出特性曲线可分为三个工作区，即放大区、截止区和饱和区。

（1）放大区。输出特性曲线平坦部分称为放大区，三极管工作在放大区的工作条件是发射结正偏、集电结反偏。

放大区的特点，第一是有电流放大作用，具体体现为 I_C 的大小受 I_B 控制，I_C 的变化量 ΔI_C 是 I_B 变化量 ΔI_B 的 β 倍；第二是有恒流特性，具体体现为 I_C 几乎不随 U_{CE} 的变化而变化。

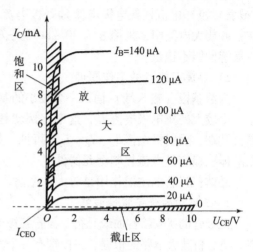

图 5-20 共发射极输出特性曲线

（2）截止区。输出特性曲线中，$I_B = 0$ 的那条曲线以下的区域称为截止区，这时三极管的发射结、集电结均为反向偏置。

截止区的特点是 $I_B = 0$，$I_C = 0$，三极管失去放大作用而处于截止状态。

（3）饱和区。各条曲线拐弯点以左的部分称为饱和区，饱和区中各条曲线几乎重合在一起。三极管工作在饱和区时，发射结、集电结均处于正向偏置状态。

饱和区的特点是：第一，集电极和发射极间电压 U_{CE} 很小，这个电压称为集电极和发射极之间大的饱和压降，用 $U_{CE(SAT)}$ 表示，小功率硅管的 $U_{CE(SAT)}$ 约为 0.3 V，锗管的 $U_{CE(SAT)}$ 约为 0.1 V；第二，I_C 不受 I_B 的控制，三极管失去放大作用。

5. 三极管的识别

1）三极管的型号命名

三极管的型号命名与二极管的型号命名类似，同样由四部分组成。国家标准 GB 249—2017 适用于无线电电子设备所用半导体器件的型号命名及意义，如表 5-6 所示。

表 5-6 三极管的型号命名及意义

第一部分		第二部分		第三部分		第四部分
用阿拉伯数字表示器件电极数目		用汉语拼音字母表示器件的材料和极性		用汉语拼音字母表示器件的类型		用阿拉伯数字表示序号
符号	意义	符号	意义	符号	意义	意义
3	三极管	A	PNP 型锗材料	X	低频小功率管	如前三部分相同，仅第四部分不同，则表示某些性能上有差异
		B	NPN 型锗材料	G	高频小功率管	
		C	PNP 型硅材料	D	低频大功率管	
		D	NPN 型硅材料	A	高频大功率管	
				T	可控整流器	

例如，3AGN 为锗材料 PNP 型高频小功率三极管；

3DGNO 为锗材料 NPN 型高频小功率管。

2）晶体三极管的引脚排列

晶体三极管一般具有三只引脚，分别是基极、发射极和集电极，使用中应识别清楚。引脚分布规律和识别一般有下述几种，晶体三极管的电极分布规律如图 5 – 21 所示。

(1) 一般金属壳封装的三极管三电极排列形状为等腰三角形，一种三极管的顶点是基极，有红色的一边是集电极，余下电极为发射极；另一种三极管顶点是基极，距管帽边沿凸起最近的电极为发射极，另一极为集电极；还有一种三极管靠不同的色点进行区分，顶点与管壳上红点标记相对应的为集电极，与白点对应的为基极，与绿点对应的为发射极。

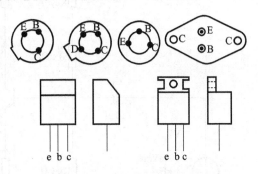

图 5 – 21　晶体三极管的电极分布规律

(2) 晶体三极管电极如果排列成等距的一条直线，则管壳带红点一边的电极为发射极，中间电极为集电极，余下电极为基极。某些三极管电极虽排列成一条直线但不等距，两个靠外侧的电极中一个电极距中间电极较近，另一个外侧电极距中间电极较远，距中间电极较近的外侧的电极为发射极，距中间电极较远的外侧的电极为集电极，中间电极为基极。

(3) 晶体三极管如果有四个电极，其中一种有四个色点，红色点对应集电极，白色点对应基极，绿色点对应发射极，黑色点对应接地电极；另一种三极管判别方法为，将三极管电极面朝向自己，从管壳凸线开始，顺时针方向排列，依次为发射极、基极、集电极和接地电极。

(4) 塑料封小功率三极管电极识别时，应将剖去一平面或去掉一角的标志朝向自己，从左至右依次为发射极、基极和集电极，但也有例外，如某些型号三极管的引脚排列顺序往往是 E – C – B。

无论是国产还是进口三极管，其电极排列顺序均有些不符合上述规律的特例，必须经过检测才能最后确定。

【任务实施】

Multisim 仿真

1. 实验要求与目的

(1) 建立单管共发射极放大电路。

(2) 掌握放大器的静态工作点的仿真方法。

2. 实验原理

晶体三极管具有电流放大作用，可构成共射、共基、共集三种组态放大电路。为了保证放大电路能够不失真地放大信号，电路必须有合适的静态工作点，信号的传输路径必须通畅，而且输入信号的频率要在电路的通频带内。

3. 实验电路

单管共发射极放大电路如图 5-22 所示。

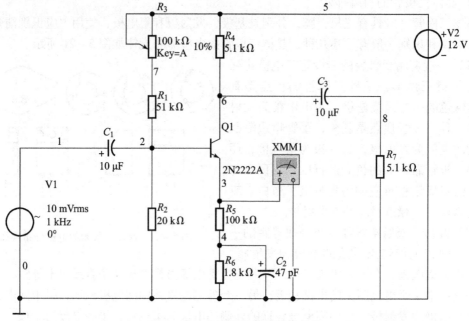

图 5-22　单管共发射极放大电路

4. 实验步骤

进行直流工作点分析，采用菜单命令 Simulate/Analysis/DC Operation Point，在对话框中设置分析节点及电压或电流变量，如图 5-23 所示。图 5-24 所示为直流工作点分析结果。

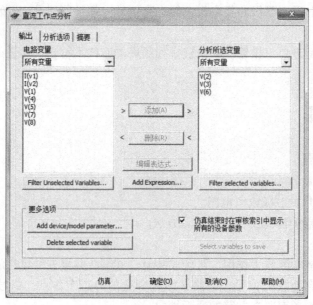

图 5-23　直流工作点分析设置

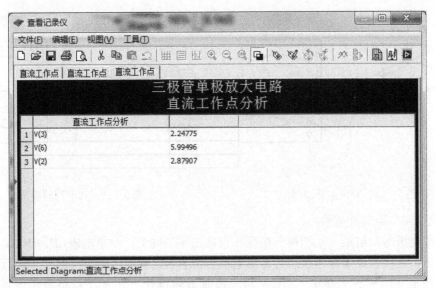

图 5-24 直流工作点分析结果

数据填入记录表 5-7。

表 5-7 数据记录表

测量电压	基极	集电极	发射极	U_{BE}	U_{CE}
仿真数据					

5. 数据分析及结论

【实训操作】

1. 用万用表检测小功率晶体三极管各电极极性

1）判断基极和晶体三极管类型

将万用表置于"$R\times100$"挡或"$R\times1\text{ k}$"挡，黑表笔接假设的基极，红表笔分别接触其余两电极，如果其阻值均很小，则将红表笔接假设的基极，黑表笔接其余两电极，若这次测量的阻值均很大，说明假定基极成立，则该三极管是 NPN 型管，如图 5-25 所示；如果用红表笔接假定的基极，黑表笔接其余两电极，测得的阻值均很小，而反接表笔后，阻值很大，则说明假定的基极成立，则该三极管是 PNP 型管，如图 5-26 所示；如果测出的结果与上述不符，可再分别假设另外两电极为基极，按上述方法进行测量，只要是性能良好的三极管，则三次假设中必有一次正确。

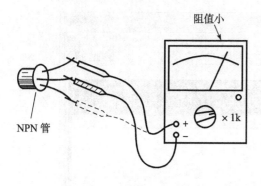
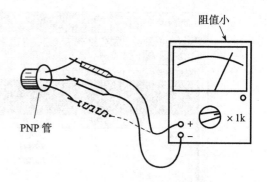

图 5-25　NPN 型管检测　　　　　　　图 5-26　PNP 型管检测

2）判断集电极和发射极

区分集电极与发射极，是利用三极管在正常工作条件下，即集电极加反向电压，发射极加正向电压，三极管处于导通状态时，集电极与发射极之间电阻将下降的原理进行集电极与发射极的判定（也称放大器法）。NPN 型三极管具体操作方法如下：将万用表置于"$R \times 1\text{k}$"挡或"$R \times 10\text{k}$"挡（以硅管为例），用红、黑表笔接除基极以外的其余两电极，用手搭接基极和黑表笔所接电极（两电极不要短路），记下此时表针偏转范围，然后调换表笔，仍用手搭接基极和黑表笔所接电极，记下这次表针偏转范围，比较两次测量时表针偏转范围，偏转范围较大的一次，黑表笔所接电极是集电极，另一电极则是发射极。对于 PNP 型三极管的电极判断，其检测方法为：用手搭接基极和红表笔所接电极，观察指针的偏转范围，然后对调表笔，用手搭接基极和红表笔所接电极，比较两次测量时指针的偏转范围，指针偏转范围大的一次红表笔所接是集电极，黑表笔所接是发射极。

3）区分锗管与硅管

由于锗材料三极管的 PN 结压降约为 0.3 V，而硅材料三极管的 PN 结压降约为 0.7 V，所以可通过测量 B-E 极正向电阻的方法来区分锗管和硅管。

检测方法是：万用表置于"$R \times 1\text{k}$"挡，对于 NPN 管，黑表笔接基极 B，红表笔接发射极 E，如果测得的电阻值小于 $1\text{ k}\Omega$，则被测管是锗管；如果测得的电阻值在 $3 \sim 10\text{ k}\Omega$，则被测管是硅管，如图 5-27 所示。对于 PNP 管，则对调两表笔后测量。

2. 三极管的质量及性能的简单鉴别

1）三极管质量的检测

选用万用表"$R \times 100$"挡或"$R \times 1\text{k}$"挡，检测硅材料 NPN 三极管时，将黑表笔接于基极，红表笔分别接于集电极和发射极，

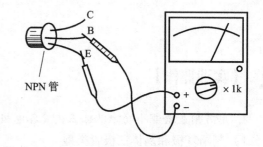

图 5-27　区分锗管与硅管

测该管 PN 结正向电阻应为几百欧至几千欧；调换表笔后，测其 PN 结反向电阻，应在几十千欧以上；集电极和发射极间的电阻，无论表笔如何接，其阻值均应在几百千欧以上。检测锗材料 PNP 型三极管时，其检测方法与 NPN 型三极管相同，只是锗 PNP 三极管用"$R \times 100$"挡更合适一些，且测出的各组阻值应小于 NPN 型三极管的检测值。

2）穿透电流 I_{CEO} 大小的判断

检测 NPN 型三极管穿透电流 I_{CEO} 时，选万用表"$R \times 1\ k$"挡，万用表黑表笔接集电极，红表笔接发射极，并使三极管基极悬空；测 PNP 型三极管穿透电流 I_{CEO} 时，选"$R \times 100$"挡，红表笔接集电极，黑表笔接发射极。所测三极管的集电极与发射极之间阻值越大（硅管大于数兆欧，锗管大于数千欧），说明该三极管穿透电流 I_{CEO} 越小，若测得阻值接近零欧，表明三极管严重漏电或已经击穿。

3）电流放大系数 β 的估计

以测量 NPN 型三极管为例，选用万用表"$R \times 1\ k$"挡，并将黑表笔接集电极，红表笔接发射极，看好表针读数，其指示值应很大（数兆欧），然后，用手或一只 100 kΩ 左右的电阻搭接于三极管集电极与基极之间（不要将两电极相碰），此时，万用表表针指示值应明显减小，表针摆动幅度越大，则该管电流放大能力越强、β 值越大，如图 5-28 所示。检测 PNP 管时，只需将万用表两表笔对调即可。用 MF47 等具有"β"或"h_{FE}"挡的万用表测量。

万用表置于"h_{FE}"挡，如图 5-29 所示，将三极管插入测量插座（基极插入 B 孔，另两引脚随意插入），记下 β 读数；再将其对调后插入，也记下 β 读数，两次测量中，β 读数大的那一次引脚插入是正确的，测量时需注意 NPN 三极管和 PNP 三极管应插入各自相应的插座。

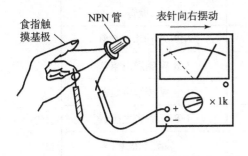

图 5-28 电流放大系数的估计

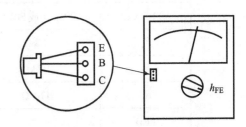

图 5-29 由"h_{FE}"挡的万用表测量

3. 大功率晶体三极管的检测

利用万用表检测小功率三极管的极性、管型及性能的方法对大功率三极管（$P_{CM} > 1\ W$）基本适用，因为金属外壳为已知（集电极），所以判别方法较为简单。

需要指出的是，由于大功率管体积大，极间电阻相对较小，若像检测小功率管极间正向电阻那样，使用万用表的"$R \times 1\ k$"挡，必然使得欧姆表指针趋向于零，这种情况与极间短路一样，使检测者难以判断。为了防止误判，在检测大功率三极管 PN 结正向电阻时，应使用"$R \times 1$"挡或者"$R \times 10$"挡，同时，测量前欧姆表应调零。

4. 三极管的选用

三极管的选用应从频率、集电极最大耗散功率、电流放大系数、反向击穿电压和饱和压降等参数进行考虑，以满足各种不同电路对三极管的要求。在考虑三极管代换时，要选用与原三极管参数相近的三极管进行代换，三极管的有关参数可查阅晶体管手册。

5. 线间短路检测电路的装调

（1）四线间短路检测电路如图 5-30 所示，工作原理：当被检测的导线间无短路时，

U_{B1} 为 1.8～2.1 V；当被检测的导线间存在短路时，$U_{B1} < U_{E1}$，VT1 截止，VT2 导通，LED 灯亮。

（2）按图 5-30 在电路板上焊接，焊接过程中注意二极管的正负极要按标志接，不可接反；三极管各极性不要接错。

（3）通电检测各二极管的正向压降是否接近一致，若有差别应均匀分配在 VT1 的基极和发射极两侧，使两侧 PN 结的总导通压降相等。

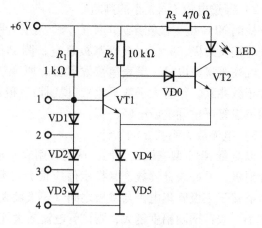

图 5-30　四线间短路检测电路

（4）电路组装好后，从 1～4 几个点上引出四根导线，对导线不短路及若干根导线短路时的情况分别进行实验。

6. 线间短路检测电路元件清单（表 5-8）

表 5-8　元件清单

名称	规格	型号
VD0～VD5	IN4148	二极管
VT1、VT2	9013（或 9014）	NPN 小功率三极管
R_1	1 kΩ	1/8 W 碳膜电阻器
R_2	10 kΩ	1/8 W 碳膜电阻器
R_3	470 Ω	1/8 W 碳膜电阻器
LED		发光二极管

7. 线间短路检测电路相关问题

（1）判断线间短路指示器电路中，VT1 是起开关作用还是起放大作用？实验时测量 VT1 各极的对地电位，对你的判断加以验证。

（2）电阻 R_1、R_2 的作用各是什么？在电路无短路的情况下，如果增大 R_1 的阻值，减小 R_2 的阻值，会不会出现 VT1、VT2 都导通的结果？如果 VT1、VT2 同时导通，VT1 工作在放大区还是饱和区？

（3）电阻 R_3 的作用是什么？减小 R_3 的阻值对 LED 的亮度有何影响？如果短路故障排除后，出现 LED 仍然亮的现象时，增大 R_3 就可以消除此现象，分析其中的原因。

（4）若电路接好后，各二极管均未短路，发光二极管 LED 却亮了，分析故障可能出现在哪些环节中。

第六章 集成运算放大器电路的装调

【学习目标】

1. 掌握集成运算放大器的结构、性能及图形表示方法。
2. 掌握集成运算放大器线性与非线性电路分析方法。
3. 掌握集成运算放大器的典型应用电路。
4. 掌握集成功率放大器及应用。

第一节 简易光照度计电路的装调

【任务描述】

集成电路（IC）就是在一块极小的硅单晶片上，制作出所需要的晶体二极管、三极管、电阻和电容等电路元件，并将它们连接成能完成特定功能的电子线路。由于其内部元件的连接线路短、元件固定、外部引线及焊点少，从而极大地提高了电路工作的可靠性。同时，其体积、质量、价格、设计电路及维修等方面与同等分立元件相比，优越性更加明显，因此被广泛用于电子产品中。

集成电路的出现，特别是大规模和超大规模集成电路的出现，标志着电子技术的发展进入了一个新时代。在学习集成电路时，主要是掌握其功能、应用、器件参数和查找资料的方法，而对于集成电路的内部电路仅需了解即可。

简易光照度计应用于测光及光控场合，如街灯、居室等环境亮度检测，如图6-1所示。这一简易光照度计是由光照度检测电桥、差动放大器及指示表头毫伏表组成的。其原理是光线照到光敏二极管的感光面上，受光越强其产生的光电流越大，而其反向电阻越小，即光敏二极管与电阻R_1分压点的电位升高,这样破坏了原电桥的平衡状态,电桥输出由原来的0 V而产生一个电位差V_S,现将这个变化的电压信号从输入到运算放大器的同相输入端与反相输入端进行差动放大,其放大后的电压信号通过毫伏指示为对应于光照度的显示值,此值即当时的光照度。

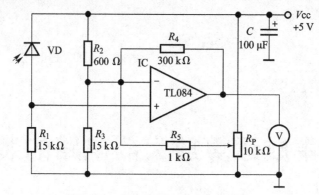

图 6-1 简易光照度计电路原理图

通过本文的学习使学生进一步熟悉光电池、光敏二极管等光敏元件的应用;掌握运算放大器好坏的测量及应用;掌握简易光照度计的原理、装配及调试方法。

1. 集成电路的类别

集成电路有模拟集成电路和数字集成电路两大类型。

(1) 按集成电路制造工艺的差异分为:半导体集成电路(由双极三极管、MOS 晶体管构成),薄膜集成电路(整个电路都由 1 μm 的金属半导体或金属氧化膜重叠构成),厚膜集成电路(电路的厚膜度达几十微米)和混合集成电路(由半导体集成工艺和薄、厚膜工艺结合构成)。目前,半导体集成电路运用最多。

(2) 按集成电路的集成度高低分为:小规模集成电路(每片集成度少于 100 个元件或 10 个门电路)、中规模集成电路(每片集成度为 100 ~ 1 000 个元件或 10 ~ 100 个门电路)、大规模集成电路(每片集成度为 1 000 个元件或 100 个门电路以上)和超大规模集成电路(每片集成度为 10 万个元件或 1 万个门电路以上)。

(3) 按集成电路有源器件的不同分为:双极型、MOS 型和双极 MOS 型集成电路等。

2. 国产半导体集成电路的命名方法

集成电路的品种很多,不仅仅是初学者,即使对专业技术人员而言,正确合理地运用集成电路都是一件不容易的事情。若不认识集成电路的符号或标志,也不知道如何去查阅资料,那么在应用集成电路时就会觉得很困难。

国外不同的厂家,对集成电路产品有各自的型号命名方法。从产品型号上可大致反映出该产品在厂家、工艺、性能、封装和等级等方面的内容。

(1) 半导体集成电路命名由五个部分组成,其各部分组成符号及意义如表 6-1 所示。

　　C　　字母　　数字　　字母　　字母

第一部分用字母 C 表示集成电路的主称;

第二部分用字母表示集成电路的分类;

第三部分用数字表示集成电路的系列和品种代号;

第四部分用字母表示集成电路的工作温度范围;

第五部分用字母表示集成电路的封装形式。

表6-1 国产半导体集成电路的组成符号及意义

第一部分		第二部分		第三部分		第四部分		第五部分	
主称		分类		系列和品种代号		工作温度范围		封装形式	
符号	意义	符号	意义	符号	意义	符号	意义	符号	意义
C	主称	T	TTL	根据第二部分的符号和相对应的类型而定，每一类型的集成电路都有一系列的品种代号。例如： （1）CT3020ED 其中的3020表示为肖特基系列双4输入与非门； （2）CC14512MF 其中的14512表示为8选1数据选择器		C	0°~+75°	W	陶瓷扁平
		H	HTL			E	-40°~+85°	B	陶瓷扁平
		E	ECL			R	-55°~+85°	F	金属扁平
		C	CMOS			M	-55°~+125°	P	塑料直插
		F	线性					D	陶瓷直插
		D	音响电视					T	金属壳圆形
		W	稳压						
		J	接口						
		B	非线性						
		M	存储器						
		μ	微处理器						

（2）常见国外半导体集成电路。目前电子产品中相当部分采用了国外公司的半导体集成电路，国外公司生产的集成电路均有自己的符号及标识方法，如表6-2所示。

表6-2 常见国外的集成电路标识方法

符号	生产国及公司名称	符号	生产国及公司名称
MB	日本富士通公司	μA	美国仙童公司
BA	日本东洋电具公司	ULN	美国史普拉格公司
AN、MN	日本松下公司	INTEL	美国英特公司
IX	日本夏普公司	ESS	美国依雅公司
HA	日本日立公司	TBA	德国德风根公司、荷兰菲利浦公司及其欧洲共同市场各国有限公司产品
TA、TB、TC	日本东芝公司	TDA	
M	日本三菱公司	TCA	
YSS	日本雅玛哈公司	VIA	中国台湾威盛公司
LA、LB	日本三洋公司	LG	韩国LG公司
Mpc、μpD	日本电气公司（NEC）	HY	韩国现代公司
CX	日本索尼公司	KA	韩国三星公司
MC	美国摩托罗拉公司		

3. 集成运放的内部电路框图

集成运放的发展速度极快，内部电路结构复杂并有多种形式，本书仅对内部电路框图形式进行介绍。集成运放由输入级、中间级、输出级和偏置电路四部分组成。图6-2所示为集成运放内部原理框图。

（1）输入级。输入级是集成运放质量保证的关键，为了减少零点漂移和抑制共模干扰信号，要求输入级温漂小，共模抑制比高，有极高的输入阻抗，一般采用恒流源的差分放大电路。

（2）中间级。中间级是整个集成运放的主放大器，其作用是使集成运放具有较强的放大能力，多采用共射（或共源）放大电路。为了提高电压放大倍数，经常采用复合管作放大管，以恒流源作集电极负载，其电压放大倍数可达千倍以上。

（3）输出级。输出级具有较大的电压输出幅度，较高的输出功率与较低的输出电阻，大多采用复合管作输出级。

（4）偏置电路。偏置电路为各级放大电路提供合适的偏置电流，使之具有合适的静态工作点，也可作为放大管的有源负载。

4. 集成运放的外形及符号

目前国产集成运放已有多种型号，封装外形主要采用圆壳式和双列直插式两种。集成运放的电路符号如图6-3所示，集成运放的外形如图6-4所示。

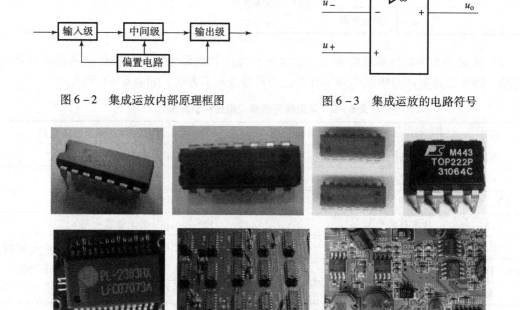

图6-2 集成运放内部原理框图　　图6-3 集成运放的电路符号

图6-4 集成运放的外形

集成运放有两个输入端（一个反相输入端和一个同相输入端，分别用"－""＋"表示）和一个输出端。输出电压u_o与反相输入端输入电压u_-的相位相反，而与同相输入端输入电压u_+的相位相同，三者满足下列关系式：

$$u_o = Au_o(u_+ - u_-)$$

式中，Au_o为集成运放开环放大倍数。

5. 集成运放的主要参数

对于使用者来说，最关心的是集成运放的特性和参数，而对运放内部电路的结构和工作原理的初步了解，是为了更好地理解它的特性参数，从而能更好地选择和使用器件。

(1) 开环差模电压放大倍数A_{od}：集成运放的开环差模电压放大倍数是指输出端和输入端之间无任何元件时，输出信号电压与输入差模电压之比，用A_{od}表示，用$A_{od} = u_{od}/u_{id}$，用分贝表示则是$20\lg|A_{od}|$。一般情况下，希望A_{od}越大越好，构成的电路性能越稳定，运算精度越高。A_{od}一般可达100 dB，高者为140 dB以上，因此理想运放的A_{od}为无穷大，$A_{od}\to\infty$。

(2) 开环差模输入电阻R_{id}：这是指运放在输入差模信号时的输入电阻，其值越大，对信号源的影响就越小，理想运放的$R_{id}\to\infty$。

(3) 开环差模输出电阻R_{od}：这里是指集成运放开环时，从输出端看进去的等效电阻。它反映集成运放输出时的负载能力，其值越小越好，一般R_{od}小于20 Ω，理想运放的$R_{od}\to 0$。

(4) 共模抑制比K_{CMR}：共模抑制比等于差模放大倍数与共模放大倍数之比的绝对值，即$K_{CMR} = |A_{ud}/A_{uc}|$，也常用分贝表示。$K_{CMR}$值越大表示运放对共模信号的抑制能力越强，理想运放的$K_{CMR}\to\infty$。

(5) 最大差模和共模输入电压U_{idmax}、U_{icmax}：U_{idmax}是指集成运放两个输入端所允许加载的差模最大电压，超过此电压，集成运放输入级某一侧晶体管将会出现发射结反向击穿。U_{icmax}是指集成运放两个输入端所允许加载的共模最大电压，超过此电压，集成运放共模抑制比将明显下降。

(6) 输入失调电压U_{IO}以及其温漂dU_{IO}/dT：由于集成运放的输入级电路参数不可能绝对对称，所以当输入电压为零时，输出电压并不为零，通常在室温25 ℃下，为了使输入电压为零时输出电压也为零，在输入端加的补偿电压叫作输入失调电压U_{IO}。U_{IO}的大小反映了运放输入级电压的不对称程度。U_{IO}越小越好，一般为±(1~10)mV。

另外，输入失调电压的大小还随温度、电源电压的变化而变化。通常输入失调电压U_{IO}对温度的变化率称为输入电压的温度漂移dU_{IO}/dT，一般为±(10~20)μV/℃。

(7) 输入失调电流I_{IO}及其温漂dI_{IO}/dT：在常温下，输入信号为零时，放大电路的两个输入端的基极稳态电流之差称为输入失调电流I_{IO}，即$I_{IO} = I_{B1} - I_{B2}$，它反映了输入级两管输入电流的不对称情况，其单位为mA，I_{IO}越小越好，一般为1 nA~0.1 μA。理想运放的$I_{IO}\to 0$，I_{IO}也随温度、电流和时间的变化而变化，I_{IO}随温度的变化率称为温漂，用dI_{IO}/dT表示，单位为nA/℃。

(8) 输入偏置电流I_B：输入偏置电流是指集成运放输出电压为零时，两个输入端偏置电流的平均值，即$I_B = (I_{B1} + I_{B2})/2$，$I_B$越小越好，一般为10 nA~10 μA，理想运放的$I_B\to 0$。

(9) 最大输出电压U_{om}：在给定负载上，最大不失真输出电压的峰-峰值称为最大输出电压，一般比电源电压低2 V以上。

(10) 转换速率S_R：S_R是指集成运放输出电压随时间的最大变化率，S_R越大越好。

6. 集成运放的使用常识

(1) 合理地选集成运放的型号。集成运放在近几年得到迅速的发展，除了具有高电压放大倍数的通用型外，还有性能更优良的具有特殊功能的集成运放，可分为高输入阻抗型、高精度低漂移型、高速型、低功耗型和高压型等。

(2) 使用集成运放时应认清型号、管脚，清楚每个引脚的功能。常见的集成运放封装方式有金属壳圆形封装、双列直插式塑料封装和扁平陶瓷式封装。其外形如图 6-5 所示，金属壳封装种类一般有 8、10、12 只管脚等，双列直插式种类有 8、12、14、16 只管脚等。

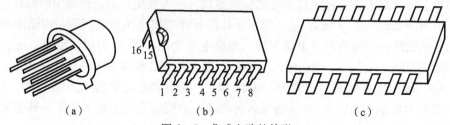

图 6-5 集成电路的外形

(a) 金属壳圆形式；(b) 双列直插式 (c) 扁平陶瓷式

(3) 特性参数测试集成运放出厂前需要进行特性参数测试，以便对其进行检验和筛选。集成运放在使用前一般进行特性参数测试。参数测试的方法和测试电路有很多种，请参阅有关文献。现介绍用万用表粗测 LM324 的方法。

LM324 系列产品包括 LM124、LM224、LM324，国产对应型号为 FX124、FX224、FX324，它们都是由四个独立的低功能、高增益、频率内补偿式运算放大器组成的，其管脚排列如图 6-6 所示。

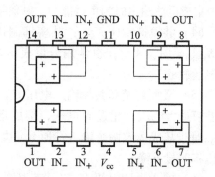

图 6-6 LM124/224/234 管脚排列

用万用表可检测其好坏，选择万用表 "$R \times 1\ k$" 挡分别测量各管脚间的电阻值，其典型数据如表 6-3 所示。

表 6-3 测量 LM234 电阻值的典型数据

黑表笔位置	红表笔位置	正常电阻值/kΩ	不正常电阻
V_{cc}	GND	16~17	
GND	V_{cc}	5~6	
V_{cc}	IN +	50	0 或 ∞
V_{cc}	IN -	55	
OUT	V_{cc}	20	
OUT	GND	60~65	

(4) 测试时应注意以下两点：

① 应分别检查 LM324 的四个运算放大器，各对应管脚的电阻值应基本相等，否则参数的一致性差。

② 若用不同型号的万用表测量，电阻值会略有差异。但上述测量中，只要有一次电阻值为零，即可说明内部有短路故障。读数为无穷大时，说明开路，运算放大器已损坏。

【任务实施】

1. 模拟集成电路好坏测量

万用表测量集成电路的结果的离散性是很大的,不同厂家生产的电路在测量时都会有误差,一般用指针表测量对地阻值的方法,前提是有对照数值表,一般在网上或书籍中找到,自己也可以留一份。

用万用表测量电源引脚判断是否短路或断路,建议还是用代换法较为稳妥,像集成电路有些时候必须使用代换法。

2. 简易光照度计电路的装调

(1) 检测全部元器件、PCB 板(印制电路板)合格待装。

(2) 按照图 6-1 电路原理图,遵照电子产品工艺技术规则装配或插接装配板,注意运算放大器引脚的连接及其他电子元件的极性。

(3) 将检查无误的装配板通电,表针如有摆动,说明装配电路已通路,若表针无摆动,则应按原理图查找故障直至修复。

(4) 用黑色塑料管罩严光敏二极管,调整 R_1 使输出指示为 0。

(5) 摘下塑料管,此时表针应有摆动。用 100 lx、200 lx(标准光度计示值)的光照射光敏二极管,调整 R_P、R_4,使毫伏表的表针指示为满量程处即可,然后准确确定 R_4 的值,之后将微调电位器的调整螺钉用指甲漆封牢即可。

3. 简易光照度计电路元器件明细表(表 6-4)

表 6-4 元器件明细表

代码	名称	规格型号
IC	集成电路	TL084
VD	光敏二极管	2CU
R_1、R_3	电阻	15 kΩ
R_2	电阻	680 Ω
R_4	电阻	300 kΩ
R_5	电阻	1 kΩ
R_P	电阻	10 kΩ
C	电解电容	100 μF 16 V
V	电磁式表头	100 mA

4. 简易光照度计电路相关问题

(1) 判断简易光照度计电路中,TL084 是起开关作用还是起放大作用?能否用其他运算放大器代替,请举例。

(2) 电阻 R_2、R_3 的作用是什么?电阻 R_1、VD 管的作用是什么?

(3) 遮住 VD 管或不遮住 VD 管时,电压表头无变化,分析其可能的原因。

第二节 简易电子秤电路的装调

【任务描述】

简易电子秤电路原理图如图6-7所示,其电路为力传感器桥式放大器。图6-7中的SFG-15 N1A为Honewed公司生产的硅压阻式传感器,它是利用微细加工工艺技术在一块硅片上加工成硅膜片,并在膜片上用离子注入工艺将四个电阻并联接成电桥。

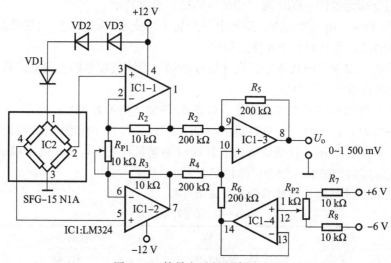

图6-7 简易电子秤电路原理图

当力作用在硅膜片上时,膜片产生变形,电桥中两个电阻的阻值减小,电桥失去平衡,输出与作用力成正比的电压信号($U_{2~4}$)。力传感器由12 V电源经三个二极管降压后(约10 V)供电。A1~A3组成测量放大器,其差分输入端直接与力传感器2脚、4脚连接。A4的输出用于补偿整个电路的失调电压。当作用力为0~15 N时,输出为0~1 500 mV(灵敏度为1 mV/g)。

通过本文的学习使学生掌握反相比例运算放大电路的应用;掌握同相比例运算放大电路的应用;掌握简易电子秤电路的原理、装配及调试方法。

利用集成运放作为放大电路,引入各种不同的反馈,就可以构成具有不同功能的实用电路。在分析各种实用电路时,通常都将集成运放的性能指标理想化,即将其看成为理想运放。尽管集成运放的应用电路多种多样,但其工作区域却只有两个。在电路中,它们不是工作在线形区,就是工作在非线性区。

1. 理想运放的性能指标

集成理想运放的理想化参数是:开环差模电压增益 $A_{od}=\infty$,差模输入电阻 $A_{id}=\infty$,输出电阻 $R_{od}=0$,共模抑制比 $K_{CMR}=\infty$,频带宽度 $f_{BW}=\infty$,失调电压 U_{IO}、失调电流 I_{IO} 和它们的温漂 dU_{IO}/dT、dI_{IO}/dT 均为零,且无任何内部噪声。满足上述理想参数的运算放大器称为理想运算放大器。

2. 理想运放线性应用条件

集成运放具有线性和非线性两种工作状态,将集成运放接成负反馈电路是集成运放线性应用的必要条件。把运算放大器看成理想运算放大器,集成运放线性应用时有以下两个特性。

(1) 虚短 ($i_1 = i_f$): 所谓"虚短路"是指集成运放两个输入端电位无穷接近,但又不是真正的短路。

(2) 虚断 ($u_+ = u_- = 0$): 所谓"虚断路"是指集成运放两个输入端的电流趋近于零,但又不是真正断路。

应当特别指出,"虚短"和"虚断"是非常重要的概念。对于运放工作在线性区的应用电路,"虚短"和"虚断"是分析其输入信号和输出信号关系的两个基本出发点。

3. 集成运放非线性运用条件

在电路中,集成运放不是处于开环状态(没有引入反馈),就是只引入了正反馈,则表明集成运放工作在非线性区。对于理想运放,由于差模增益无穷大,输入信号即使很小,也足以使运算放大器输出饱和,输出电压为 U_{om},数值约低于电源电压,处于非线性工作状态。集成运放处于非线性工作状态的电路统称非线性应用电路,这种电路大量地被用于信号比较、信号转换和信号发生以及自动控制系统和测试系统中。

理想运放工作在非线性区的两个特点是:①输出电压 u_o 只有两种可能的情况,分别为 $\pm U_{om}$。当 $u_+ > u_-$ 时, $u_o = +U_{om}$; 当 $u_+ < u_-$ 时, $u_o = -U_{om}$。②由于理想运放的差模输入电阻无穷大,故净输入电流为零,即 $i_+ = i_- = 0$。

可见,理想运放仍具有"虚断"的特点,但其净输入电压不再为零,而取决于电路的输入信号。对于运放工作在非线性区的应用电路,上述两个特点是分析其输入信号和输出信号关系的基本出发点。

4. 反相比例运算放大电路

将输入信号按比例放大的电路,称为比例运算电路。根据输入信号加在不同的输入端,比例运算又分为反相比例运算、同相比例运算和差动比例运算三种。

反相比例运算放大电路又叫作反相放大器,其电路如图6-8所示,该电路为电压并联负反馈电路。输入信号 u_i 经电阻 R_1 送到反相输入端,而同相输入端 R_p 接地、R_f 为反馈电阻,输出电压 u_o 通过它接到反相输入端,构成电压并联负反馈。

图6-8中电阻 R_p 是为了与反相端上的电阻 R_1 和 R_f 进行直流平衡,称为直流平衡电阻,取

$$R_p = R_1 // R_f$$

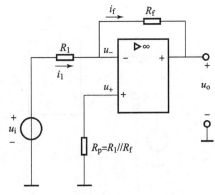

图6-8 反相比例运算放大电路

根据虚断、虚短性质有 $i_1 = i_f$, $u_+ = u_- = 0$, 且

$$i_1 = (u_+ - u_-)/R_1 = u_i/R_1$$
$$i_f = (u_- - u_o)/R_f = -u_o/R_f$$

故闭环电压放大倍数为

$$A_{uf} = u_o/u_i = -R_f/R_1$$

上式表明输出电压与输入电压相位相反,且成一定比例关系,而与集成运算放大电路本身无关。因此,把这种电路称为反相比例放大电路。若取 $R_1 = R_f$,则 $A_{uf} = -1$,即电路的 u_o 与 u_i 大小相等,相位相反,称此时的电路为反相器。

必须注意的是,在上述分析中有 $u_+ = u_- = 0$,即反相输入端电位也是零电位,但是实际上它并没有接地,故称为虚地,这是集成运算放大器构成反相放大电路特有的现象。

放大电路的输入电阻为

$$R_i = u_i/i_i = R_1$$

放大电路的输出电阻为

$$R_o = 0$$

5. 同相比例运算电路

同相比例运算电路又叫作同相放大器,其电路如图 6-9(a)所示,图中输入信号 u_i 经电阻 R_2 送到同相输入端,而反相输入端通过 R_1 接地,负反馈仍由输出端引入到反相输入端。该电路为电压串联负反馈电路。

由虚断、虚短性质可列出

$$u_- = u_o R_1/(R_1 + R_f)$$
$$u_+ = u_- = u_i$$
$$u_i = u_o R_1/(R_1 + R_f)$$

故

$$A_{uf} = u_o/u_i = 1 + (R_f/R_1)$$

式中,A_{uf} 为正值,表明 u_o 与 u_i 同相。$1+(R_f/R_1)$ 为深度负反馈电压串联电路电压放大倍数计算公式。在深度负反馈的情况下,无论是分立元件还是集成运算放大器组成的电路,当取 $R_f = 0$,$R_1 \to \infty$,则得 $A_{uf} = 1$,即 u_o 与 u_i 大小相等,相位相同,称此电路为电压跟随器,其电路如图 6-9(b)所示。

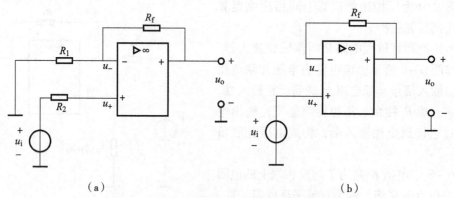

图 6-9 同相比例运算电路和电压跟随器电路
(a) 同相比例运算电路;(b) 电压跟随器电路

由图 6-9(a)可知,同相比例运算电路的输入电阻 $R_i \to \infty$,输出电阻为零。

例 6-1 设计一个比例运算电路,要求输入电阻 $R_1 = 20\ \text{k}\Omega$,比例系数为 -100。

解： 已知 $R_1 = 20\text{ k}\Omega$ 且 $A_{uf} = -100 < 0$，故此电路为反相比例放大电路，又因为

$$A_{uf} = -R_f/R_1 = -100$$

则

$$R_f = 100R_1 = 2\text{ （M}\Omega）$$

画出电路图，如图 6-10 所示，平衡电阻 $R_p = R_1 // R_f = 20 // 2\,000 \approx 20\text{ （k}\Omega）$。

6. 差动比例运算电路

差动比例运算电路又叫作差动放大器，其电路如图 6-11 所示。

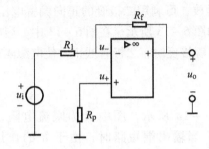
图 6-10 反相比例放大电路

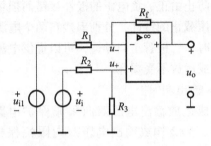
图 6-11 差动比例运算电路

输入与输出电压关系：

$$u_o = \left(1 + \frac{R_f}{R_1}\right)\frac{R_3}{R_2 + R_3}u_{i2} - \frac{R_f}{R_1}u_{i1}$$

当取 $R_1 = R_2$ 和 $R_f = R_3$ 时，则上式为

$$u_o = (u_{i2} - u_{i1})R_f/R_1$$

可见其输出电压 u_o 与两个输入电压的差值 $(u_{i2} - u_{i1})$ 成正比，因此称为差动比例运算电路或减法运算电路。

7. 反相求和（加法）运算

反相求和电路如图 6-12 所示。电路中设有两个输入端，两个输入信号 u_{i1}、u_{i2} 分别通过 R_1、R_2 加到反相输入端，实际应用中可根据需要增减输入端的数量。R_f 为反馈电阻，引入深度并联电压负反馈，R_1、R_2 分别是各个信号源的等效内阻，R_3 为直流平衡电阻，考虑到平衡条件，$R_3 = R_1 // R_2 // R_f$。

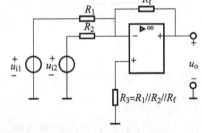
图 6-12 反相求和电路

根据虚断、虚短性质和基尔霍夫电流定理（KCL），可列出

$$\frac{u_{i1}}{R_1} + \frac{u_{i2}}{R_2} = \frac{0 - u_o}{R_f}$$

则

$$u_o = -\left(\frac{R_f}{R_1}u_{i1} + \frac{R_f}{R_2}u_{i2}\right)$$

反相求和电路的特点与反相比例电路的特点相同。这种求和电路便于调整,可以十分方便地调整某一路的输入电阻,改变该路的比例系数,而不影响其他电路的比例系数,因此,反相求和电路用得较为广泛。

8. 集成运放的安全保护

在集成运放的使用过程中,为了防止损坏,保证运放安全工作,应在电路中采取以下三个方面的保护措施。

1) 电源极性错接保护

为防止由正、负电源的极性接错而损坏集成运放,可利用二极管的正向偏置电压导通、反向电压截止的特性,分别串接在两个电源端,如图 6-13 所示。在图 6-13 中,当电源正常接入时,二极管正向导通,可以提供电流;当电源接反时,二极管截止,使电源隔离,保护了集成运放不受损坏。

2) 输出端保护

集成运放输出电压双向限幅保护电路如图 6-14 所示,图中 R 为限流电阻,稳压管 VZ1、VZ2 构成输出电压双向限幅保护电路。当输出端短路时,由于 R 的作用,限制了运放输出电流的增长。VZ1 和 VZ2 双向限制了输出电压的幅度不超过稳压管的稳压值 U_{VZ}。另外,当输出端错接到电源时,R 也可以保护运放不受电源电压的损坏,但稳压管 VZ1、VZ2 可能损坏。正常工作时,R 增加了集成运放的输出电阻,影响其带负载能力。

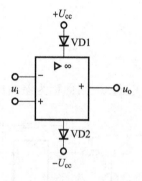

图 6-13 集成运放电源端保护电路

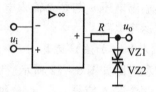

图 6-14 集成运放输出电压双向限幅保护电路

3) 输入端保护

由于集成运放具有极高的输入电阻,容易感应过高的共模信号。当集成运放在无负反馈的开环状态时,容易使输入级的差分对管的 G、S 间绝缘(或 PN 结)因过高的差模(或共模)电压而反向击穿损坏。即使没有损坏,也可能使输入端产生"堵塞"现象,使放大电路不能正常工作。常用的集成运放输入端的保护措施如图 6-15 所示。图 6-15(a) 电路实现对输入差模过大电压的保护,使两个输入端的差模电压不超过二极管的 0.7 V 导通电压。图 6-15(b) 电路使得同相输入端的共模信号电压不超过 $\pm U_{cc}$ 的范围,一旦超过 U_{cc} 的幅度,二极管 VD1(或 VD2)导通,实施保护。

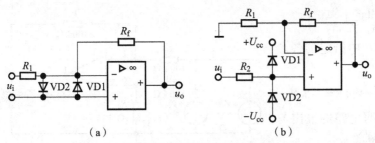

图 6-15　常用的集成运放输入端的保护措施
（a）防止差模信号电压过大的反相输入保护；（b）防止共模信号电压过大的同相输入保护

【任务实施】

Multisim 仿真

1. 实验要求与目的

研究集成运放线性应用的主要电路（加法电路、减法电路等），掌握各电路结构形式和运算功能。

2. 实验原理

集成运放实质上是一个高增益多级直接耦合放大电路。它的应用主要分为两类，一类是线性应用，此时电路中大都引入了深度负反馈，运放两输入端间具有"虚短"或"虚断"的特点，主要应用是和不同的反馈网络构成各种运算电路，如加法、减法、微分、积分等。另一类是非线性应用，此时电路一般工作在开环或正反馈的情况下，输出电压不是正饱和电压就是负饱和电压，主要应用是构成各种比较电路和波形发生器等。本次实验主要研究集成运放的线性应用。

3. 实验电路

集成运放线性应用的加法、减法电路分别如图 6-16 和图 6-17 所示。

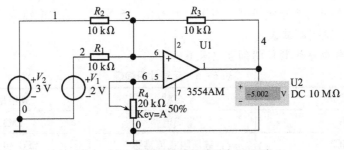

图 6-16　集成运放线性应用加法电路

4. 实验步骤

（1）测量加法电路输入/输出关系。按图 6-16 连接电路，两输入信号 V_1 和 V_2 从集成运放的反相输入端输入，构成反相加法运算电路。设置 $V_1 = 2$ V，$V_2 = 3$ V，电压表选择"DC"，打开仿真开关，测得电压 $U_o = -5$ V。反相输入加法运算电路的输出电压与输入电压的关系式为

$$U_o = -\left(\frac{R_f}{R_1}V_1 + \frac{R_f}{R_2}V_2\right)$$

按图 6-16 中给定的各参数计算得

$$U_o = -(V_1 + V_2) = -5 \text{ V}$$

由此可说明电路的输出与输入是求和运算关系。

（2）测量减法电路输入/输出关系。按图 6-17 连接电

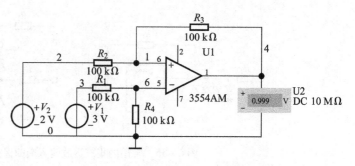

图 6-17 集成运放线性应用减法电路

路，V_1 从反相输入端输入，V_2 从同相输入端输入，设置 $V_1 = 3$ V，$V_2 = 2$ V，电压表选择 "DC"，打开仿真开关，测得输出电压 $U_o = 1$ V。减法运算电路的输出电压和输入电压之间的关系式为

$$U_o = -\frac{R_f}{R_1}(V_1 - V_2)$$

按图 6-17 中给定的各参数计算得

$$U_o = V_2 - V_1 = 1 \text{ V}$$

由此可说明电路的输出与输入是减法运算关系。

【实训操作】

1. 简易电子秤电路的装调

（1）检测全部元器件、PCB 板合格待装。

（2）按照图 6-10 电路原理图，遵照电子产品工艺技术规则装配或插接装配板，注意运算放大器引脚的连接及其他电子元件的极性。

（3）将检查无误的装配板通电，当作用力为 0~15 N 时，输出电压为 0~1 500 mV（灵敏度为 1 mV/g），说明调试成功。

2. 简易电子秤电路元器件明细表（表 6-5）

表 6-5 元器件明细表

代码	名称	规格型号
IC1	集成电路	LM324
IC2	硅压阻式传感器	SFG-15NIA
R_{p_1}	电阻	10 kΩ
R_{p_2}	电阻	1 kΩ
R_2、R_4、R_5、R_6	电阻	200 kΩ×4
R_1、R_3、R_7、R_8	电阻	10 kΩ×4
VD1~VD3	二极管	IN4148×3

3. 简易电子秤电路相关问题

（1）判断压力传感器的桥式放大电路中，LM324 是起比较作用还是起放大作用？能否用其他运算放大器代替，请举例。

（2）二极管 IN4148×3 的作用是什么？

（3）当作用力为 0~15 N 时，输出为无电压变化，分析其可能的原因。

第七章 门电路和组合逻辑电路装调

【学习目标】

1. 掌握与门、非门、或门及与非门逻辑关系。
2. 掌握组合逻辑电路分析和设计。
3. 理解编码器与译码器逻辑功能。
4. 掌握编码器与译码器典型应用。

第一节　三人表决器电路装调

【任务描述】

微型计算机的广泛应用和迅速发展，使数字电子技术进入了一个新的阶段。数字电路是数字电子技术的核心，是计算机和数字通信的硬件基础。本文介绍了组成数字电路的基本元件、基本逻辑门和 TTL 门电路。然后从实际应用的角度介绍编码器和译码器。

在日常生活中经常会遇到按照"少数服从多数"原则来表决一件事情。例如，举重比赛有三个裁判，一个主裁判和两个副裁判，杠铃完全举上的裁决由每一个裁判按一下自己面前的按钮来确定。只有当两个或两个以上裁判判明成功，并且其中有一个为主裁判时，表明成功的灯才亮。我们可以用与非门设计一个举重裁判表决电路来实现上述的逻辑结果，其逻辑电路图如图 7-1 所示。

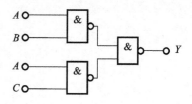

图 7-1　三人表决器逻辑电路图

通过本文的学习，学生应掌握常用数制的转换，逻辑代数的分析方法，学习基本逻辑门电路，掌握它们的外部逻辑关系、特性和正确使用方法，了解 TTL 集成逻辑门电路的结构，掌握逻辑功能和外部特性，熟悉 TTL 三态门的工作原理和有关的逻辑概念及 CMOS（互补金属氧化物半导体）集成逻辑门电路的结构和原理。

数字电路是逻辑控制、数字通信和计算机电路的基础。数字电路大致包括信号的传输、控制、储存、计数、运算和显示等内容。其中，重点在于电路逻辑功能的实现。随着大规模集成电路的飞跃发展，很多分立元件脉冲电路已经逐渐被它们所取代，数字电路的内涵也在发生深刻变化。

1. 数字电路基本知识

1）数字电路与模拟电路的比较

数字电路与模拟电路的比较如表 7-1 所示。

表 7-1 数字电路与模拟电路的比较

项目	数字电路	模拟电路
工作信号	数字信号是数值上和时间上都不连续变换的信号	模拟信号是数值上和时间上都连续变化的信号
半导体工作状态	工作在开关状态，即饱和区或截止区	一般要求工作在放大区
研究内容	逻辑功能，即输入与输出之间的逻辑关系	放大性能
基本单元	门电路、触发器	放大器
主要电路功能	逻辑运算	放大作用
分析工具	逻辑代数分析法	估算法、图解法、微变等效法

2）数字电路中的"数"

在数字电路中，参与电路逻辑运算的是二进制数"0"和"1"，这里的"0"和"1"表示的不是具体的数值，而是逻辑值。它们代表的是两种相反的状态，如开关的开和关、电位的高和低、电路的通和断、晶体管的饱和与截止、命题的真和假，等等。只要是反映两种相反的状态，都可以用逻辑"0"和逻辑"1"来进行表示。

2. 数制

数制是计数进制的简称。在日常生活中最常用的是十进制，它有 0，1，2，3，4，5，6，7，8，9 十个数码来组成不同的数，而在数字电路中和微机控制系统中应用最广泛的是二进制和十六进制。

1）二进制

二进制数中，每一位只有 0 和 1 两个可能的数码，计数基数为 2，低位和相邻高位之间的进位关系为"逢二进一"。

2）十六进制

在十六进制数中，每一位用 0，1，2，3，4，5，6，7，8，9，A，B，C，D，E，F 十六个数码表示，计数基数为 16，低位和相邻高位之间的进位关系为"逢十六进一"。

可以通过表 7-2 比较一下上面三种数制的数码。

表 7-2 数制对照表

十进制数	二进制	十六进制
0	0000	0
1	0001	1
2	0010	2
3	0011	3
4	0100	4
5	0101	5
6	0110	6
7	0111	7
8	1000	8
9	1001	9
10	1010	A
11	1011	B
12	1100	C
13	1101	D
14	1110	E
15	1111	F

3）数制转换

（1）N 进制转换成十进制数。用按权展开法可以将任意进制数转换成十进制数。

例 7-1　$(101.01)_2 = 1 \times 2^2 + 0 \times 2^1 + 1 \times 2^0 + 0 \times 2^{-1} + 1 \times 2^{-2} = (5.25)_{10}$

（2）十进制数转换成二进制数。十进制数转换成任意进制数都可用基数乘除法。十进制整数转换成二进制可采用"除 2 取余，商为 0 止，逆序排列法"。

例 7-2　将 $(44)_{10}$ 转换为二进制数。

解：整数部分转换用除式如下：

$$
\begin{array}{r|l l l}
2 & 44 & \text{余数} & \text{低位} \\
2 & 22 & \cdots\cdots\ 0 = K_0 & \uparrow \\
2 & 11 & \cdots\cdots\ 0 = K_1 & \\
2 & 5 & \cdots\cdots\ 1 = K_2 & \\
2 & 2 & \cdots\cdots\ 1 = K_3 & \\
2 & 1 & \cdots\cdots\ 0 = K_4 & \\
& 0 & \cdots\cdots\ 1 = K_5 & \text{高位} \\
\end{array}
$$

所以 $(44)_{10} = (101100)_2$。

（3）二进制与十六进制的互换。通过表 7-2，我们知道任一的十六进制数都可以用一个四位的二进制数来表示，二者存在一一对应的关系。

例 7-3 $(10100111)_2 = (1010, 0111)_2 = (A7)_{16}$

3. 代码、编码和码制

将若干 0、1 组合起来用以表示多种数字、文字符号以及其他不同事物的二进制码就称为代码。赋予每个代码以固定的含义的过程，就称为编码。编码的规则不同，就出现了不同的码制。

通常，用一组四位二进制码来表示一位十进制数的编码方法称作二－十进制码，也称 BCD 码。BCD 码中最常用码制为 8421BCD 码，它是一种有权码，每个代码从左向右的"权"分别是 8、4、2、1。具有一定规律的常用 BCD 码如表 7-3 所示。

表 7-3 常用 BCD 码

十进制数	8421 码	2421 码	5421 码	余 3 码
0	0000	0000	0000	0011
1	0001	0001	0001	0100
2	0010	0010	0010	0101
3	0011	0011	0011	0110
4	0100	0100	0100	0111
5	0101	1011	1000	1000
6	0110	1100	1001	1001
7	0111	1101	1010	1010
8	1000	1110	1011	1011
9	1001	1111	1100	1100

8421BCD 码和十进制数之间的转换是直接按位进行的，一位十进制数用四位二进制数表示，如：

$$(25.07)_{10} = (0010\ 0101.0000\ 0111)_{8421BCD}$$

4. 基本门电路

逻辑门电路是数字电路的基本单元电路。所谓"门"就是一种条件开关，当满足一定条件时，电路"开门"，允许信号通过；条件不满足时，电路"关门"，信号就不能通过。由于门电路的输入与输出之间存在着一定的逻辑因果关系，故称为逻辑门电路，简称门电路。

任一逻辑函数和其变量的关系，不管多么复杂，它都是由相应输入变量的与、或、非三种基本运算构成的。也就是说逻辑函数中包含三种基本运算：与、或、非，任何逻辑运算都可以用这三种基本运算来实现。通常将实现与逻辑运算的单元电路叫作与门，将实现或逻辑运算的单元电路叫作或门，将实现非逻辑运算的单元电路叫作非门，也有称非门为反相器。

1）与运算

图 7-2 所示为有两个输入端的与门电路，A、B 为两个输入变量，Y 为输出变量。设 A、B 输入端的高、低电平分别为 $V_{IH} = 3\ V$，$V_{IL} = 0\ V$，二极管的正向导通

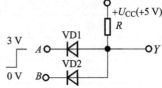

图 7-2 二极管与门电路

压降 $V_{DF}=0.7$ V，由图 7-2 可知，A、B 中只要有一个是低电平 0 V，则必有一个二极管导通，使 Y 为 0.7 V。只有 A、B 中全是高电平 3 V，Y 才为 3.7 V。将输入与输出的逻辑电平关系列表，如表 7-4 所示。如果规定 3 V 以上为高电平，用逻辑 1 表示；0.7 V 以下为低电平，用逻辑 0 表示，则可以将表 7-4 转换为表 7-5。

表 7-4 二极管与门电路逻辑电平

输 入		输 出
V_A/V	V_B/V	V_Y/V
0	0	0
0	5	0
5	0	0
5	5	5

表 7-5 二极管与门电路真值表

输 入		输 出
A	B	Y
0	0	0
0	1	0
1	0	0
1	1	1

也就是说，与逻辑关系体现的是只有当决定事物结果的所有条件全部具备时，结果才会发生。与运算的规则为：有 0 出 0，全 1 出 1。

描述与逻辑关系的模型电路如图 7-3 所示，其符号如图 7-4 所示。其逻辑关系与真值的对应关系如表 7-6 所示。

图 7-3　与逻辑电路模型　　图 7-4　与运算符号

表 7-6 与逻辑关系与真值对照表

开关 A	开关 B	灯 Y
断开	断开	不亮
断开	闭合	不亮
闭合	断开	不亮
闭合	闭合	亮

续表

开关 A	开关 B	灯 Y
A	B	Y
0	0	0
0	1	0
1	0	0
1	1	1

与运算（逻辑乘）的表达式为：$Y = A \cdot B$，式中"·"表示"与"运算，逻辑乘。

与运算可以推广到多变量：$Y = A \cdot B \cdot C \cdots$

2）或运算

图 7-5 所示为有两个输入端的或门电路，A、B 为两个输入变量，Y 为输出变量。设 A、B 输入端的高、低电平分别为 $V_{IH} = 3\text{ V}$，$V_{IL} = 0\text{ V}$，二极管的正向导通压降 $V_{DF} = 0.7\text{ V}$，由图 7-5 可知，A、B 中只要有一个是高电平 3 V，则必有一个二极管导通，使 Y 为 2.3 V。只有 A、B 中全是低电平 0 V，Y 才为 0 V。将输入与输出的逻辑电平关系列表，如表 7-7 所示。如果规定 2.3 V 以上为高电平，用逻辑 1 表示；0.7 V 以下为低电平，用逻辑 0 表示，则可以将表 7-7 转换为表 7-8。

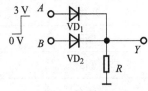

图 7-5 二极管或门电路

表 7-7 二极管或门逻辑电平

输 入		输 出
V_A/V	V_B/V	V_Y/V
0	0	0
0	5	5
5	0	5
5	5	5

表 7-8 二极管或门真值表

输 入		输 出
A	B	Y
0	0	0
0	1	1
1	0	1
1	1	1

同样，或逻辑关系体现的是当决定事物结果的几个条件中，只要有一个或一个以上条件得到满足，结果就会发生。或运算的规则为：有 1 出 1，全 0 出 0。

描述或逻辑关系的电路模型如图7-6所示，其符号如图7-7所示。其逻辑关系与真值的对应关系如表7-9所示。

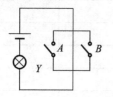

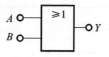

图7-6　或逻辑电路模型　　　　图7-7　或运算符号

表7-9　或逻辑关系与真值对照表

开关A	开关B	灯Y
断开	断开	不亮
断开	闭合	亮
闭合	断开	亮
闭合	闭合	亮
A	B	Y
0	0	0
0	1	1
1	0	1
1	1	1

或运算（逻辑加）的表达式为：$Y = A + B$，式中"+"表示"或"运算，逻辑加。

或运算可以推广到多变量：$Y = A + B + C \cdots$

3）非运算

图7-8所示为晶体管非门电路，当输入U_i为高电平时输出U_o等于低电平，而输入U_i为低电平时输出U_o等于高电平。因此，输出与输入的电平之间是反相关系。

非逻辑关系体现的是决定事物的结果与条件刚好相反。

运算规则为：进1出0，进0出1。

描述非逻辑关系的电路模型如7-9所示，其符号如图7-10所示。其逻辑关系与真值的对应关系如表7-10所示。

图7-8　晶体管非门电路　　　　图7-9　非逻辑电路模型　　　　图7-10　非运算符号

表 7-10　非逻辑关系与真值对照表

开关 A	灯 Y
闭合	不亮
断开	亮
A	Y
1	0
0	1

非运算的表达式为：$Y = \overline{A}$。

5. 常见的集成门电路种类

中、小规模数字集成电路最常用的是晶体管型（TTL 电路）和场效应管型（CMOS 电路）两大系列产品，其基本分类如表 7-11 所示。

表 7-11　集成电路基本分类

系列	子系列	名称	型号	功耗	工作电压
TTL 系列	TTL	普通系列	74/54	10 mW	74 系列 4.75~5.25
	HTTL	高速 TTL 系列	74/54H	22 mW	
	STTL	超高速 TTL 系列	74/54S	19 mW	
	LSTTL	低功耗 TTL	74/54LS	2 mW	
	ALSTTL	低功耗 TTL	74/54ALS	1 mW	
CMOS 系列	CMOS	互补场效应管型	40/45	1.25 yW	3~18
	HCMOS	高速 CMOS	74HC	2.5 LtW	2~6
	ACTMOS	与 TTL 电平兼容型	74ACT	≤5μW	4.5~5.5

1）集成门电路的符号

数字集成电路的型号主要由三部分组成。

第一部分（数字）：系列代码，常见数字集成电路系列有"40""45""74""54"等。

第二部分（字母）：子系列代码，表示器件的工艺类型（无此部分即表示为普通类型）。

第三部分（数字）：功能代码，表示该器件的逻辑功能。

例 7-5　数字集成电路型号举例：74LS00 和 C4011。

74LS00

74：74 系列；

LS：LS 类型；

00：四二输入与非门。

C4011

C：CMOS 系列；

40：4000 系列；

11：四二输入与非门。

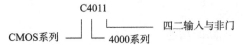

2）TTL 与非门电路

（1）电路结构

各个系列的 TTL 与非门大致都是由输入级和输出级组成的，因为它们的输入端和输出端都是晶体管结构，所以称晶体管。晶体管逻辑电路，简称 TTL 电路。图 7-11 所示为 74LS00 四二输入与非门的外引脚图，图 7-12 所示为 74LS00 四二输入与非门的实物图。

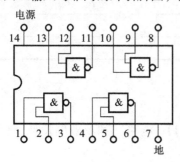

图 7-11　74LS00 四二输入与非门的外引脚图

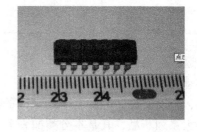

图 7-12　74LS00 四二输入与非门的实物图

（2）TTL 门电路使用注意事项

①电源和地。TTL 电路在工作状态高速转换时，电源电流会出现瞬态尖峰值，称为尖峰电流或浪涌电流，幅度可达 4~5 mA，该电流在电源线与地线之间产生的电压降将引起噪声干扰。为此，在集成电路电源和地线之间接 0.01 μF 的高频滤波电容，在电源输入端接 20~50 μF 的低频滤波电容或电解电容，以有效地消除电源线上的噪声干扰。同时，为了保证系统的正常工作，必须保证电路良好的接地。

②电路外引线端的连接。电路外引线端的连接应注意以下几点：

a. 不能将电源与地线接错，否则将烧毁电路。

b. 各输入端不能直接与高于 5.5 V 和低于 -0.5 V 的低内阻电源相连，因为低内阻电源会产生较大电流而烧坏电路。

c. 输出端不允许与低内阻电源直接相连，但可以通过电阻相连，以提高输出电平。

d. 输出端接有较大的容性负载时，电路在断开到接通的瞬间，会产生很大的冲击电流而损坏电路，应用时应串联电阻。

e. 除具有 OC 结构和三态结构的电路外，不允许将电路的输出端并联使用。

③多余输入端的处理。与门、与非门电路多余输入端可以悬空，但这样处理容易受到外界的干扰而使电路产生错误动作，所以应接电源 U_{CC} 以获得高电平输入；或门、或非门的多余输入端不能悬空，所以对门电路的多余输入端一般采取接地以直接获得低电平输入；也可以采取与其他输入端并联使用的方法，但这样对信号驱动电流的要求会相应增加。

【任务实施】

Multisim 仿真

1. 实验要求与目的

（1）验证常用门电路的功能。

（2）掌握集成门电路的逻辑功能。

2. 实验原理

集成逻辑门电路是最简单、最基本的数字集成元件，任何复杂的组合逻辑电路和时序逻辑电路都是由逻辑门电路通过适当的逻辑组合连接而成的。常用的基本逻辑门电路有与门、或门、非门、与非门、或非门等。

3. 试验电路及步骤

（1）TTL2 输入与门逻辑功能验证。其验证电路如图 7-13 所示。打开仿真开关，切换单刀双掷开关 J_1 和 J_2，观察探测器的亮灭，验证集成与门 74LS08 的逻辑功能。探测器亮表示输出高电平 1，灭表示输出低电平 0。

（2）TTL2 输入与非门逻辑功能验证。其验证电路如图 7-14 所示。打开仿真开关，切换单刀双掷开关 J_1 和 J_2，观察探测器的亮灭，验证集成与非门 74LS00D 的逻辑功能。

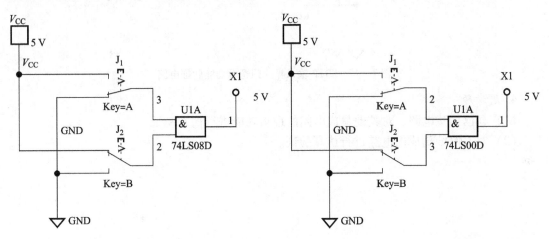

图 7-13　TTL2 输入与门逻辑功能验证电路　　图 7-14　TTL2 输入与非门逻辑功能验证电路

（3）TTL2 输入或非门逻辑功能验证。其验证电路如图 7-15 所示。打开仿真开关，切换单刀双掷开关 J_1 和 J_2，观察探测器的亮灭，验证集成或非门 74LS02D 的逻辑功能。

（4）TTL2 输入非门逻辑功能验证。其验证电路如图 7-16 所示。打开仿真开关，切换单刀双掷开关 J_1 和 J_2，观察探测器的亮灭，验证集成非门 74LS04N 的逻辑功能。

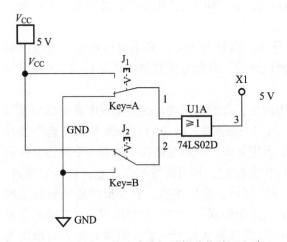 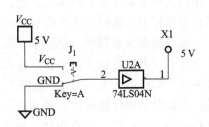

图 7-15　TTL2 输入或非门逻辑功能验证电路　　图 7-16　TTL2 输入非门逻辑功能验证电路

(5) TTL2 输入异或门逻辑功能验证。其验证电路如图 7-17 所示。打开仿真开关，切换单刀双掷开关 J_1 和 J_2，观察探测器的亮灭，验证集成异或门 74LS86N 的逻辑功能。

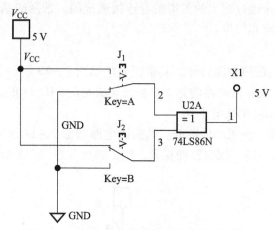

图 7-17 TTL2 输入异或门逻辑功能验证电路

4. 思考题

（1）自己构建电路，对其他集成电路的逻辑功能进行仿真验证。

（2）对 CMOS 集成门电路进行仿真验证。

【实训操作】

1. 集成电路引脚的识别

集成电路的引脚较多，如何正确识别集成电路的引脚则是使用中的首要问题。下面介绍几种常用集成电路引脚的排列形式。

圆形结构的集成电路和金属壳封装的半导体三极管差不多，只不过体积大、电极引脚多。这种集成电路引脚排列形式为：从识别标记开始，沿顺时针方向依次为 1、2、3 等，如图 7-18（a）所示。

单列直插型集成电路的识别标记，有的用倒角，有的用凹坑。这类集成电路引脚的排列方式也是从标记开始的，从左向右依次为 1，2，3…如图 7-18（b）、（c）所示。扁平型封装的集成电路多为双列型，这种集成电路为了识别管脚，一般在端面一侧有一个类似引脚的小金属片，或者在封装表面上有一色标或凹口作为标记。其引脚排列方式是：从标记开始，沿逆时针方向依次为 1，2，3…如图 7-18（d）所示。但应注意，有少量的扁平封装集成电路的引脚是顺时针排列的。双列直插式集成电路的识别标记多为半圆形凹口，有的用金属封装标记或凹坑标记。这类集成电路引脚排列方式也是从标记开始，沿逆时针方向依次为 1，2，3…如图 7-18（e）、（f）所示。图 7-19 所示为常见集成芯片的实物外形图。

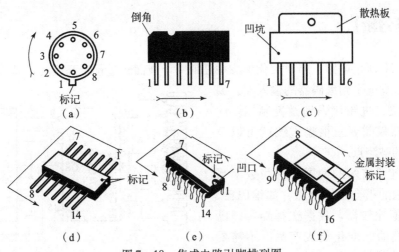

图 7-18 集成电路引脚排列图

图 7-19 常见集成芯片的实物外形图

2. 基本门电路调试

(1) 与门电路调试。观察 1 或 0 状态。

(2) 或门电路调试。观察 1 或 0 状态。

(3) 非门电路调试。观察 1 或 0 状态。

第二节 微控制器报警编码电路装调

在生产现场中我们经常会碰到控制器控断不足的情况。如有一车间中有 8 个装载危险化学药剂的化学罐，当化学罐中的化学药剂液面超过预定高度时，药品容易泄漏，将会造成严重的生产事故。若我们在预定高度设置检测传感器检测液面的高度，图 7-20 所示微控制器报警编码电路，可以监视 8 个独立的被测点液面的高度。

【任务分析】

如图7-20所示电路，当8个化学罐中任何一个液面超过预定高度时，其液面检测传感器便输出一个0电平到编码器的输入端，编码器输出三位二进制代码到微控制器。此时，微控制器仅需要三根输入线就可以监视8个独立的被测点。

随着微电子技术的发展，一些数字系统中经常使用的组合逻辑电路，如编码器、译码器、数值比较器、数据选择器等，已有中、小规模的标准化集成产品，不需要我们用门电路设计，并且利用这些MSI可以实现其他功能的逻辑函数。

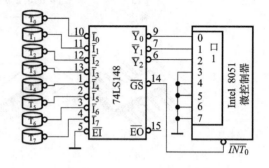

图7-20 微控制器报警编码电路

一般地说，用文字、符号或者数码表示特定信息的过程称为编码。能够实现编码功能的电路称为编码器。例如，计算机的键盘就是由编码器组成的，当我们按键时，编码器便自动将该键的信号编成一个二进制代码送到计算机中，以便计算机对信号进行传送、运算处理和存储。

编码器是一个多输入、多输出的组合逻辑电路，其每一个输入端线代表一种信息（如数、字符等），而全部输出线表示与该信息相对应的二进制代码。

按照输出代码种类的不同，编码器可分为二进制编码器和BCD编码器。

1. 二进制编码器

将输入信号编成二进制代码的电路称为二进制编码器。由于一位二进制代码可以表示两个信息，所以二进制编码器是由2位二进制数表示2^n个信号的编码电路。

图7-21所示为8线-3线二进制编码器示意图，该编码器有8个信号输入端和3个输出端。I_0，I_1，…，I_7是信号输入端，分别对应0，1，…，7八个数码，高电平有效。Y_0，Y_1，Y_2为编码输出端。任意一个输入端作用输入信号后，3个输出端以三位二进制数码与之对应，其功能真值表如表7-12所示。

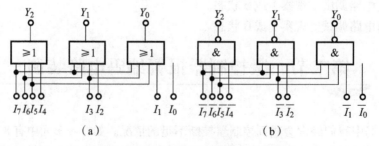

图7-21 8线-3线二进制编码器示意图
(a) 由或门构成；(b) 由与非门构成

表 7-12 编码器功能真值表

输入								输出		
I_0	I_1	I_2	I_3	I_4	I_5	I_6	I_7	Y_2	Y_1	Y_0
1	0	0	0	0	0	0	0	0	0	0
0	1	0	0	0	0	0	0	0	0	1
0	0	1	0	0	0	0	0	0	1	0
0	0	0	1	0	0	0	0	0	1	1
0	0	0	0	1	0	0	0	1	0	0
0	0	0	0	0	1	0	0	1	0	1
0	0	0	0	0	0	1	0	1	1	0
0	0	0	0	0	0	0	1	1	1	1

由各真值表写出各输出的逻辑表达式为

$$Y_2 = I_4 + I_5 + I_6 + I_7 = \overline{\overline{I_4}\,\overline{I_5}\,\overline{I_6}\,\overline{I_7}}$$

$$Y_1 = I_2 + I_3 + I_6 + I_7 = \overline{\overline{I_2}\,\overline{I_3}\,\overline{I_6}\,\overline{I_7}}$$

$$Y_0 = I_1 + I_3 + I_5 + I_7 = \overline{\overline{I_1}\,\overline{I_3}\,\overline{I_5}\,\overline{I_7}}$$

【任务实施】

Multisim 仿真

1. 实验要求与目的

(1) 构建编码器实验电路。

(2) 分析 8 线-3 线优先编码器 74LS148 的逻辑功能。

2. 实验原理

编码器的逻辑功能是将输入的每一个信号编成一个对应的二进制代码。优先编码器的特点是允许编码器同时输入两个以上编码信号,但只对优先级别最高的信号进行编码。

8 线-3 线优先编码器 74LS148 有 8 个信号输入端,输入点为低电平时表示请求编码,为高电平时表示没有编码要求;有 3 个编码输出端,输出 3 位二进制代码;编码器还有一个使能端 EI,当其为低电平时,编码器才能正常工作。还有两个输出端 GS 和 EO,用于扩展编码功能,GS 为 0 表示编码器处于工作状态,且至少有一个信号请求编码;EO 为 0 表示编码器处于工作状态,但没有信号请求编码。

3. 实验电路

构建 8 线-3 线优先编码器的实验电路,如图 7-22 所示。输入信号和使能端通过单刀双掷开关接优先编码器的输入端,开关通过鼠标单击控制接高电平(V_{CC})或低电平(地),输出端接逻辑探测器检测输出。

4. 实验步骤

(1) 按图 7-22 连接电路。

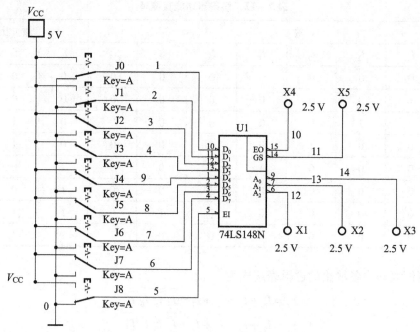

图 7-22 8 线-3 线优先编码器的实验电路

（2）打开仿真开关，通过鼠标单击使 EI 输入端输入高电平，观察探测器的输出。

（3）通过鼠标单击使 EI 输入端输入低电平，在输入点依次输入低电平，观察探测器的变化。

（4）在输入端同时输入两个以上的低电平，观察探测器的变化。

5. 实验数据及结论

优先编码器 74LS148 的功能如表 7-13 所示。

表 7-13 优先编码器 74LS148 的功能

输入									输出				
EI	0	1	2	3	4	5	6	7	A_2	A_1	A_0	GS	EO
1	×	×	×	×	×	×	×	×					
0	×	×	×	×	×	×	×	0					
0	×	×	×	×	×	×	0	1					
1	×	×	×	×	×	0	1	1					
0	×	×	×	×	0	1	1	1					
0	×	×	×	0	1	1	1	1					
0	×	×	0	1	1	1	1	1					
1	×	0	1	1	1	1	1	1					
0	0	1	1	1	1	1	1	1					
0	1	1	1	1	1	1	1	1					

优先编码器74LS148输入端低电平有效,低电平表示有编码请求。三个编码输出端A_2、A_1、A_0以反码形式输出三位二进制代码。EI是使能端,当其为低电平时,编码器才能正常工作。GS和EO为输出端;当编码器处于工作状态,并且输入端至少有一个信号请求编码时,GS输出0;当编码器处于工作状态,并且输入端没有信号请求编码时,EO输出0。

6. 思考题

将两片优先编码器74LS148扩展成16线-4线编码器,并进行功能仿真。

【知识拓展与训练】

1. CMOS非门

CMOS逻辑门电路是继TTL之后发展起来的另一种应用广泛的数字集成电路,具有制造工艺简单、没有电荷储存效应、输入电阻高、功耗低等特点,在大规模和超大规模集成电路领域中占主导地位。就其发展看,MOS电路特别是CMOS电路有可能超越TTL成为占统治地位的逻辑器件,如40××系列。

2. 不同系列的数字集成电路的电压参数

为了保证正确地判断电路的工作状态和性能,表7-14将几种不同系列数字集成电路的电压及电流参数列表,操作时可加以参照。

表7-14 不同系列数字集成电路的电压及电流参数表

符号	名称	74系列	74LS系列	4000系列	74HC系列
U_{OH}	高电平输出电压/V	≥2.4	≥2.7	≥4.95	≥4.95
U_{OL}	低电平输出电压/V	≤0.5	≤0.5	≤0.05	≤0.05
U_{IH}	高电平输入电压/V	≥1.8	≥1.8	≥3.5	≥3.5
U_{IL}	低电平输入电压/V	≤0.8	≤0.8	≤1.5	≤1
I_{OH}	高电平输出电流/mA	0.4	0.4	0.51	4
I_{OL}	低电平输出电流/mA	16	8	0.51	4
I_{IH}	高电平输入电流/mA	40	20	20	0.1
I_{IL}	低电平输入电流/mA	1.6	0.4	0.1	1

3. 数值比较器

在数字系统中,特别是在计算机中都需具有运算功能,一种简单的运算就是比较两个数A和B的大小。数值比较器就是对两数A、B进行比较,以判断其大小的逻辑电路。比较结果有$A>B$、$A<B$以及$A=B$三种情况。

1) 1 位数值比较器

1 位数值比较器是多位数值比较器的基础。当 A 和 B 都是 1 位数时,它们只能取 0 或 1 两种值,由此可写出 1 位数值比较器的真值表,如表 7-15 所示。

表 7-15 1 位数值比较器的真值表

输入		输出		
A	B	$Y_{A>B}$	$Y_{A<B}$	$Y_{A=B}$
0	0	0	0	1
0	1	0	1	0
1	0	1	0	0
1	1	0	0	1

当 $A=B$ 时,电路输出 $Y_{A=B}=1$;当 $A>B$ 时,输出 $Y_{A>B}=1$;当 $A<B$ 时,电路输出 $Y_{A<B}=1$。

由表 7-15 可得 $Y_{A>B}=A\overline{B}$,$Y_{A<B}=\overline{A}B$,$Y_{A=B}=\overline{AB}+AB$。由以上逻辑表达式可画出图 7-23 所示的逻辑电路。实际应用中,可根据具体情况选用逻辑门。

2) 集成数值比较器

集成数值比较器 74LS85 是 4 位数值比较器,其引脚图如图 7-24 所示,其功能如表 7-16 所示。从表 7-16 可以看出,该比较器的比较原理和 1 位比较器的比较原理相同。

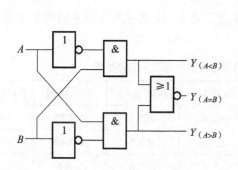
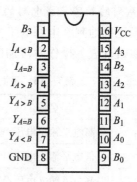

图 7-23 1 位数值比较器逻辑电路图　　图 7-24 74LS85 引脚图

表 7-16 4 位数值比较器功能表

比较输入				级联输入			输出		
A_3B_3	A_2B_2	A_1B_1	A_0B_0	$I_{A>B}$	$I_{A<B}$	$I_{A=B}$	$Y_{A>B}$	$Y_{A<B}$	$Y_{A=B}$
$A_3>B_3$	××	××	××	×	×	×	1	0	0
$A_3<B_3$	××	××	××	×	×	×	0	1	0
$A_3=B_3$	$A_2>B_2$	××	××	×	×	×	1	0	0
$A_3=B_3$	$A_2<B_2$	××	××	×	×	×	0	1	0

续表

比较输入				级联输入			输出		
A_3B_3	A_2B_2	A_1B_1	A_0B_0	$I_{A>B}$	$I_{A<B}$	$I_{A=B}$	$Y_{A>B}$	$Y_{A<B}$	$Y_{A=B}$
$A_3=B_3$	$A_2=B_2$	$A_1>B_1$	× ×	×	×	×	1	0	0
$A_3=B_3$	$A_2=B_2$	$A_1<B_1$	× ×	×	×	×	0	1	0
$A_3=B_3$	$A_2=B_2$	$A_1=B_1$	$A_0>B_0$	×	×	×	1	0	0
$A_3=B_3$	$A_2=B_2$	$A_1=B_1$	$A_0<B_0$	×	×	×	0	1	0
$A_3=B_3$	$A_2=B_2$	$A_1=B_1$	$A_0=B_0$	1	0	0	1	0	0
$A_3=B_3$	$A_2=B_2$	$A_1=B_1$	$A_0=B_0$	0	1	0	0	1	0
$A_3=B_3$	$A_2=B_2$	$A_1=B_1$	$A_0=B_0$	0	0	1	0	0	1

真值表中的输入变量包括 A_3 与 B_3、A_2 与 B_2、A_1 与 B_1、A_0 与 B_0 和 A 与 B 的比较结果。其中 A 和 B 是另外两个低位数，$I_{A>B}$、$I_{A<B}$、$I_{A=B}$ 是它们的比较结果。设置低位数比较结果输入端是为了能与其他数值比较器连接，以便组成位数更多的数值比较器。由一位数值比较器的逻辑表达式可知 $Y_{A>B}=A\overline{B}$，$Y_{A<B}=\overline{A}B$；$Y_{A=B}=\overline{AB}+AB$。

第三节 数据分配器电路装调

【任务分析】

在数据传递过程中，经常涉及数据的分配问题，但是市场上没有集成数据分配器产品，只有集成译码器产品。

当需要数据分配器时，在具体操作中我们经常用译码器改接，其电路如图 7-25 所示。

译码是编码的逆过程。它能将输入的二进制代码的含义"翻译"成对应的输出信号，用来驱动显示电路或控制其他部件工作，实现代码所规定的操作。能实现译码功能的数字电路称为译码器。常用的译码器有二进制译码器、BCD 译码器和显示译码器等。现以二进制译码器为例进行介绍。

将二进制代码"翻译"成对应的输出信号的电路称为二进制译码器。它的输入是一组二进制代码，输出是一组高低电平值。若输入是 N 位二进制代码，译码器必然有

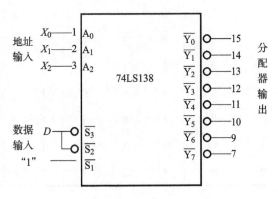

图 7-25 数据分配器电路

两个输出端,所以二位二进制译码器有两个输入端,4个输出端,故又称2线-4线译码器。三位二进制译码器有3个输入端,8个输出端,又称3线-8线译码器。本书主要介绍3线-8线译码器。

3线-8线译码器的典型产品有74LS138,其逻辑电路图、引脚排列图如图7-26、图7-27所示。$A_0A_1A_2$为二进制代码输入端,输入为自然二进制码。$Y_0 \sim Y_7$为译码输出端,$S_1 \sim S_3$为选通端,输出为低电平有效,用以控制译码器工作,S上的"非"号表示低电平有效。

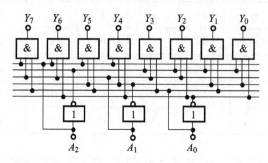

图7-26 74LS138逻辑电路图引脚排列

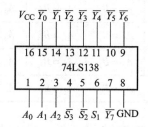

图7-27 74LS138引脚排列图

A_2、A_1、A_0为二进制译码输入端,$\overline{Y_7} \sim \overline{Y_0}$为译码输出端(低电平有效),$S_1$、$\overline{S_2}$、$\overline{S_3}$为选通控制端。当$S_1=1$、$\overline{S_2}+\overline{S_3}=0$时,译码器处于译码状态;当$S_1=0$、$\overline{S_2}+\overline{S_3}=1$时,译码器处于禁止状态。3线-8线译码器74LS138真值表如表7-17所示。

表7-17 3线-8线译码器74LS138真值表

输入					输出							
使能		选择										
S_1	$\overline{S_2}+\overline{S_3}$	A_2	A_1	A_0	$\overline{Y_7}$	$\overline{Y_6}$	$\overline{Y_5}$	$\overline{Y_4}$	$\overline{Y_3}$	$\overline{Y_2}$	$\overline{Y_1}$	$\overline{Y_0}$
X	1	X	X	X	1	1	1	1	1	1	1	1
0	X	X	X	X	1	1	1	1	1	1	1	1
1	0	0	0	0	1	1	1	1	1	1	1	0
1	0	0	0	1	1	1	1	1	1	1	0	1
1	0	0	1	0	1	1	1	1	1	0	1	1
1	0	0	1	1	1	1	1	1	0	1	1	1
1	0	1	0	0	1	1	1	0	1	1	1	1
1	0	1	0	1	1	1	0	1	1	1	1	1
1	0	1	1	0	1	0	1	1	1	1	1	1
1	0	1	1	1	0	1	1	1	1	1	1	1

由各真值表写出各输出的逻辑表达式为

$$\begin{cases} \overline{Y}_0 = \overline{\overline{A}_2 \overline{A}_1 \overline{A}_0} \\ \overline{Y}_1 = \overline{\overline{A}_2 \overline{A}_1 A_0} \\ \overline{Y}_2 = \overline{\overline{A}_2 A_1 \overline{A}_0} \\ \overline{Y}_3 = \overline{\overline{A}_2 A_1 A_0} \\ \overline{Y}_4 = \overline{A_2 \overline{A}_1 \overline{A}_0} \\ \overline{Y}_5 = \overline{A_2 \overline{A}_1 A_0} \\ \overline{Y}_6 = \overline{A_2 A_1 \overline{A}_0} \\ \overline{Y}_7 = \overline{A_2 A_1 A_0} \end{cases}$$

【任务实施】

Multisim 仿真

1. 实验要求与目的

(1) 构建 3 线 - 8 线译码器实验电路。

(2) 分析 3 线 - 8 线译码器 74LS138 的逻辑功能。

2. 实验原理

译码是编码的逆过程。译码器就是将输入的二进制代码翻译成输出端的高、低电平信号。3 线 - 8 线译码器有 3 个代码输入端和 8 个信号输出端。此外还有 G1、G2A、G2B 使能控制端,只有当 G1 = 1、G2A = 0、G2B = 0 时,译码器才能正常工作。

3. 实验电路

由 74LS138 构成的实验电路如图 7 - 28 所示。输入信号通过单刀双掷开关接译码器的输入端,开关通过鼠标单击控制接高电平 (V_{CC}) 或低电平 (地)。输出端接逻辑探测器检测输出。使能端 G1 接高电平,G2A 和 G2B 接低电平。

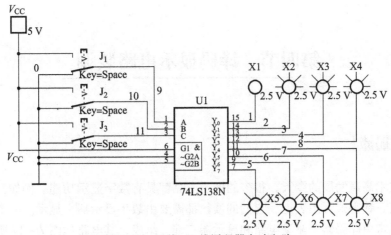

图 7 - 28 3 线 - 8 线译码器实验电路

4. 实验步骤

（1）按图连接电路。单击单刀双掷开关，改变输入端的高低电平输入。

（2）打开仿真开关，观察输出信号与输入信号的对应关系，并记录下来。

5. 实验数据及结论

3 线 - 8 线译码器 74LS138 的功能如表 7 - 18 所示。由结果可看出，74LS138 3 线 - 8 线译码器的输出是低电平有效。

表 7 - 18　3 线 - 8 线译码器 74LS138 的功能

输入			输出							
C	B	A	Y_0	Y_1	Y_2	Y_3	Y_4	Y_5	Y_6	Y_7
0	0	0	0	1	1	1	1	1	1	1
0	0	1	1	0	1	1	1	1	1	1
0	1	0	1	1	0	1	1	1	1	1
0	1	1	1	1	1	0	1	1	1	1
1	0	0	1	1	1	1	0	1	1	1
1	0	1	1	1	1	1	1	0	1	1
1	1	0	1	1	1	1	1	1	0	1
1	1	1	1	1	1	1	1	1	1	0

6. 思考题

将两片 3 线 - 8 线译码器 74LS138 扩展成 4 线 - 16 线译码器，并进行功能仿真。

第四节　译码显示电路装调

【任务描述】

在电子技术高速发展的今天，很多的电子产品都具有数字显示功能。例如，在电子计算器、电子钟表、数字式万用表上，它们的读数都需要由数字显示器去显示。一个完整的数字显示译码器通常由译码器、驱动电路和显示器三部分组成，其电路如图 7 - 29 所示。

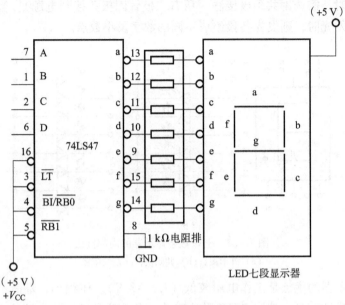

图 7-29　74LS47 译码显示电路

1. 显示译码器

在数字计算系统及数字式测量仪表中，常需要将二进制代码译成十进制数字、文字或符号，并显示出来，能完成这种逻辑功能的电路称为显示译码器。显示数字、文字或符号的显示器一般应与计数器、译码器、驱动器等配合使用。目前广泛应用于袖珍电子计算器、电子钟表及数字万用表等仪器设备上。显示器常采用分段式数码显示器，它是由多条发光的线段按一定的方式组合构成的。图 7-30 所示的七段数码显示字形管中，光段的排列为"日"字形，用 a、b、c、d、e、f、g 七个小写字母表示每段发光线段的名称，图 7-31 所示为实物图。一定的发光线段组合，便能显示相应的十进制数字，如当 a、b、c、d、g 线段亮而其他段不亮时，可显示数字"3"。

图 7-30　七段数码显示器　　图 7-31　七段数码显示器实物图

分段显示器有荧光数码管、半导体数码管及液晶显示器等，虽然它们结构原理各异，但译码显示电路的原理是相同的。

1) 半导体数码管显示器

半导体数码管显示器（LED 数码管）是将发光二极管（发光段）布置成"日"字形状制成的。按照高低电平的不同驱动方式，半导体数码管显示器有共阳极接法和共阴极接法，如图 7-32 所示，图中 a~g 是七段数字发光段，h 是小数点发光段。译码器输出高电平驱动显示器时，需选用共阴极接法（所有二极管阴极接地）的半导体数码管；译码器输出低电平驱动显示器时，需选用共阳极接法（所有二极管阳极并接到电源）。当两种接法中的某些二极管导通而发光时，则发光各段组成不同的数字及小数点。

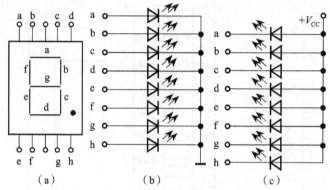

图 7-32 七段数字显示器的内部接法
(a) 外形图；(b) 共阴极；(c) 共阳极

七段数字显示器的优点是工作电压较低（1.5~3 V）、体积小、寿命长、亮度高、响应速度快、工作可靠性高等，其缺点是工作电流大，每个字段的工作电流约为 10 mA。

2) 七段显示译码器 74LS47

七段显示译码器 74LS47 是一种与共阴极数字显示器配合使用的集成译码器，它的功能是将输入的四位二进制代码转换成显示器所需要的七个段信号 a~g，其引脚图与实物图分别如图 7-33 和图 7-34 所示。

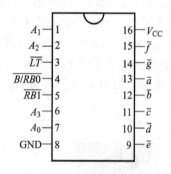

图 7-33 74LS47 引脚图　　　　　图 7-34 74LS47 实物图

七段显示译码器 74LS47 的逻辑功能如表 7-19 所示。a~g 为七段译码输出信号；A_3 ~ A_0 为四位二进制数输入信号。另外有三个使能控制端：试灯输入端 $\overline{LT}$、灭零输入端 $\overline{RBI}$ 和特殊控制端 $\overline{BI/RBO}$，它们起辅助控制作用，从而增强了这个七段显示译码器的功能。

输入信号 A_3 ~ A_0 对应的数字均可由输出 a~g 字段来构成，其中字段为 "1" 表示该字段亮，为 "0" 表示该字段灭。74LS47 芯片中有三个辅助控制信号，它们增加了器件的功能，其作用如下。

(1) 试灯输入端 $\overline{LT}$：低电平有效，当 $\overline{LT}=0$ 时，数码管的七段应全亮，与输入的译码信号无关，本输入端用于测试数码管的好坏。

表 7-19 74LS47 的逻辑功能

数字功能	输入							输出						
信号	LT	RBI	A_3	A_2	A_1	A_0	RI/RBO	a	b	c	d	e	f	g
0	1	1	0	0	0	0	1	1	1	1	1	1	1	0
1	1	×	0	0	0	1	1	0	1	1	0	0	0	0
2	1	×	0	0	1	0	1	1	1	0	1	1	0	1
3	1	×	0	0	1	1	1	1	1	1	1	0	0	1
4	1	×	0	1	0	0	1	0	1	1	0	0	1	1
5	1	×	0	1	0	1	1	1	0	1	1	0	1	1
6	1	×	0	1	1	0	1	0	0	1	1	1	1	1
7	1	×	0	1	1	1	1	1	1	1	0	0	0	0
8	1	×	1	0	0	0	1	1	1	1	1	1	1	1
9	1	×	1	0	0	1	1	1	1	1	0	0	1	1
10	1	×	1	0	1	0	1	0	0	0	1	1	0	1
11	1	×	1	0	1	1	1	0	0	1	1	0	0	1
12	1	×	1	1	0	0	1	0	1	0	0	0	1	1
13	1	×	1	1	0	1	1	1	0	0	1	0	1	1
14	1	×	1	1	1	0	1	0	0	0	1	1	1	1
15	1	×	1	1	1	1	1	0	0	0	0	0	0	0
灭灯	×	×	×	×	×	×	0	0	0	0	0	0	0	0
灭零	1	0	0	0	0	0	0	0	0	0	0	0	0	0
试灯	0	×	×	×	×	×	1	1	1	1	1	1	1	1

(2) 动态灭零输入端 RBI：低电平有效，当 LT = 1，RBI = 0 且译码输入全为"0"时，该位输出不显示，即"0"字被熄灭；当译码输入不全为"0"时，该位正常显示。本输入端用于消隐效的 0，如数据 0045.60 可显示 45.6。

(3) 灭灯输入/动态灭灯输出端 BI/RBO：这是一个特殊的端钮，有时用作输入，有时用作输出。当 BI/RBO 作为输入使用且 BI/RBO = 0 时，数码管七段全灭，与译码输入无关。

当 BI/RBO 作为输出使用时，受控于 LT 和 RBI；当 LT = 1 且 RBI = 0 时，BI/RBO = 0；其他情况下，BI/RBO = 1。本端主要用于显示多位数字时，多个译码器之间的连接。

2. 电路分析

将 74LS47 译码器的段输出信号 $a \sim g$ 接到七段显示器的相应段输入，并接上电源和地，那该七段显示器就能按 74LS47 的 $A_3 \sim A_0$ 输入的数字，根据表 7-19 做正常的七段显示。如在输入端 $A_3A_2A_1A_0$ 输入 0001，则 b 段、c 段发光管点亮，七段显示器显示数字"1"。

【任务实施】

Multisim 仿真

1. 实验要求与目的

（1）构建显示译码器实验电路。

（2）分析七段显示译码器 74LS48 的逻辑功能。

2. 实验原理

七段 LED 数码管俗称数码管，其工作原理是将要显示的十进制数分成七段，每段为一个发光二极管，利用不同发光段的组合来显示不同的数字。74LS48 是显示译码器，可驱动共阴极的七段 LED 数码管。

3. 实验电路

由 74LS48 显示译码器构成的实验电路如图 7-35 所示。输入信号和使能端通过单刀双掷开关接显示译码器的输入端，开关通过鼠标单击控制接高电平（V_{CC}）或低电平（地）。输出端接七个逻辑探测器检测输出，同时驱动七段 LED 共阴极数码管。

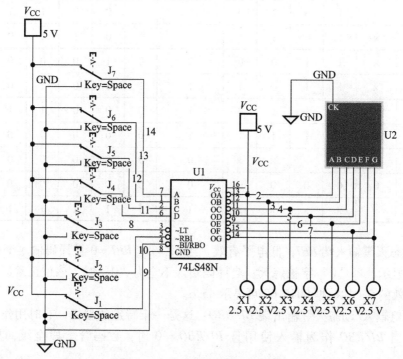

图 7-35 显示译码器实验电路

4. 实验步骤

（1）按图 7-35 连接电路。单击单刀双掷开关，改变输入端的高低电平输入。

（2）打开仿真开关，观察输出信号与输入信号的对应关系，并记录下来。

5. 实验数据及结论

显示译码器 74LS48 的功能如表 7-20 所示。由结果可看出，74LS48 显示译码器的输出是高电平有效,它驱动共阴极数码管显示,显示的数字与输入的 BCD 码对应的十进制数一致。

表 7-20 显示译码器 74LS48 的功能表

输入							输出							显示
LT	RBI	D	C	B	A	BI/RBO	OA	OB	OC	OD	OE	OF	OG	
×	×	×	×	×	×	0								
0	×	×	×	×	×	1								
1	0	0	0	0	0	0								
1	1	0	0	0	0	1								
1	×	0	0	0	1	1								
1	×	0	0	1	0	1								
1	×	0	0	1	1	1								
1	×	0	1	0	0	1								
1	×	0	1	0	1	1								
1	×	0	1	1	0	1								
1	×	0	1	1	1	1								
1	×	1	0	0	0	1								
1	×	1	0	0	1	1								

6. 思考题

设计电路显示 06.050,要求最前和最后的两个零要灭掉,中间的零要显示出来。

第八章 触发器与时序逻辑应用电路的安装及调试

【学习目标】

1. 掌握各种触发器的符号及功能。
2. 掌握数据寄存器的原理。
3. 掌握 A/D、D/A 变换的概念。
4. 掌握组成计数器的时序逻辑电路及 555 时基电路。

第一节 数据寄存器功能测试

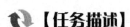

【任务描述】

时序逻辑电路的特点是：任一时刻的输出不仅取决于该时刻电路的输入逻辑变量的状态，而且还与电路原来的状态有关。因此，时序逻辑电路中必须包含具有记忆功能的存储电路（常用触发器构成），并且其输出与输入变量一起决定电路的次状态，这便是时序逻辑电路在结构上的特点。时序逻辑电路简称时序电路，它与组合逻辑电路构成数字电路两大重要分支，图 8-1 所示为时序逻辑电路示意框图。

触发器是最简单的一种时序数字电路，触发器具有存储作用，也是构成其他时序数字电路的重要组成部分。我们在这里主要讨论基本 RS 触发器、同步 RS 触发器、JK 触发器、D 触发器、T 触发器和 T′触发器的电路构成、工作原理、逻辑功能的描述，同时还讨论寄存器的电路构成、工作原理等，介绍集成 JK 触发器在数据寄存器中的应用及功能测试方法。

测试数据寄存器功能用到两个 74LS112 芯片、一个 74LS08 芯片、一个逻辑电平、一个单脉冲，其中两 74LS112 芯片有个 4JK 触发器组成四位数据寄存器，完成并行输入、并行输出数据寄存功能，通过与门 74LS08 芯片接 4 个发光二极管作为寄存器的输出，4 个触发器的清零端相连后接逻辑开关，作为清零开关，4 个 CP 接在一起作为写入数据脉冲端，接至单脉冲。4 个与门的一个输入端并接至单脉冲，作为读出脉冲。

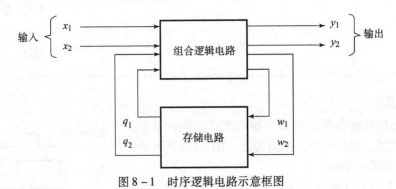

图 8-1 时序逻辑电路示意框图

一、基本 RS 触发器

1. 电路结构

由与非门组成基本 RS 触发器的电路如图 8-2（a）所示，图 8-2（b）所示为它的逻辑符号。

RS 触发器由两个与非门交叉组合构成，它与组合电路的根本区别是电路中有反馈线。$\overline{S}$ 和 $\overline{R}$ 是信号输入端，字母上的反号表示低电平有效（逻辑符号中用小圆圈表示）。它有两个输出端 Q 与 $\overline{Q}$，正常情况下，这两个输出端信号必须互补，否则会出现逻辑错误。通常规定 Q 端的状态决定触发器的状态。即 $Q=1$（$\overline{Q}=0$）称触发器为 1 状态，简称 1 态；$Q=0$（$\overline{Q}=1$）称触发器为 0 状态，简称 0 态。

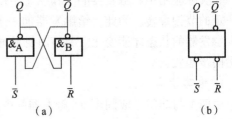

图 8-2 基本 RS 触发器

2. 逻辑功能分析

1）状态真值表

设 Q^n 表示现态，即信号输入前的状态，Q^{n+1} 表示次态，即信号输入后的状态，根据不同的触发方式，得出表 8-1 的状态转换真值表。

表 8-1 基本 RS 触发器状态真值表

R	$\overline{S}$	Q^n	Q^{n+1}	功能说明
0	0	0	×	输出状态不定
0	0	1	×	
0	1	0	0	置 0（复位）
0	1	1	0	

续表

R	$\bar{S}$	Q^n	Q^{n+1}	功能说明
1	0	0	1	置1（置位）
1	0	1	1	
1	1	0	0	保持原状态
1	1	1	1	

2）时序图

时序图是用高低电平反映触发器的逻辑功能的波形图，它比较直观，而且可用示波器验证。图8-3所示为基本 RS 触发器的时序图。

从图8-3中可以看出，当 $\bar{R}=\bar{S}=0$ 时，Q 与 $\bar{Q}$ 功能紊乱，但电平仍然存在；当 $\bar{R}$ 和 $\bar{S}$ 同时由 0 跳到 1 时，状态出现不定。

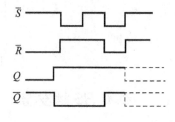

图8-3 基本 RS 触发器时序图

二、同步 RS 触发器

在实际应用中，触发器的工作状态不仅要由 R、S 端的信号来决定，而且还希望触发器按一定的节拍翻转。为此，给触发器加一个时钟控制端 CP，只有在 CP 端上出现时钟脉冲时，触发器的状态才能变化。具有时钟脉冲控制的触发器状态的改变与时钟脉冲同步，所以称为同步触发器。

1. 电路结构

由四个与非门组成同步 RS 触发器的电路如图8-4（a）所示，图8-4（b）所示为它的符号。

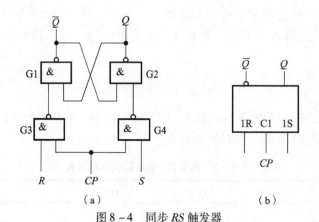

图8-4 同步 RS 触发器

2. 逻辑功能分析

1）状态真值表

当 $CP=0$ 时，控制门 G3、G4 关闭，都输出 1。这时，不管 R 端和 S 端的信号如何变化，触发器的状态保持不变。

当 $CP=1$ 时，控制门 G3、G4 打开，R、S 端的输入信号才能通过这两个门，使基本 RS

触发器的状态翻转,其输出状态由 R、S 端的输入信号决定。同步 RS 触发器的状态真值表如表 8-2 所示。

表 8-2 同步 RS 触发器的状态真值表

R	S	Q^n	Q^{n+1}	功能说明
0	0	0	0	保持原状态
0	0	1	1	
0	1	0	1	输出状态与 S 状态相同
0	1	1	1	
1	0	0	0	输出状态与 S 状态相同
1	0	1	0	
1	1	0	×	输出状态不定
1	1	1	×	

由此可以看出,同步 RS 触发器的状态转换分别由 R、S 和 CP 控制,其中,R、S 控制状态转换的方向,即转换为何种次态;CP 控制状态转换的时刻,即何时发生转换。

2) 时序图

同步 RS 触发器时序图如图 8-5 所示。

触发器功能也可以用输入/输出波形图直观地表示出来,如图 8-5 所示。

3) 同步触发器存在的问题——空翻现象

在一个时钟周期的整个高电平期间或整个低电平期间都能接收输入信号并改变状态的触发方式称为电平触发。由此引起的在一个时钟脉冲作用下,触发器状态可能发生两次或两次以上的翻转,这种现象称为空翻。空翻是一种有害的现象,它使得时序电路不能按时钟节拍工作,造成系统的误动作。

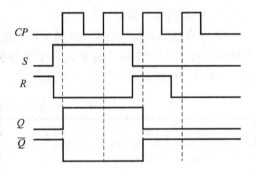

图 8-5 同步 RS 触发器时序图

造成空翻现象的原因,是因为在 $CP=1$ 期间,同步 RS 触发器仍然存在直接控制问题。为了克服空翻现象,可采用目前应用较多、性能较好的边沿触发器。

三、主从边沿 JK 触发器

1. 电路结构

RS 触发器的特性方程中有一约束条件 $SR=0$,即在工作时,不允许输入信号 R、S 同时为 1。这一约束条件使得 RS 触发器在使用时,有时感觉不方便。如何解决这一问题呢?我们注意到,触发器的两个输出端 Q、$\overline{Q}$ 在正常工作时是互补的,即一个为 1,另一个一定为 0。因此,如果将这两个信号通过两根反馈线分别引到输入端的 G7、G8 门,就一定有一个门被封锁,这时就不怕输入信号同时为 1 了,这就是主从 JK 触发器的构成思路。

JK 触发器的电路如图 8-6(a)所示,逻辑符号如图 8-6(b)所示。在主从 RS 触发器的基础上增加两根反馈线，一根从 Q 端引到 G7 门的输入端，一根从 $\overline{Q}$ 端引到 G8 门的输入端，并将原来的 S 端改为 J 端，将原来的 R 端改为 K 端。

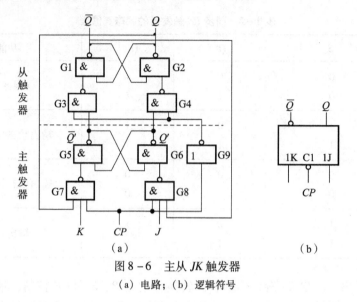

图 8-6 主从 JK 触发器
(a) 电路；(b) 逻辑符号

2. 逻辑功能分析

1) 状态转化真值表

JK 触发器的逻辑功能与 RS 触发器的逻辑功能基本相同，不同之处是 JK 触发器没有约束条件，在 $J=K=1$ 时，每输入一个时钟脉冲后，触发器向相反的状态翻转一次。表 8-3 所示为同步 JK 触发器的状态转换真值表。

表 8-3 同步 JK 触发器的状态转换真值表

J	K	Q^n	Q^{n+1}	功能说明
0	0	0	0	保持原状态
0	0	1	1	
0	1	0	0	输出状态与 J 状态相同
0	1	1	0	
1	0	0	1	输出状态与 J 状态相同
1	0	1	1	
1	1	0	1	每输入一个脉冲，输出状态改变一次
1	1	1	0	

2) 时序图

设主从 JK 触发器的初始状态为 0，根据已知输入 J、K 的波形图，则输出 Q 的时序图如图 8-7 所示。

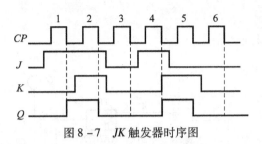

图 8-7 JK 触发器时序图

在画主从触发器的波形图时，应注意以下两点：
(1) 触发器的触发翻转发生在时钟脉冲的触发沿（这里是下降沿）。
(2) 在 $CP=1$ 期间，如果输入信号的状态没有改变，判断触发器次态的依据是时钟脉冲下降沿前一瞬间输入端的状态。

【任务实施】

Multisim 仿真

1. 实验要求与目的
(1) 观察并分析各种触发器的逻辑功能。
(2) 观察异步置 1、置 0 端的作用。

2. 实验原理

触发器是构成时序逻辑电路的基本单元，具有记忆、存储二进制信息的功能。根据逻辑功能的不同，可以将触发器分为 RS、JK、D、T 触发器等。同步触发器受时钟 CP 电平的控制，边沿触发器是指只能在时钟 CP 上升沿或者下降沿才能根据输入信号进行状态转换，而在其他时刻输入信号的变化不会影响输出状态的触发器。

异步置 1、置 0 端不受 CP 和输入信号的控制，可以直接置触发器状态为 1 或 0。

3. 实验电路和步骤

1) 基本 RS 触发器

基本 RS 触发器是各种触发器电路中最简单的一种。

(1) 实验电路：由与非门构成的基本 RS 触发器如图 8-8 所示，两个输入端用 R 键和 S 键控制。

(2) 通过按 R 键和 S 键分别输入 00、01、10、11 四种状态，观察 Q 和 $\overline{Q}$ 的变化，并记录下来。

当输入端输入 00 时，同时按 R 键和 S 键，观察输出信号，会发现由于不可能做到完全同时，因此输出的状态是不确定的。

2) 同步 RS 触发器

同步 RS 触发器与基本 RS 触发器相比多了一个同步时钟 CP 信号，只有在同步信号到达时，触发器才按输入信号改变其输出状态。

(1) 实验电路：如图 8-9 所示，同步 RS 触发器的信号输入及时钟输入均由开关控制，输出用逻辑探测器检测。

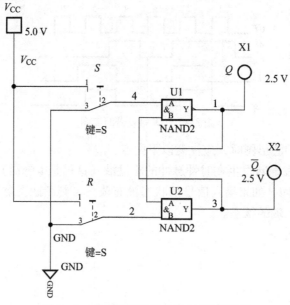

图8-8 由与非门构成的基本 RS 触发器

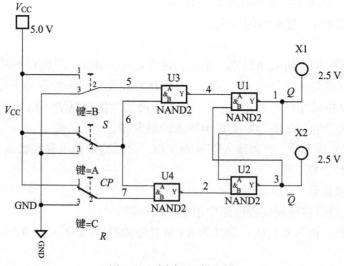

图8-9 同步 RS 触发器

（2）按 A 键使 CP 输入低电平，通过按 B 键和 C 键改变 S 与 R 输入端的状态，观察并记录触发器输出端 Q 和 $\overline{Q}$ 的状态。

（3）按 A 键使 CP 输入高电平，通过按 B 键和 C 键改变 S 与 R 输入端的状态，分别输入 00、01、10、11 四种状态，观察输出 Q 和 $\overline{Q}$ 的变化，并记录下来。

3）边沿 JK 触发器

74LS112 集成芯片包含两个完全独立的边沿 JK 触发器。

（1）实验电路：按图 8-10 连接 JK 触发器实验电路。

分别按 A、B、C、D、E 键改变 S、J、CLK、K、R 的状态，观察输出端 Q 的变化并记录下来。

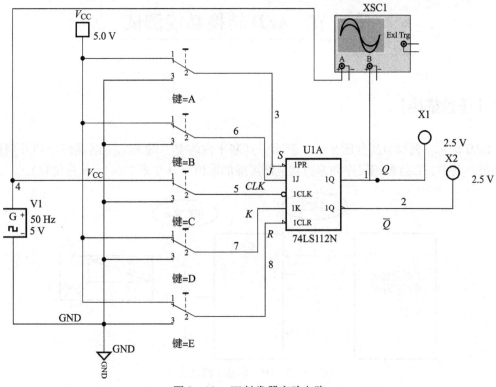

图 8-10 JK 触发器实验电路

当 $R=S=1$,$J=K=1$ 时,输入时钟信号和输出信号如图 8-11 所示。为观察方便,将时钟信号上移了 0.2 格,输出信号下移了 1.6 格。从示波器显示的波形可以看到,在时钟信号的下降沿,输出信号发生翻转。

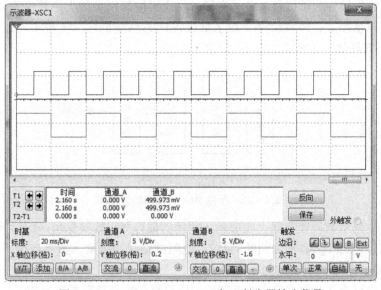

图 8-11 $R=S=1$,$J=K=1$ 时 JK 触发器输出信号

第二节　A/D 转换功能测试

【任务描述】

DAC 的基本测试装置如图 8-12 所示。其基本内容是，输入二进制编码序列并观察输出结果，其中，二进制编码序列遍历其全部可能的取值（从 0 到 2^n-1，n 是位数）。

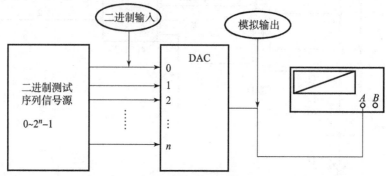

图 8-12　DAC 的基本测试装置

理想情况下，输出为直线阶梯状波形。随着二进制编码位数的增加，DAC 分辨率提高。也就是说，离散阶梯的数目增多，输出逼近于线性斜波信号。通过测试观察分析，使学生掌握 D/A 转换原理，熟悉 DAC0832 的功能测试方法。

数字量是用代码按数位组合起来表示的，对于有权码，每位代码都有一定的权重。因此，为了将数字量转换为模拟量，必须将每一位代码按其权重的大小转换为相应的模拟量，然后将这些模拟量相加，即可得到与数字量成正比的总模拟量，从而实现数字与模拟的转换。N 位 D/A 转换器的方框图如图 8-13 所示。

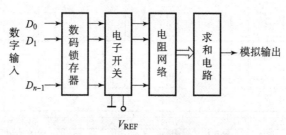

图 8-13　N 位 D/A 转换器的方框图

D/A 转换电路由数码锁存器（完成输入数字的锁存并为转换保留一定时间）、模拟电子开关（完成基准电压 V_{REF} 和地之间的倒换）、电阻网络（根据输入数字产生不同的电流或电压）、求和电路（产生模拟输出电压）组成。

数字量以串行或并行方式输入并存储于数码锁存器中，锁存器输出的每位数码驱动对应数位上的电子开关，将在电阻解码网络中获得的相应的数位权值送入求和电路。求和电路将各位权值相加便得到与数字量相对应的模拟量。

D/A 转换电路按电阻网络结构不同,可分为权电阻网络 D/A 转换电路、T 形电阻网络 D/A 转换电路、倒 T 形电阻网络 D/A 转换电路等。

一、权电阻网络 D/A 转换器

1. 电路组成

图 8-14 所示为 n 位权电阻网络 D/A 转换电路,它由权电阻网络 $2^{n-1}R$、$2^{n-2}R \cdots 2^1 R$、$2^0 R$,n 个模拟开关 $S_{n-1} \cdots S_1$、S_0 和求和放大器组成。

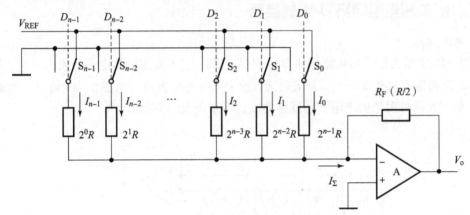

图 8-14　n 位权电阻网络 D/A 转换电路

2. 工作原理

当输入数字 $D_0 = 1$ 时,$I_0 = \dfrac{V_{REF}}{R_0} \times D_0 = \dfrac{V_{REF}}{2^{n-1}R} \times D_0 = \dfrac{2V_{REF}}{2^n R} \times (D_0 \times 2^0)$。

当输入数字 $D_1 = 1$ 时,$I_1 = \dfrac{V_{REF}}{R_1} \times D_1 = \dfrac{V_{REF}}{2^{n-2}R} \times D_1 = \dfrac{2V_{REF}}{2^n R} \times (D_1 \times 2^1)$。

当输入数字 $D_i = 1$ 时,$I_i = \dfrac{V_{REF}}{R_i} \times D_i = \dfrac{V_{REF}}{2^{n-i-1}R} \times D_i = \dfrac{2V_{REF}}{2^n R} \times (D_i \times 2^i)$。

$$V_o = -I_\Sigma \times R_F = \dfrac{-2R_f}{R} \times \dfrac{V_{REF}}{2^n} \sum_{i=0}^{n-1}(D_i \times 2^i)$$

设 $n = 4$,$R_F = R/2$,$V_{REF} = -5 \text{ V}$,则

$$V_o = \dfrac{-2 \times R/2}{R} \times \dfrac{-5}{2^4} \sum_{i=0}^{4-1}(D_i \times 2^i)$$

$$= \dfrac{5}{2^4} \times (D_3 \times 2^3 + D_2 \times 2^2 + D_1 \times 2^1 + D_0 \times 2^0)$$

当 $D_3 D_2 D_1 D_0 = 0001$ 时

$$V_o = V_{omin} = \dfrac{5}{2^4} \times (0 \times 2^3 + 0 \times 2^2 + 0 \times 2^1 + 1 \times 2^0) = \dfrac{5}{2^4}$$

当 $D_0 = 1111$ 时

$$V_o = V_{omax} = \dfrac{5}{2^4} \times (1 \times 2^3 + 1 \times 2^2 + 1 \times 2^1 + 1 \times 2^0) = \dfrac{5}{2^4} \times (2^4 - 1)$$

因为 $\sum_{i=0}^{n-1}(D_i \times 2^i) = 1$ 时，$V_o = V_{omin} = \Delta V_o$，所以 A 转换器输出的通式为

$$V_o = \Delta V_o \times \sum_{i=0}^{n-1}(D_i \times 2^i)$$

3. 权电阻网络 D/A 转换器的特点

（1）电路结构比较简单。

（2）电阻网络中各个电阻的阻值相差太大。

（3）容易产生输出尖峰现象。

二、倒 T 形电阻网络 D/A 转换器

1. 电路组成

图 8-15 所示为倒 T 形电阻网络 D/A 转换电路。它主要由模拟电子开关 $S_0 \sim S_3$、$R \sim 2R$ 倒 T 形电阻网络、基准电压 V_{REF} 和求和运算放大器等部分组成。由图 8-15 可见，电阻网络中只有 R、$2R$ 两种阻值的电阻，这就给集成化带来很大的变化。

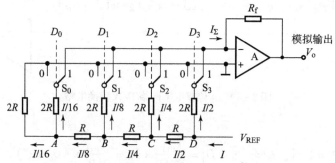

图 8-15 倒 T 形电阻网络 D/A 转换电路

2. 工作原理

电子模拟开关受输入二进制数 $D_0 \sim D_3$ 控制，随着 D 为 0 或 1，各开关分别处于图 8-15 中 0 和 1 的位置。无论 S 处于何位置，其电位均为零（运放同相端接地，反相端虚地），这样，从图 8-15 中 A、B、C、D 各节点向里看对地的等效电阻均为 R。

$$I_\Sigma = \frac{I}{2}D_3 + \frac{I}{4}D_2 + \frac{I}{8}D_1 + \frac{I}{16}D_0$$

$$= \frac{I}{2^4}(D_3 \times 2^3 + D_2 \times 2^2 + D_1 \times 2^1 + D_0 \times 2^0)$$

$$V_o = -I_\Sigma \times R_f = -\frac{I \times R_f}{2^4}(D_3 \times 2^3 + D_2 \times 2^2 + D_1 \times 2^1 + D_0 \times 2^0)$$

$$= -\frac{V_{REF} \times R_f}{R \times 2^4} \times \sum_{i=0}^{3}(D_i \times 2^i) \left(I = \frac{V_{REF}}{R}\right)$$

3. 倒 T 形电阻网络 D/A 转换器的特点

（1）电路结构比较简单。

（2）电阻网络中的电阻种类少（仅 R 和 2R 两种）。

三、D/A 转换器的主要技术指标

1. 分辨率

分辨率用于表征 D/A 转换器对输入微小量变化的敏感程度。

（1）D/A 转换器模拟输出电压可能被分离的等级数——可用输入数字量的位数 n 表示 D/A 转换器的分辨率。

（2）可用 D/A 转换器的最小输出电压与最大输出电压之比来表示分辨率。

$$分辨率 = \frac{\Delta U}{U_m} = \frac{1}{2^n - 1}$$

分辨率越高，转换时对输入量的微小变化的反应越灵敏。而分辨率与输入数字量的位数有关，n 越大，分辨率越高。

2. 转换误差

D/A 转换器的转换精度是指输出模拟电压的实际值与理想值之差，即最大静态转换误差。

3. 转换速度

从输入的数字量发生突变开始，到输出电压进入与稳定值相差 ±0.5LSB 范围内所需要的时间，称为建立时间 t_{set}。目前单片集成 D/A 转换器（不包括运算放大器）的建立时间最短达到 0.1 μs 以内。

4. 温度系数

在输入不变的情况下，输出模拟电压随温度变化产生的变化量。一般用满刻度输出条件下温度每升高 1 ℃，输出电压变化的百分数作为温度系数。

【任务实施】

Multisim 仿真

1. 实验要求与目的

（1）构建 DAC 仿真实验电路，了解 DAC 的作用。

（2）掌握 DAC 的基本工作原理。

（3）熟悉 DAC 集成电路的使用方法。

2. 实验原理

DAC 是将数字信号转换为模拟信号的电路。集成 DAC 转换电路很多，其中 DAC0832 是一种常用的 8 位 DAC 转换电路。

DAC 电路输入的数字信号是一种二进制编码，通过转换，按每位权的大小换算成相应的模拟量，然后将代表各位的模拟量相加，所得的和就是与输入的数字量成正比的模拟量。

3. 实验电路

DAC 仿真电路如图 8-16 所示，其中 U_1 和 U_4 构成六十进制计数器，V_1 为该计数器的时钟信号源，U_3 和 U_5 是本身带译码器的数码显示器。将计数器的输出接到 VDAC 的 8 位数字信号输入端，同时在 VDAC 的"＋"端接参考电压 $V_{CC}=10$ V，"－"端接地，则输出电压 $V_o=(V_{CC} \times D)/256$，其中 D 表示输入的二进制数对应的十进制数。

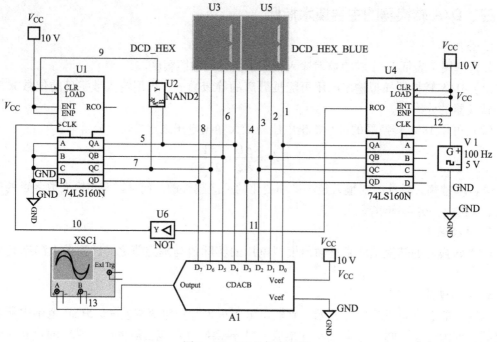

图 8-16 DAC 仿真电路

4. 实验步骤

(1) 按图 8-16 连接电路。

(2) 打开仿真开关,数码管显示的数字从 0 开始递增到 59,然后回到 0 循环输出,同时打开示波器观察输出信号,如图 8-17 所示。观察数码管 U3、U5 显示的 VDAC 输出数字信号与 VDAC 输出模拟信号之间的关系,发现输出模拟信号的幅度与数码管 U3、U5 显示的数的大小成正比,验证了 VDAC 的输出电压的大小与理论计算值一致。

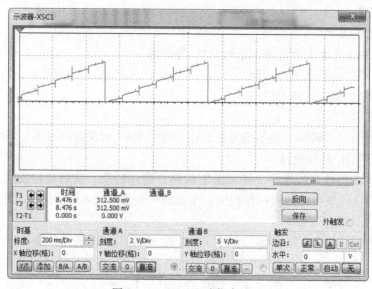

图 8-17 DAC 电路仿真结果

(3) 分别调制参考电压 V_{CC} 为 6 V、10 V 和 12 V，利用示波器观察 VDAC 的输出模拟信号的变化规律。

(4) 调整 8 位二进制加法计数器时钟信号源 V1 的频率，发现数码管显示速度发生了变化，但 VDAC 的输出模拟信号形状不变。调整 8 位二进制加法计数器时钟信号源 V1 的幅度，观察数码管的显示速度和 VDAC 输出模拟信号的变化情况。

5. 思考题

怎样克服输出模拟信号中的毛刺干扰？

第三节 A/D 转换功能测试

【任务描述】

测试 ADC 的方法之一如图 8-18 所示。测试中使用了 DAC，用于将 ADC 输出转换回模拟形式，并和模拟输入进行比较。

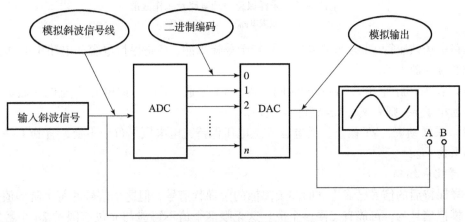

图 8-18 测试 ADC 的方法之一

测试采用的输入信号通常是斜波信号。将该信号加到 ADC 的输入端，再将所得的二进制输出序列输入到 DAC 测试单元，转换为阶梯状斜波信号。然后将输入和输出进行比较，检查是否有明显偏差。通过测试观察分析，使学生掌握 A/D 转换原理，熟悉 ADC0809 的功能测试方法。

一、A/D转换器的基本工作原理

A/D转换器的任务是将模拟信号转换为数字信号，我们都知道，模拟信号在时间和幅度上都是连续变化的，而数字信号则在时间和幅度上都是离散的，所以要将连续的模拟信号转换为离散的数字信号一般可通过图8-19所示的四个部分来完成。

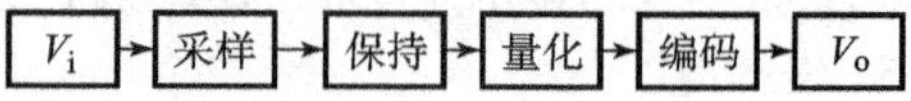

1. 采样和保持

将一个在时间上连续变化的模拟信号变成完全对应的数字信号是不可能的，因为这个模拟信号的瞬时值有无数个。采样的概念就是在连续变化的信号上选出可供转换成数字量的有限个点，根据采样定理，只要采样频率大于2倍的模拟信号频谱中的最高频率，就不会丢失模拟信号所携带的信息。

图8-19 转换器的组成

这样就把一个在时间上连续变化的模拟量变成了在时间上离散的电信号。由于每次将采样电压转换成数字量都需要一定的时间，所以在每次采样后必须将所采得的电压保持一段时间，完成这种功能的便是采样保持电路，图8-20所示为采样保持原理电路及工作波形。

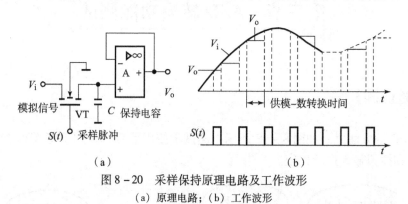

图8-20 采样保持原理电路及工作波形
(a) 原理电路；(b) 工作波形

电路中场效应管VT是采样开关，受控于采样脉冲，C是保持电容，电路中的A是用运放构成的缓冲放大器。

(1) 在采样脉冲$S(t)$到来的时间τ内，VT导通，$V_i(t)$向电容C充电，假定充电时间常数远小于τ，则有$V_o(t) = S(t) = V_i(t)$。

(2) 采样结束，VT截止，而电容C上电压保持充电电压$V_i(t)$不变，直到下一个采样脉冲到来为止。

2. 量化和编码

采样保持后的信号已成为在时间上离散的阶梯状信号，但这个信号的每个阶梯值是取决于输入模拟信号的，可能有无限多个值。这无限多个值不可能与n位有限的$2n$个数字量相对应，因此，必须将采样后的值限定在$2n$个数字量所对应的离散电平上，凡介于两个离散电平之间的采样值就用某种方式整理归并到这两个电平之一上，这种将幅值取整归并的方式及过程称为量化。量化后，有限个量化值可用n位一组的某种二进制代码对应描述，这种用数字代码表示量化幅值的过程称为编码。图8-21所示为用三位二进制数来量化编码模拟信号的示意图。在图8-21中，三位二进制数可产生8个量化电平，而经过采样保持后的阶梯信号在t_1、t_2段刚好与量化电平相符，所以可直接进行编码，而在$t_3 \sim t_8$段则需要量化，采用四舍五入法按图8-21中箭头的方向归并阶梯信号到就近的量化电平上，再编码得数字量输出如下：

t	t_1	t_2	t_3	t_4	t_5	t_6	t_7	t_8
D	010	011	101	111	110	100	100	110

二、A/D转换器的主要电路形式

1. A/D转换器有直接转换法和间接转换法两大类

直接法是通过一套基准电压与取样保持电压进行比较，从而直接将模拟量转换成数字量。其特点是工作速度高，转换精度容易保证，调准也比较方便。直接A/D转换器有计数型、逐次比较型、并行比较型等。

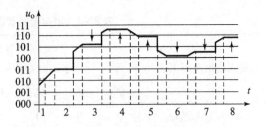

图8-21 用三位二进制数来量化编码模拟信号的示意图

间接法是将取样后的模拟信号先转换成中间变量时间t或频率f，然后再将t或f转换成数字量。其特点是工作速度较低，但转换精度可以做得较高且抗干扰性强。间接A/D转换器有单积分型、双积分型等。

2. 并行比较型A/D转换器

1）电路组成

图8-22所示为并联比较型A/D转换的原理图，它由电阻分压器、电压比较器、锁存器和优先编码器等部分组成。8个分压电阻将基准电压V_{REF}分成8个等级，其中7个等级$\dfrac{V_{REF}}{15}$、$\dfrac{3V_{REF}}{15}$、$\cdots$、$\dfrac{11V_{REF}}{15}$、$\dfrac{13V_{REF}}{15}$分别和电压比较器C7、C6、$\cdots$、C2、C1的反相端相连接，作为参考电压，输入电压V_i（来自取样保持电路的输出端）加在同相与这7个电压进行比较。

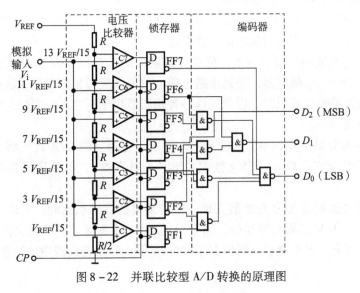

图8-22 并联比较型A/D转换的原理图

2）工作原理

当输入电压 $V_i < \dfrac{V_{REF}}{15}$ 时，电压比较器 C1～C7 都输出低电平 0，在脉冲 CP 到来后，FF1～FF7 被置 0，此时优先编码器 $Q_1 = 0$ 进行编码，输出 $D_2 D_1 D_0 = 000$。

当输入电压 $\dfrac{V_{REF}}{15} < V_i < \dfrac{3V_{REF}}{15}$ 时，电压比较器只有 C1 输出高电平 1，C2～C7 都输出低电平 0，在脉冲 CP 到来后，FF1 置 1，FF2～FF7 被置 0，此时优先编码器 $Q_2 = 0$ 进行编码，输出 $D_2 D_1 D_0 = 001$，其余以此类推。

当输入电压在 0～V_{REF} 间变化时，锁存器的状态和输出二进制代码如表 8-4 所示。

表 8-4 锁存器的状态和输出二进制代码

输入模拟电压 V_i	寄存器状态（编码器输入）							数字量输出（编码器输出）		
	Q_7	Q_6	Q_5	Q_4	Q_3	Q_2	Q_1	D_2	D_1	D_0
$(0 \sim 1/15) V_{REF}$	0	0	0	0	0	0	0	0	0	0
$(1/15 \sim 3/15) V_{REF}$	0	0	0	0	0	0	1	0	0	1
$(3/15 \sim 5/15) V_{REF}$	0	0	0	0	0	1	1	0	1	0
$(5/15 \sim 7/15) V_{REF}$	0	0	0	0	1	1	1	0	1	1
$(7/15 \sim 9/15) V_{REF}$	0	0	0	1	1	1	1	1	0	0
$(9/15 \sim 11/15) V_{REF}$	0	0	1	1	1	1	1	1	0	1
$(11/15 \sim 13/15) V_{REF}$	0	1	1	1	1	1	1	1	1	0
$(13/15 \sim 1) V_{REF}$	1	1	1	1	1	1	1	1	1	1

3）并行比较型 A/D 转换器的特点

（1）优点：转换速度很快，故又称高速 A/D 转换器。含有锁存器的 A/D 转换器兼有取样保持功能，所以它可以不用附加取样保持电路。

（2）缺点：电路复杂，对于一个 n 位二进制输出的并行比较型 A/D 转换器，需 $2n-1$ 个电压比较器和 $2n-1$ 个触发器，编码电路也随 n 的增大变得相当复杂。转换精度还受分压网络和电压比较器灵敏度的限制，因此，这种转换器适用于高速，精度较低的场合。

3. 逐次逼近型 ADC

逐次逼近型 A/D 转换逻辑电路如图 8-23 所示。它由三位 D/A 转换器、三位逐次逼近寄存器 FFA、FFB、FFC、FF1～FF5（接成环形移位寄存器）、电压比较器及相应的控制逻辑电路组成。

一个 n 位逐次逼近型 A/D 转换器完成一次转换要进行 n 次比较，所以，该电路转换速度比并联比较型 A/D 转换器电路要低，属于中速 A/D 转换器。不过逐次逼近型电路简单、成本较低、准确度高，易于集成，所以在十六位以下的 A/D 转换器中运用较多。

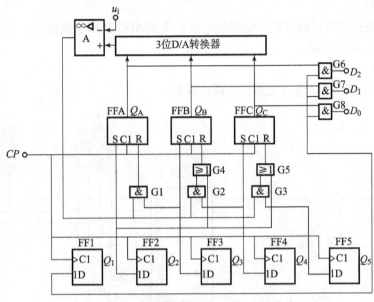

图 8-23　逐次逼近型 A/D 转换逻辑电路

三、A/D 转换器的主要性能指标

1. 分辨率

分辨率是指 A/D 输出数字量变化一个数码所对应的输入模拟量的变化范围。输出数字量的位数越多，能分辨出的最小模拟电压越小，如 8 位 A/D 输入最大模拟电压为 5 V 时，则其分辨率为 $5/2^8 = 19.53$（mV）。A/D 转换器的分辨率通常用输出数字量的位数来表示，这与 D/A 转换器相同。

2. 相对精度

相对精度是指 A/D 转换电路实际输出的数字量与理论输出数字量之间的差值。如相对数字电子技术与逻辑设计误差 ≤LSB/2，则说明实际输出的数字量和理论上得到的输出数字量之间的误差不大于最低位 1 的一半。

3. 转换速度

完成一次 A/D 转换所需要的时间叫作转换时间，转换时间越短，则转换速度越快。双积分 A/D 的转换时间在几十毫秒至几百毫秒；逐次比较型 ADC 的转换时间在 10～50 μs；并行比较型 ADC 的转换时间可达 10 ns。

【任务实施】

Multisim 仿真

1. 实验要求与目的

（1）构建 ADC 仿真实验电路，了解 ADC 的作用。

（2）掌握 ADC 的基本工作原理。

（3）熟悉 ADC 集成电路的使用方法。

2. 实验原理

ADC 是将模拟信号转换成数字信号的电路。集成 ADC 转换电路很多，其中 ADC0809 是一种常用的 ADC 集成电路。

3. 实验电路

图 8-24 所示为 ADC 仿真电路，电路说明如下：

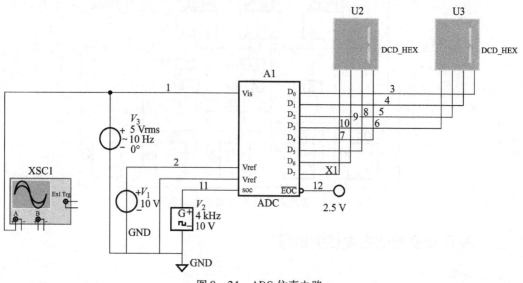

图 8-24 ADC 仿真电路

V_2 为 ADC 电路的时钟信号，控制转换速度。V_1 为 ADC 电路的参考电压，值与输入模拟信号的最大值大约相等，利用交流电源产生模拟信号。

4. 实验步骤

（1）按图 8-24 所示连接电路。

（2）设置交流电源产生频率为 100 Hz，幅度为 5 V，偏移量为 5 V 的正弦信号，并将其送入 ADC 转换器的输入端。

（3）打开示波器的同时观察数码管显示数字的变化。可以看到，一开始数码管显示的数字是 "80"，随着模拟信号的增大，数码管显示的数字也增大。当模拟信号增大到最大值 10 V 时，数码管显示的是 "FF"。然后随着模拟信号的减小，数码管显示的数字也减小。当模拟信号减小到 0 V 时，数码管显示的是 "00"。由此可见，ADC 电路将模拟信号转换成了与之对应的数字信号。

5. 思考题

V_2 在电路中的作用是什么？改变 V_2 的频率并观察电路的工作情况。

第四节　用 555 时基电路制作变音门铃

【任务描述】

555 集成电路是 20 世纪 70 年代初制造出来的，开始只是用作定时器，所以称为 555 定时器或 555 时基电路，简称 555 电路。555 时基电路在实际应用中比较广泛，表现在：一是定时精度、工作速度和可靠性高；二是使用电源电压范围宽（2～18 V），能和数字电路直接连接；三是有一定的输出功率，可直接驱动微电动机、指示灯、扬声器等；四是结构简单，使用灵活，用途广泛，可组成各种波形的脉冲振荡器、定时延时电路、双稳触发电路、检测电路、电源变换电路、频率变换电路等，被广泛应用于自动控制、测量、通信等各个领域。本任务是用 NE555 集成电路组成的多谐振荡器来实现的，其电路图如图 8 - 25 所示。

通过本任务过程的实施，使学生熟悉 NE555 芯片的应用，了解基于 NE555 多谐振荡器的构成

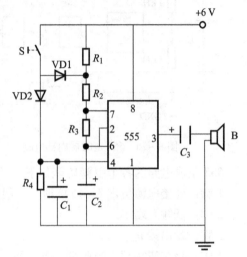

图 8 - 25　变音门铃电路图

及变音门铃的工作原理，掌握变音门铃印制线路图的绘制，掌握 555 时基电路的基本功能和基本原理。

一、555 时基电路的特点

555 集成电路开始是作定时器应用的，所以叫作 555 定时器或 555 时基电路。但后来经过开发，它除了作定时延时控制外，还可用于调光、调温、调压、调速等多种控制及计量检测。此外，还可以组成脉冲振荡、单稳、双稳和脉冲调制电路，用于交流信号源、电源变换、频率变换、脉冲调制等。由于它工作可靠、使用方便、价格低廉，目前被广泛用于各种电子产品中，一般用双极型（TTL）工艺制作的称为 555，用互补金属氧化物（CMOS）工艺制作的称为 7555，除单定时器外，还有对应的双定时器 556/7556。555 定时器的电源电压范围宽，可在 4.5～16 V 工作，7555 可在 3～18 V 工作，输出驱动电流约为 200 mA，因而其输出可与 TTL、CMOS 或者模拟电路电平兼容。555 集成电路内部有几十个元器件，有分压器、比较器、基本 RS 触发器、放电管以及缓冲器等，电路比较复杂，是模拟电路和数字电路的混合体，如图 8 - 26 所示。

555 集成电路是 8 脚封装，双列直插型，其电路符号如图 8 - 27 所示。两个比较器的输出电压控制 RS 触发器和放电管 T 的状态。在电源与地之间加上电压，当 5 脚悬空时，则电压比较器 N1 的反相输入端的电压为 $2U_{CC}/3$，N2 的同相输入端的电压为 $U_{CC}/3$。若触发输入

端 TR 的电压小于 $U_{CC}/3$，则比较器 C2 的输出为 0，可使 RS 触发器置 1，使输出端 $OUT = 1$。如果阈值输入端 TH 的电压大于 $2U_{CC}/3$，同时 TR 端的电压大于 $U_{CC}/3$，则 N1 的输出为 0，N2 的输出为 1，可将 RS 触发器置 0，使输出为 0 电平。

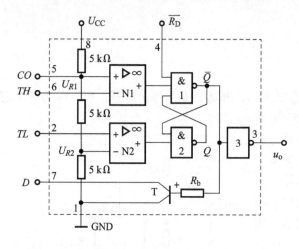

图 8-26　555 定时器内部电路　　　　图 8-27　555 定时器电路符号

555 集成电路的各个引脚功能如下。

1 脚：外接电源负端 U_{CC} 或接地，一般情况下接地。

2 脚：低触发端 TL。

3 脚：输出端 u_o。

4 脚：直接清零端。当此端接低电平，则时基电路不工作，此时不论 TL、TH 处于何电平，时基电路输出均为"0"，该端不用时应接高电平。

5 脚：CO 为控制电压端。若此端外接电压，则可改变内部两个比较器的基准电压，当该端不用时，应将该端串入一只 $0.01~\mu F$ 电容接地，以防引入干扰。

6 脚：高触发端 TH。

7 脚：放电端。该端与放电管集电极相连，用作定时器时电容的放电。

8 脚：外接电源 U_{CC}，双极型时基电路 U_{CC} 的范围是 $4.5 \sim 16~V$，CMOS 型时基电路 U_{CC} 的范围为 $3 \sim 18~V$，一般用 5 V。

在 1 脚接地，5 脚未外接电压，两个比较器 N1、N2 基准电压分别为 $2U_{CC}/3$ 和 $U_{CC}/3$ 的情况下，555 定时器的功能表如表 8-5 所示。

表 8-5　555 定时器的功能表

清零端	高触发端 TH	低触发端 TL	放电管 T	功能
0	×	×	导通	直接清零
1	0	1	保持上一状态	保持上一状态
1	1	0	截止	置 1
1	0	0	截止	置 1
1	1	1	导通	清零

555集成电路有双极型和CMOS型两种。CMOS型的优点是功耗低、电源电压低、输入阻抗高,但输出功率较小,输出驱动电流只有几毫安。双极型的优点是输出功率大,驱动电流达200 mA,其他指标则不如CMOS型的。555的应用电路很多,只要改变555集成电路的外部附加电路,就可以构成几百种应用电路,大体上可分为555单稳、555双稳及555无稳(振荡器)三类。

二、多谐振荡器

多谐振荡器又称无稳态触发器,它没有稳定的输出状态,只有两个暂稳态。在电路处于某一暂稳态后,经过一段时间可以自行触发翻转到另一暂稳态,两个暂稳态自行相互转换而输出一系列矩形波。多谐振荡器可用作方波发生器。由555定时器构成的多谐振荡器如图8-28(a)所示,其工作波形如图8-28(b)所示。

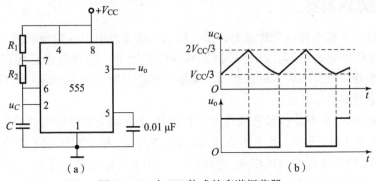

图8-28 由555构成的多谐振荡器
(a)多谐振荡器电路图;(b)工作波形

接通电源后,电源V_{CC}通过R_1和R_2对电容C充电,当$u_C < V_{CC}/3$时,振荡器输出$u_o = 1$,放电管截止。当u_C充电到$\geqslant 2V_{CC}/3$后,振荡器输出u_o翻转成0,此时放电管导通,使放电端(DIS)接地,电容C通过R_2对地放电,使u_C下降。当u_C下降到$\leqslant V_{CC}/3$后,振荡器输出u_o又翻转成1,此时放电管又截止,使放电端(DIS)不接地,电源V_{CC}通过R_1和R_2又对电容C充电,又使u_C从$V_{CC}/3$上升到$2V_{CC}/3$,触发器又发生翻转,如此周而复始,从而在输出端u_o得到连续变化的振荡脉冲波形。脉冲宽度$TL \approx 0.7R_2C$,由电容C放电时间决定;$TH = 0.7(R_1 + R_2)C$,由电容C充电时间决定,脉冲周期$T \approx TH + TL$。

三、施密特触发器

施密特触发器具有两个稳定的工作状态。当输入信号很小时,处于第Ⅰ稳定状态;当输入信号电压增至一定数值时,触发器翻转到第Ⅱ稳态,但输入电压必须减小至比刚才发生翻转时更小,才能返回到第Ⅰ稳状。

将555电路的6、2脚并接起来接成只有一个输入端的触发器,如图8-29(a)所示,其工作原理为,当输入$u_i = 0$时输出$u_o = 1$,当输入电压从0上升到$>2V_{CC}/3$后,u_o翻转成0,当输入电压从最高值下降到$<V_{CC}/3$后,u_o又翻转成1。由于它的输入有两个不同的阈值电压,所以,这种电路常用于电子开关,各种控制电路、波形的变换和整形,其工作波形如图8-29(b)所示。

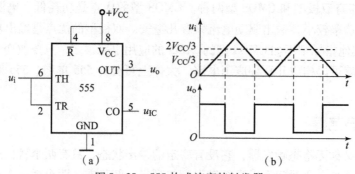

图 8-29 555 构成施密特触发器
(a) 施密特触发器电路图；(b) 工作波形

四、单稳态触发器

单稳电路有一个稳态和一个暂稳态，是利用电容的充放电形成暂稳态的，因此它的输入端都带有定时电阻和定时电容。在外来触发脉冲的作用下，能够由稳定状态翻转到暂稳状态，暂稳状态维持一段时间后，将自动返回到稳定状态。暂稳状态时间的长短与触发脉冲无关，仅决定于电路本身的参数。

将 555 电路的 6、7 脚并接起来接在定时电容 C_T 上，用 2 脚作输入就成为单稳态触发器电路，如图 8-30（a）所示。其工作原理为：稳态时，u_i 为高电平，N1 输出为 1，RS 触发器被置 0，放电管 VT 导通，输出端 u_o 为低电平。当输入 u_i 为低电平时，N2 输出为 1，RS 触发器被置 1，VT 截止，输出 u_o 为高电平，电路处于暂稳态，此时电源 V_{CC} 通过 R 对 C 充电，充至电容电压 u_C 大于 $2V_{CC}/3$ 时，N1 输出为 1，RS 触发器被置 0，VT 导通，C 放电，输出为低电平，电路返回到稳态，其工作波形如图 8-30（b）所示，电路的暂稳维持时间 $TD = 1.1RC$。由上分析可知，电路要求 u_i 脉冲宽度一定要小于 TD，触发时应 u_i 小于 $V_{CC}/3$，否则电路无法工作。

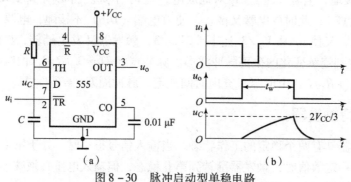

图 8-30 脉冲启动型单稳电路

【任务实施】

Multisim 仿真

1. 实验要求与目的

（1）用 555 定时器设计一个多谐振荡器，观察输出信号波形。

(2) 用555定时器设计一个单稳态触发器，观察在输入脉冲的作用下电路状态的变化。

(3) 用555定时器设计一个施密特触发器，观察电路的输入、输出波形，并分析其电压传输特性。

(4) 掌握由555定时器构成的各种应用电路。

2. 实验电路

由555定时器构成的多谐振荡器电路如图8-31所示，由555定时器构成的单稳态触发器电路如图8-32所示，由555定时器构成的施密特触发器电路如图8-33所示。

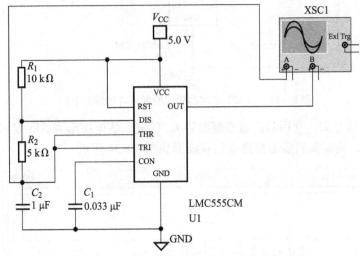

图8-31 由555定时器构成的多谐振荡器电路

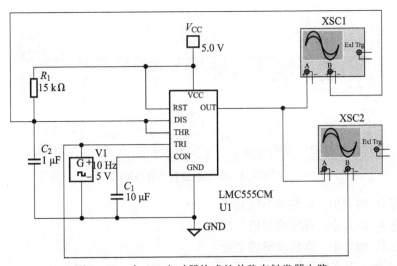

图8-32 由555定时器构成的单稳态触发器电路

3. 实验步骤

1) 多谐振荡器实验步骤

(1) 按图8-31所示连接电路。

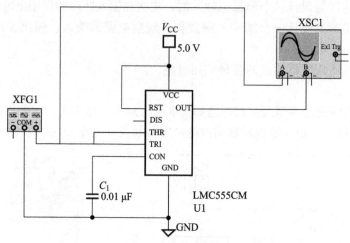

图 8-33 由 555 定时器构成的施密特触发器电路

(2) 打开仿真开关,利用示波器观察电容 C_2 的充、放电波形和 555 定时器输出端的信号。打开示波器,观察到的多谐振荡器仿真波形如图 8-34 所示。

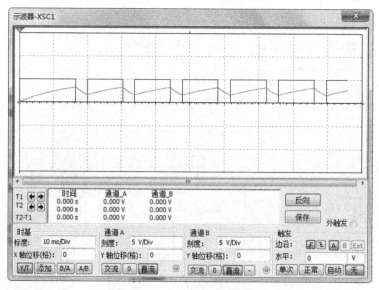

图 8-34 多谐振荡器仿真波形

(3) 改变 R_1 的大小,观察波形的变化。

(4) 改变 R_2 的大小,观察波形的变化。

(5) 改变 C_2 的大小,观察波形的变化。

2) 单稳态触发器实验步骤

(1) 按图 8-32 所示连接电路。输入信号采用脉冲信号,频率设置为 10 Hz,占空比设置为 90%。

(2) 打开仿真开关,利用示波器观察输入、输出和电容上的信号波形。由于一台示波器只能同时观察两路波形,因此为了同时观察输入、输出和电容上的波形,这里调用了两台示波器。单稳态触发器的输入、输出波形如图 8-35 所示,可以看到,当输入负脉冲时,输出信号由低电平翻转成高电平。同时打开 XSC1，观察到单稳态触发器的输出和电容上的波形如图 8-36 所示，当输出信号翻转为高电平时，电容 C_2 开始充电，当充到 $2V_{CC}/3$ 时，输出由高电平翻转为低电平，直到下一次输入负脉冲为止。所以，电路的高电平状态是暂态，维持的时间由电容的充电时间决定；低电平状态是稳态，如果没有输入负脉冲触发，则会一直持续下去。

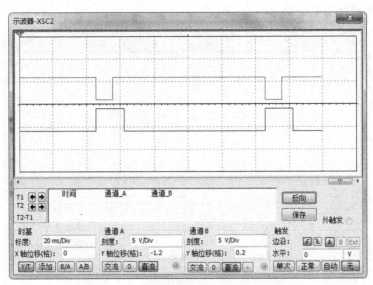

图 8-35　单稳态触发器的输入、输出波形

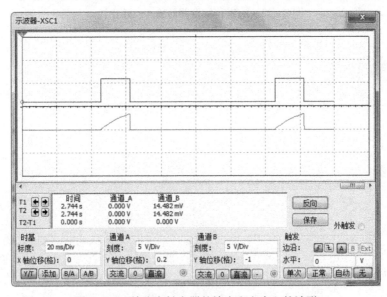

图 8-36　单稳态触发器的输出和电容上的波形

（3）改变 R_1 的大小，观察波形的变化。
（4）改变 C_2 的大小，观察波形的变化。
3）施密特触发器实验步骤
（1）按图 8-33 所示连接电路。

(2) 将由函数信号发生器产生的三角波信号作为输入信号送至 555 定时器的输入端 THR 和 TRI，并设置三角波的频率为 1 Hz，幅度为 10 V。

(3) 打开仿真开关，观察施密特触发器的输入、输出波形，如图 8-37 所示。移动数轴，读取相应数据，得出：当输入电压增加到 $2V_{CC}/3$，即 $(2/3)\times5\approx3.3$（V）时，输出波形从高电平翻转为低电平；当输入电压减小到 $V_{CC}/3$，即 $(1/3)\times5\approx1.67$（V）时，输出波形从低电平翻转为高电平。

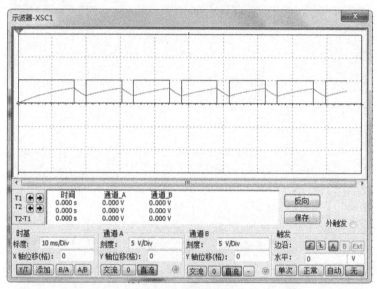

图 8-37 施密特触发器的输入、输出波形

第九章

继电接触器控制电路装调

第一节 电动机点动控制电路装调

【学习目标】

1. 识别常用刀开关、熔断器、接触器、断路器和按钮，掌握其结构、符号、工作原理、作用、选用及安装方法，并能正确使用。
2. 正确识读点动运行控制电路原理图，分析其工作原理。
3. 能根据点动运行控制电路原理图安装、调试电路。
4. 能根据故障现象对点动运行控制电路的简单故障进行排查。

【任务描述】

三相笼型异步电动机由于具有结构简单、价格便宜、坚固耐用等优点而获得广泛的应用。在实际生产中，它的应用占到了使用电动机的80%以上。

某车间要安装一台台式钻床（简称台钻），如图9-1所示，该钻床由一台三相异步电动机驱动，型号为YS6324，其额定电压为380 V，额定功率为180 W，额定转速为1 400 r/min，额定电流为0.65 A。现在为此钻床安装点动控制电路，要求采用继电接触器控制，点动运行，设置短路、欠电压、失电压保护。

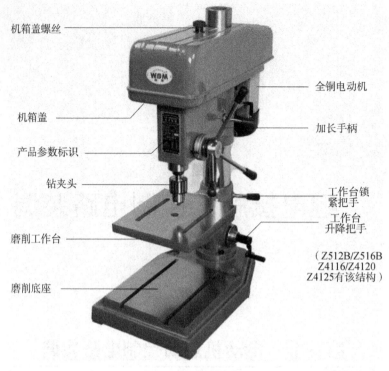

图 9-1 台式钻床

【相关知识】

一、低压电器的认识

1. 低压电器的定义

低压电器是指工作在交流 50 Hz、额定电压小于 1 200 V,直流额定电压小于 1 500 V 的电路对电路或非电对象起切换、控制、保护、检测、变换和调节作用的各种电气设备。

根据在电气电路中所处的地位和作用不同,低压电器可分为低压配电电器和低压控制电器两大类。低压配电电器,如刀开关、熔断器、低压断路器等,主要用于低压配电系统及动力设备中。低压控制电器,如接触器、控制继电器、启动器、主令电器、控制器、电阻器、变阻器、电磁铁等,主要用于电力拖动系统和自动控制设备中。

低压电器一般都有两个基本部分:一个是感测部分,它感测外界的信号,做出有规律的反应,在自控电器中,感测部分大多由电磁机构组成,在受控电器中,感测部分通常为操作手柄等;另一个是执行部分,如触点是根据指令进行电路接通或切断的。

2. 低压电器的分类

低压电器的种类繁多,功能多样,用途广泛,结构各异,工作原理也各不相同,按用途可分为以下几类:

1) 低压配电器

低压配电器是指用于供配电系统中进行电能输送和分配的电器,包括刀开关、组合开关、熔断器和低压断路器等。对这类电器要求分断能力强,限流效果好,动稳定及热稳定性能好。

2) 低压控制电器

低压控制电器是指用于各种控制电路和控制系统中的电器,包括转换开关、按钮、接触器、继电器、电磁铁、热继电器、熔断器及各种控制器等。对这类电器要求有一定的通断能力,操作频率高,电气和机械寿命长。

3) 低压主令电器

低压主令电器是指用于发送控制指令的电器,包括按钮、主令开关、主令控制器、行程开关、转换开关等。对这类电器要求操作频率高,电气和机械寿命长,抗冲击,等等。

4) 低压保护电器

低压保护电器是指用于对电路及用电设备进行保护的电器,包括熔断器、热继电器、电压继电器、电流继电器等。对这类电器要求可靠性高、反应灵敏、具有一定的通断能力。

5) 低压执行电器

低压执行电器是指用于完成某种动作或传送某种功能的电器,包括电磁铁、电磁离合器等。

上述电器还可以按使用场合分为一般工业用电器、特殊工矿用电器、航空用电器、船舶用电器、建筑用电器、农业用电器等;按操作方式可分为手动电器和自动电器;按工作原理可分为电磁式电器、非电量控制电器等,其中电磁式电器是传统低压电器中应用最广泛、结构最典型的一种。

二、刀开关

刀开关又称闸刀开关或隔离开关,是低压电器中结构比较简单,应用十分广泛的一类手动操作电器。

1. 结构、外形与符号

刀开关由操纵手柄、触刀、触头插座和绝缘底板等组成,刀开关的外形和符号如图9-2所示。刀开关主要用于电气照明电路、电热电路中,可用作小容量电动机电路的不频繁控制开关,也可用作分支电路的配电开关。断开刀开关切除电源后,将线路与电源明显地隔开,以保障检修人员的安全。

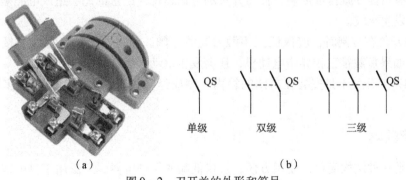

图9-2 刀开关的外形和符号

2. 型号含义

刀开关由单投、双投、开启式、熔断器式和封闭式负荷等系列，它们都适用于交流 50 Hz、额定电压至 500 V、直流额定电压至 400 V、额定电流至 1 500 A 的成套配电装置中，在非频繁地手动接通和分断电路中使用，或作为隔离开关使用。刀开关的型号含义如图 9 - 3 所示。

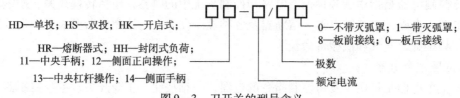

图 9 - 3　刀开关的型号含义

3. 主要技术参数

刀开关的主要技术参数包括长期工作所承受的最大电压（额定电压），长期通过的最大允许电流（额定电流）以及分断能力等。

4. 选用

选择刀开关时，刀开关的额定电压应大于或等于线路的额定电压，额定电流应大于或等于线路的额定电流。

（1）用于照明或电热负载时，选用额定电压 220 V 或 250 V，额定电流不小于电路所有负载额定电流之和的两级开关。

（2）用于控制三相电动机的直接启动和停止时，选用额定电压 380 V 或 500 V，额定电流不小于电动机的额定电流 3 倍的三级开关。

5. 安装与使用

（1）刀开关必须垂直安装在开关板上，静插座位于上方，电源进线接在静插座上，用电设备接在动触点一边的出线端上，这样刀开关断开时，闸刀和熔丝均不带电，以保证更换熔丝时的安全。如果静插座位于下方，则当刀开关打开时，如果支座松动，闸刀在自重的作用下向下掉落而发生误动作，会造成严重事故。

（2）刀开关用于隔离电源时，合闸顺序是先合上刀开关，再合上其他用以控制负载的开关，分闸顺序则相反。

（3）严格按照产品说明书规定的分断负载进行使用，无灭弧罩的刀开关一般不允许分断负载，否则有可能导致持续燃烧，使刀开关的寿命缩短，严重的还会造成电源短路，开关被烧毁，甚至发生火灾。

（4）刀开关在合闸时，应保证三相触刀同时合闸，而且要接触良好，如接触不良，会造成断路，如果负载是三相异步电动机，还会发生电动机因缺相运转而烧毁。

（5）如果刀开关不是安装在封闭的箱内，则应经常检查，防止因积尘过多而发生相间闪络现象。

三、熔断器

熔断器是一种结构简单，使用方便，价格低廉的保护电器，广泛用于供电线路和电气设备的短路与过电流保护。

熔断器由熔体和安装熔体的外壳两部分组成，熔体是熔断器的核心，通常用低熔点的铅锡合金、锌、铜、银的丝状或片状材料制成，新型的熔体通常设计成灭弧栅状和具有变截面片状结构。当通过熔断器的电流超过一定数值并经过一定的时间后，电流在熔体上产生的热量使熔体某处熔化而切断电路，从而保护了电路和设备。

1. 熔断器的外形结构和符号

熔断器常见的类型有插入式、螺旋式、有填料密封管式、无填料密封管式等，品种规格很多。在电气控制系统中经常选用螺旋式熔断器，它有明显的分断指示和不用任何工具就可取下或更换熔体等优点。熔断器的外形和符号如图9-4所示。

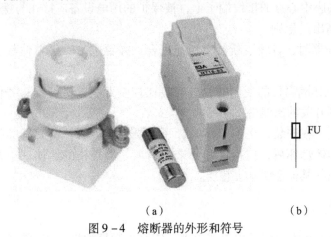

图9-4 熔断器的外形和符号

2. 熔断器型号及含义

熔断器的型号及含义如图9-5所示。

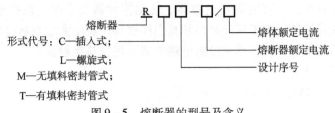

图9-5 熔断器的型号及含义

3. 熔断器的选择

熔断器的选择主要是选择熔断器的种类、额定电压、熔断器额定电流和熔体额定电流。熔断器的种类选择通常在电控系统整体设计时确定，熔断器的额定电压应大于或等于实际电路的工作电压，熔断器的额定电流应大于或等于实际电路的工作电流，因此确定熔体电流是选择熔断器的主要任务，具体来说有下列几条原则：

（1）电路上、下两级都装设熔断器时，为使两级保护相互配合良好，两级熔体额定电流的比值不小于1.6:1。

（2）对于照明线路或电阻炉等没有冲击性电流的负载，熔体的额定电流应大于或等于电路的工作电流，即 $I_{fN} \geq I_e$，I_{fN} 为熔体的额定电流；I_e 为电路的工作电流。

（3）保护一台异步电动机时，考虑电动机冲击电流的影响，熔体额定电流按下式计算：

$$I_{fN} \geq (1.5 \sim 2.5) I_N$$

式中，I_N为电动机额定电流。如为单台频繁启动的电动机则该倍数可以为3~3.5倍。

（4）保护多台异步电动机时，若各台电动机不同时启动，则应按下式计算：

$$I_{fN} \geq (1.5 \sim 2.5)I_{Nmax} + \sum I_N$$

式中，I_{Nmax}为容量最大的一台电动机的额定电流；$\sum I_N$为其余电动机额定电流的总和。

4. 安装与使用

（1）熔断器应完整无损，接触紧密可靠，并标出额定电压、额定电流的值。

（2）圆筒帽形熔断器应垂直安装，接线遵循"上进下出"原则，若采用螺旋式熔断器，电源进线应接在底座中心点的接线端子上，被保护的用电设备应接在与螺口相连的接线端子上，遵循"低进高出"原则。

（3）安装熔断器时，各级熔断器应相互配合，并要求上一级熔体额定电流大于下一级熔体的额定电流。

（4）熔断器兼作隔离目的使用时，应安装在控制开关的进线端；若仅作短路保护使用时，应安装在控制开关的出线端。

值得注意的是，在安装、更换熔体时，一定要切断电源，将刀开关拉开，不要带电作业，以免触电。熔体烧坏后，应换上和原来同材料、同规格的熔体，千万不要随便加粗熔体，或用不易熔断的其他金属丝去替换。

四、接触器

接触器是一种通用性很强的电磁式电器，它可以频繁地接通和分断交、直流主电路及大容量控制电路，并可实现远距离控制，主要用来控制电动机，也可控制电容器、电阻炉和照明器具等电力负载，小型的接触器也经常作为中间继电器配合主电路使用。

接触器按操作方式分，有电磁式接触器、气动接触器和电磁气动接触器；按灭弧介质分，有空气电磁式接触器、油浸式接触器和真空接触器；按主要触点通过电流的种类分，有直流接触器和交流接触器，而目前在控制电路中多采用交流接触器。

1. 交流接触器的外形

CJ系列交流接触器的外形如图9-6所示。

图9-6 CJ系列交流接触器的外形

2. 交流接触器的工作原理及结构

交流接触器结构示意图如图9-7所示。当电磁线圈通电后，线圈电流产生磁场，使静铁芯产生电磁吸力吸引衔铁，并带动触点动作，使常闭触点断开，主触点和辅助常开触点闭合，两者是联动的。当线圈断电时，电磁力消失，衔铁在释放弹簧的作用下释放，使触点复原，即常开触点断开，常闭触点闭合。灭弧罩的作用是可靠消除主触点在动作过程中产生的电弧。

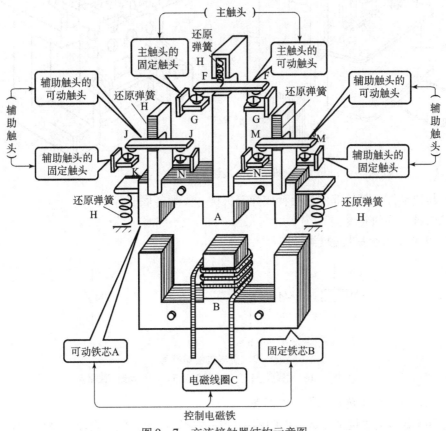

图9-7 交流接触器结构示意图

接触器主要由电磁机构、触头系统、灭弧装置及其他部件四部分组成，其结构如图9-8所示。

（1）电磁机构。电磁机构主要包括动铁芯、静铁芯、电磁线圈，其主要功能是将电磁能转换成机械能，产生电磁吸力带动触点动作。

（2）触头系统。触头是接触器的执行元件，用来接通或断开被控制电路。交流接触器的触点分为两类：主触点与辅助触点。主触点用于分断和接通主电路，一般只有动合（常开）触点，通常有3对，而辅助触点用在辅助电路里，常有两对具有动合（常开）和动断（常闭）功能的触点。

（3）灭弧装置。灭弧装置用来保证在触点断开电路时，能将产生的电弧可靠地熄灭，一般容量在10 A以上的交流接触器都设有灭弧装置，以便迅速切断电弧，以减少电弧对触点的损伤。

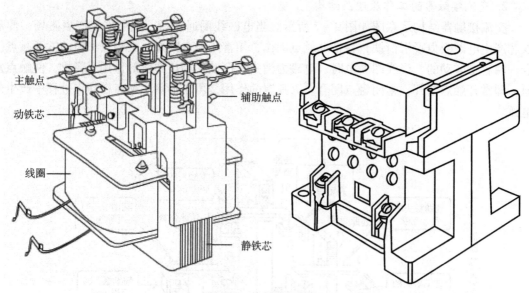

图9-8 接触器的结构

（4）其他部件。其他部件包括释放弹簧机构、支架与底座等。

3. 交流接触器的符号

图9-9所示为交流接触器符号。

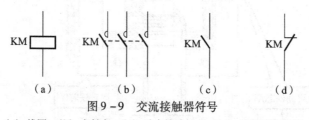

图9-9 交流接触器符号

（a）线圈；（b）主触点；（c）动合辅助触点；（d）动断辅助触点

4. 交流接触器的主要技术参数及型号

交流接触器的主要技术参数有接触器主触头的额定电压、额定电流，吸引线圈的额定电压、额定操作频率、极数、机械寿命和电气寿命、接触器线圈的启动功率和吸持功率等。常用的交流接触器有CJ20、CJ21、CJ26、CJ29、CJ40等型号。

交流接触器的型号含义如图9-10所示。

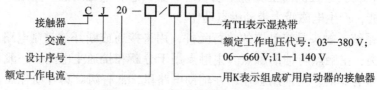

图9-10 交流接触器的型号含义

5. 接触器的选用

接触器在选择时应从其工作条件出发，主要考虑下列因素：

（1）接触器的使用类别应与负载性质相一致。即控制交流负载应选用交流接触器；控制直流负载则选用直流接触器。三相交流系统中一般选用三级接触器,当需要同时控制中性线时,则选用四级交流接触器。

(2) 主触点的额定工作电压应大于或等于负载电路的电压。

(3) 主触点的额定工作电流应大于或等于负载电路的电流。需要注意的是,接触器主触点的额定工作电流是在规定条件下(额定工作电压、使用类别、操作频率等)能够正常工作的电流值,当实际使用条件不同时,这个电流值也将随之改变。

(4) 吸引线圈的额定电压应与控制回路电压相一致,接触器在线圈额定电压85%及以上时应能可靠地吸合。

(5) 接触器主触头与辅助触头的数量和种类应能满足控制系统的需要。

6. 安装与使用

(1) 交流接触器一般安装在垂直面上,倾斜角不得超过5°;若有散热孔,则应将散热孔的一面放在垂直方向上,以利散热,并按规定留有适当的飞弧空间,以免飞弧烧坏相邻电器。

(2) 安装和接线时,注意不要将零件失落或掉入接触器内部。安装孔的螺钉应装有弹簧垫圈和平垫圈,并拧紧螺钉以防振动松脱。

(3) 安装完毕,检查接线正确无误后,在主触点不带电的情况下操作几次,然后测量产品的动作值和释放值,所测数值应符合产品的规定要求。

五、按钮

按钮是一种短时接通或断开小电流电路的电器,依靠人体某一部分(一般为手指或手掌)所施加力而动作的操动器,具有储能(弹簧)复位功能的一种控制开关。它不直接控制主电路的通断,而在控制电路中发出手动"指令"去控制接触器、继电器等电器,再由它们去控制主电路,故称"主令电器"。

按钮的触头允许通过电流较小,其触点额定电流一般在5 A以下,因此不直接控制主电路的通断,而是在控制电路中发布指令或信号去控制具有电磁线圈的电器,如接触器、继电器等,再由它们去控制主电路的通断、功能转换或电气联锁。

1. 按钮的外形

常见按钮的外形如图9-11所示。

2. 按钮的结构和符号

按钮可做成单式、复式和三联式,即按钮的组成个数为1个、2个和3个。

图9-11 常见按钮的外形

按钮一般由钮帽、复位弹簧、桥式触点和外壳等组成。按钮的结构示意图和符号如图9-12所示。

常开触头(动合触头):是指原始状态时(电器未受外力或线圈未通电),固定触点与可动触点处于分开状态的触头。

常闭触头(动断触头):是指原始状态时(电器未受外力或线圈未通电),固定触点与可动触点处于闭合状态的触头。

常开(动合)按钮开关,未按下时,触头是断开的,按下时触头闭合接通;当松开后,按钮开关在复位弹簧的作用下复位断开。在控制电路中，常开按钮常用来启动电动机，也称启动按钮。

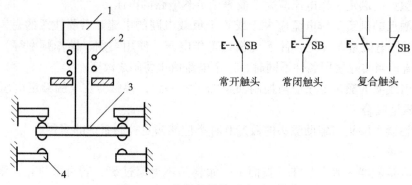

图9-12 按钮的结构示意图和符号
1—钮帽；2—复位弹簧；3—动触点；4—静触点

常闭（动断）按钮开关与常开按钮开关相反，未按下时，触头是闭合的，按下时触头断开；当手松开后，按钮开关在复位弹簧的作用下复位闭合。常闭按钮常用于控制电动机停车，也称停车按钮。

复合按钮开关：将常开与常闭按钮开关组合为一体的按钮开关，即具有常闭触头和常开触头。未按下时，常闭触头是闭合的，常开触头是断开的。按下按钮时，常闭触头首先断开，常开触头后闭合；当松开后，按钮开关在复位弹簧的作用下，首先将常开触头断开，继而将常闭触头闭合。复合按钮用于联锁控制电路中。

3. 按钮的主要技术参数及型号

按钮的主要技术参数有额定电压、额定电流、结构形式、触头数、按钮的颜色以及是否需要指示灯等。常用的控制按钮交流电压380 V，直流电压220 V，额定工作电流5 A。其常用的型号有LA18、LA19、LA20及LA25等系列。按钮的型号含义如图9-13所示。

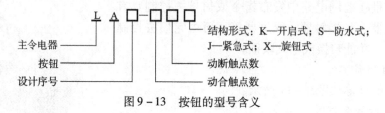

图9-13 按钮的型号含义

4. 按钮的选用

按钮选用应根据使用场合和具体用途确定。为便于识别各个按钮的作用，避免误操作，通常在按钮上做出不同标志或涂以不同颜色来表征其使用场合。如停止和急停按钮必须是红色；启动按钮的颜色是绿色；点动按钮必须是黑色；启动与停止交替动作的按钮必须是黑白、白色或灰色；复位按钮必须是蓝色，当复位按钮兼有停止的作用时，则必须是红色。

5. 安装与使用

（1）将按钮安装在面板上时，应布置整齐，排列合理，可根据电动机启动的先后次序，从上到下或从左到右排列。

（2）按钮的安装固定应牢固，接线应可靠。应用红色按钮表示停止，绿色或黑色表示启动或通电，不要搞错。

（3）由于按钮触头间距离较小，如有油污等容易发生短路故障，因此应保持触头的清洁。

（4）安装按钮的按钮板和按钮盒必须是金属的，并设法使它们与机床总接地母线相连接，对于悬挂式按钮必须设有专用接地线，不得借用金属管作为地线。

（5）按钮用于高温场合时，易使塑料变形老化而导致松动，引起接线螺钉间相碰短路，可在接线螺钉处加套绝缘塑料管来防止短路。

（6）带指示灯的按钮因灯泡发热，长期使用易使塑料灯罩变形，应降低灯泡电压，延长使用寿命。

（7）"停止"按钮必须是红色；"急停"按钮必须是红色蘑菇头式；"启动"按钮必须有防护挡圈，防护挡圈应高于按钮头，以防意外触动使电气设备误动作。

六、低压断路器

低压断路器又称自动开关，它是用来分配电能，不频繁地启动异步电动机，对电源线路及电动机等实行保护的电器。发生严重的过载或短路及欠电压等故障时能自动切断电路，功能相当于熔断器式断路器与过流、欠压、热继电器等的组合。在分断故障电流后一般不需要更换零部件，因而获得了广泛的应用。

1. 低压断路器的外形和符号

低压断路器按结构分有框架式（又称万能式）和塑料外壳式（又称装置式）两大类。框架式断路器为敞开式结构，适用于大容量配电装置；塑料外壳式断路器的外壳用绝缘材料制作，具有良好的安全性，广泛用于电气控制设备及建筑物内作电源线路保护，以及对电动机进行过载和短路保护。其外形与符号如图9-14所示。

图9-14 低压断路器的外形与符号

2. 低压断路器的型号及含义

低压断路器的主要型号有 DZ5、DZ10、DZ20、DW4、DW7、DW10 等系列，其型号含义如图9-15所示。

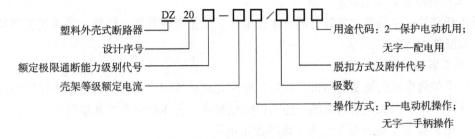

图9-15 低压断路器的型号含义

3. 低压断路器的工作原理

低压断路器主要由触点和灭弧装置、脱扣器与操作机构、自由脱扣机构等组成，其工作原理如图9-16所示，图中是一个三级低压断路器，其三对触点串接在三相电路中。在正常工作时，其三对触点经操作机构合闸，此时传动杆3由锁扣4扣住，保持主电路处于通路状态，此时分闸弹簧1处于被拉伸状态。当主电路出现过电流故障且达到过电流脱扣器的动作电流时，过电流脱扣器6的衔铁吸合，顶杆上移将锁扣4顶开，在分闸弹簧1的作用下使各触头断开，从而断开主电路。当主电路出现欠压、失压或过载时，则欠压、失压脱扣器和热脱扣器分别将锁扣顶开，使触点断开分断主电路。分励脱扣器是一种用电压源激励的脱扣器，它的电压与主电路电压无关。分励脱扣器是一种远距离操纵分闸的附件。为防止线圈烧毁，在分励脱扣线圈串联一个微动开关，当分励脱扣器通过衔铁吸合，微动开关从常闭状态转换成常开状态，由于分励脱扣器电源的控制线路被切断，即使人为地按住按钮，分励线圈始终不会再通电，这就避免了线圈烧损情况的产生。当断路器再合闸后，微动开关重新处于常闭位置。

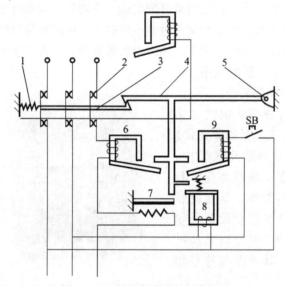

图9-16 低压断路器的工作原理

1—分闸弹簧；2—主触头；3—传动杆；4—锁扣；5—轴；6—过电流脱扣器；
7—热脱扣器；8—欠压、失压脱扣器；9—分励脱扣器

4. 低压断路器的主要技术参数

低压断路器的主要技术参数有额定工作电压、额定电流等级、极数、脱扣器类型及额定电流、分断能力等。

5. 低压断路器的选择原则

对于不频繁启动的笼型电动机，只要在电网允许范围内，都可首先考虑采用断路器直接启动，这样不仅可以大大节约电能，还可以降低噪声。低压断路器的选型要求如下：

（1）断路器额定电压等于或大于线路额定电压。

（2）断路器额定电流等于或大于设备（或线路）额定电流。

（3）断路器通断能力等于或大于线路中可能出现的最大短路电流。

（4）欠电压脱扣器额定电压等于线路额定电压。

（5）分励脱扣器额定电压等于控制电源电压。

（6）极数和结构形式应符合安装条件、保护性能及操作方式的要求。

6. 安装与使用

断路器的接线方式有板前、板后、插入式和抽屉式，板前接线是常见的接线方式。

七、三相异步电动机点动运行控制电路装调

生产过程中，不仅要求生产机械运动部件连续动作，还需要点动控制。所谓点动控制，是指按下按钮时，电动机就得电运转；松开按钮时，电动机就失电停转。这种控制方法常用于如电动葫芦的起重电动机控制、钻床的加工和机床上的手动调校控制。

电动机点动运行控制电路如图9-17所示，该电路分为主电路和控制电路两大部分。主电路从电源L1、L2、L3经电源开关QF、熔断器FU1、交流接触器KM的主触点到电动机M的电路，通过的电流较大，是强电部分。控制电路由熔断器FU2、启动按钮SB到接触器KM的线圈，流过的电流较小，是弱电部分。

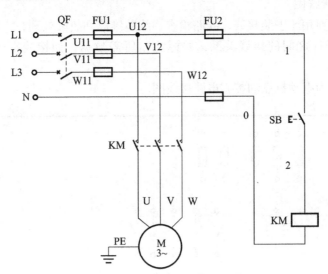

图9-17 电动机点动控制电路

点动控制电路的工作原理如下：合上电源开关QF，接通控制电路电源。

启动：按下启动按钮SB，接触器KM的吸引线圈通电，其常开主触点KM闭合，电动机定子绕组接通三相电源，电动机M启动。

停止：松开启动按钮SB，接触器线圈KM断电，主触点KM复位断开，切断三相电源，电动机M停止。

1. 工作准备

1）绘制电气元件布置图

电气元件布置图是把电气元件安装在组装板上的实际位置，根据电气元件的外形尺寸按比例画出，并标明各元器件间距尺寸。控制板内电气元件与板外电气元件的连接通过接线端子XT进行，在电气元件布置图中画出接线端子板，并在端子板上标明线号。

电气元件布置图是采用简化的外形符号（如正方形、矩形、网形）绘制的一种简图，

主要用于电气元件的布置与安装，是生产机械电气控制设备制造、安装和维修必不可少的技术文件。布置图根据设备的复杂程度或集中绘制在一张图上，或按控制柜、操作台的电气元件布置图分别绘出。

与图9-17相对应的电气元件布置图，如图9-18所示。

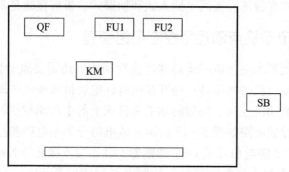

图9-18　电动机点动控制电路电气元件布置图

2）绘制电路接线图

电路接线图主要用于安装接线、线路检查、线路维修和故障处理，它表示了设备电控系统各单元和各元器件之间的接线关系，并标注出所需数据，如接线端子号、连接导线参数等。

图9-19所示为电动机点动控制电路接线图。

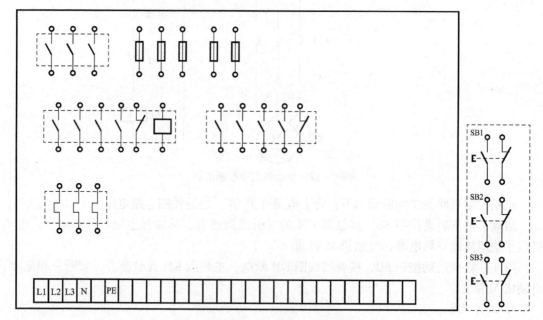

图9-19　电动机点动控制电路接线图

3）准备工具和材料

根据表9-1控制板安装工具、仪表清单领取工具、仪表，根据表9-2三相异步电动机点动运行控制电路材料明细表领取材料。

表9-1 控制板安装工具、仪表清单

序号	名称	序号	名称	序号	名称
1	压线钳	3	尖嘴钳	5	一字、十字螺丝刀
2	斜口钳	4	剥线钳	6	万用表

表9-2 三相异步电动机点动运行控制电路材料明细表

序号	代号	名称	型号	规格	数量
1	M	三相异步电动机	YS6324	380 V, 180 W, 0.65 A, 1 400 r/min	1
2	QF	断路器	DZ47-63	380 V, 25 A	1
3	FU1	熔断器	RT18-32	500 V, 10 A 熔体	3
4	FU2	熔断器	RT18-32	500 V, 2 A 熔体	2
5	KM	接触器	CJX-22	线圈电压 220 V, 20 A	1
6	SB	按钮	LA-18	5 A	1
7	XT	端子排	TB1510	600 V, 15 A	1
8		导轨、导线、螺钉等			若干

2. 实施步骤

1)检测电气元件

按表9-2配齐所有电气元件,其各项技术指标均应符合规定要求。目测其外观无损坏,手动触头动作灵活,并用万用表进行质量检验,如不符合要求,则予以更换。

2)安装电路

在控制板上按图9-18安装电气元件,并贴上醒目的文字符号。其排列位置、相互距离应符合要求,紧固力适当,无松动现象。

在控制板上按图9-19进行布线,布线工艺应符合布线要求,如下:

(1)布线应横平竖直,垂直拐弯,上进下出,左进右出,层次分明,就近连接,灵活安排。同一平面的导线,应高低一致,避免交叉。

(2)并行导线,主电路、控制电路的导线分别集成线束后进行结扎。

(3)所有导线必须垂直出线槽,且放在线槽底部,留有裕度。

(4)导线两端按图套穿线号。

(5)电气元件端子上接线一般不超过两根,连接两接线端子的导线必须是一根线,不得有接头。

(6)导线不能有毛茬,塑料皮不能压进垫片,金属导线不能外露。

(7)导线旋接要按顺时针方向接入。

(8)接线顺序严格按照线号顺序。

安装电动机则必须注意以下事项:

(1)电动机固定必须牢固。

(2)控制板必须安装在操作时能看到电动机的地方,以保证操作安全。

(3)连接电源到端子排的导线和主电路到电动机的导线。

（4）机壳和保护接地的连接可靠。

（5）点动控制电路中，电动机的接线为星形连接，即绕组尾端 U2、V2、W2 两两短接。

三相异步电动机通电前必须检测，提示如下：

（1）对照原理图、接线图检查，连接无遗漏。

（2）万用表检测：确保电源切断情况下，将万用表打到欧姆挡分别测量主电路和控制电路，通断是否正常。

①主电路：未压下 KM 主触点，测量主电路 L1 - U、L2 - V、L3 - W 通断情况；压下 KM 主触点，测量 L1 - U、L2 - V、L3 - W 通断情况。

②控制电路：未压下 SB，测量控制电路电源两端 U11 - N 通断情况；压下 SB，测量控制电路电源两端 U11 - N 通断情况。

3）通电试车

为保证人身安全，在通电试车前，要认真执行安全操作规程的有关规定，一人监护，一人操作。试车前应检查与通电试车有关的电气设备是否有不安全的因素存在，若查出应立即整改，然后方能试车。

通电试车后，断开电源，先拆除三相电源线，再拆除电动机负载线。

4）故障排查

在试车过程中，若出现异常情况，则根据故障现象进行故障排查。

（1）电动机有振动：查找松动处，进行紧固。

（2）有异常噪声：接触器吸合不实，更换。

（3）电动机不转：查找接线遗漏或接错，更改。

现以电动机不转现象为例，进行故障排查检修：

（1）用通电实验法来观察故障现象。按下启动按钮，若接触器线圈不吸合，表明控制电路有故障；若接触器线圈吸合，电动机不转，表明主电路有故障。

（2）用逻辑分析法缩小故障范围，在电路上用虚线标出故障部位的最小范围。

（3）用电压法测量电路。

（4）根据故障点的不同情况，采用正确的修复方法，迅速排除故障。

（5）排除故障后再次通电试车。

5）整理现场

整理现场工具及电气元件，清理现场，并根据工作过程整理工作资料。

第二节　电动机单向连续运行控制电路装调

【学习目标】

1. 识别热继电器，掌握其结构、符号、工作原理、作用、选用及安装方法，并能正确使用。

2. 正确识读台式钻床单向连续运行控制电路原理图，并分析其工作原理。

3. 能根据台式钻床单向连续运行控制电路原理图安装、调试电路。

4. 能根据故障现象对台式钻床单向连续运行控制电路的简单故障进行排查。

【任务描述】

某车间要安装一台台式钻床（简称台钻），如图 9-1 所示，该钻床由一台三相异步电动机驱动，型号为 YS6324，其额定电压为 380 V，额定功率为 180 W，额定转速为 1 400 r/min，额定电流为 0.65 A。现在为此钻床安装单向连续运行控制电路，要求采用继电接触器控制，单方向连续运行，设置过载、短路、欠电压、失电压保护。

一、热继电器

电动机在实际运行中，常常遇到过载的情况。若过载电流不太大且过载时间较短，电动机绕组的温升不超过允许值，这种过载是允许的。但如果过载电流较大且过载时间长，电动机绕组的温升就会超过允许值，这将会加速绕组绝缘的老化，缩短电动机的使用寿命，严重时会使电动机绕组烧毁，这种过载是电动机不能承受的。

热继电器是利用流过继电器的电流所产生的热效应而反时限动作的继电器，主要用于三相交流电动机的过载保护与断相保护。所谓反时限动作，是指电器的延时动作时间随通过电路电流的增加而缩短。

1. 热继电器的外形结构和符号

热继电器的形式有多种，按极数可划分为单极、两极和三极三种。其中三极的又可分为带断相保护和不带断相保护；按复位方式分，有自动复位式（触头动作后能自动返回原来位置）和手动复位式。

其中以双金属片式最为常见，双金属片式热继电器主要由双金属片、加热元件、动作机构、触点系统、整定调整装置及手动复位装置等组成。热继电器的外形结构和符号如图 9-20 所示。热继电器动作后需由复位装置进行手动复位，可防止热继电器动作后，因故障未被排除电动机又启动而造成更大的事故。

2. 热继电器主要技术参数及型号含义

常用的热继电器有 JR16、JR16D、JR20 等系列。热继电器的型号含义如图 9-21 所示。

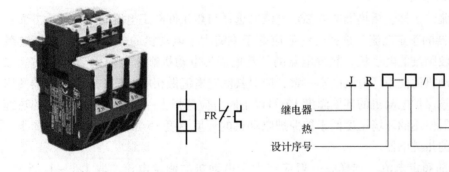

图 9-20 热继电器的外形和符号　　图 9-21 热继电器的型号含义

3. 热继电器的工作原理

使用时，将热继电器的三相热元件分别串接到电动机的三相主电路中，常闭触点串接到控制电路的接触器线圈回路中。

热继电器的动作原理如图 9-22 所示。热继电器正常工作时,热元件感知电流将热量传递到主双金属片 14 上,主双金属片受热发生弯曲变形不足以使继电器动作;过载时,热元件上电流超过热继电器的整定电流,热元件发热使主双金属片弯曲变形加剧,向右推动导板 16,从而推动触头系统动作,动断触点的动触点与静触点分开,切断控制电路,使接触器线圈断电,接触器主触点断开,将电源切断,从而保护主电路。

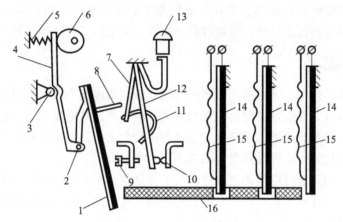

图 9-22 热继电器的动作原理

1—补偿双金属片;2—销子;3—支撑;4—杠杆;5—弹簧;6—凸轮;7,12—片簧;8—推杆;9—调节螺钉;
10—触点;11—弓簧;13—复位按钮;14—主双金属片;15—发热元件;16—导板

热继电器动作后,经过一段时间后,主双金属片逐渐冷却恢复原位,也可按复位按钮 13 手动复位。旋转凸轮 6 置于不同位置可以调节热继电器的整定电流。

鉴于双金属片受热弯曲过程中,热量的传递需要较长的时间,因此,热继电器不能用作短路保护,而只能用作过载保护。

4. 热继电器的主要技术参数

热继电器主要技术参数有:热继电器的额定电流、相数,热元件的额定电流、整定电流及调节范围,等等。

5. 热继电器的选用

热继电器电流的选择包括热继电器额定电流的选择与热元件额定电流的选择两个方面。

(1) 热继电器的额定电流,选择时一般应等于或略大于电动机的额定电流;对于过载能力较弱且散热较困难的电动机,热继电器的额定电流为电动机额定电流的 70% 左右。如果热继电器与电动机的使用环境温度不一致,应对其额定电流做相应调整:当热继电器使用的环境温度高于被保护电动机的环境温度 15 ℃ 以上时,应选择大一号额定电流等级的热继电器;当热继电器使用的环境温度低于被保护电动机的环境温度 15 ℃ 以上时,应选择小一号额定电流等级的热继电器。

(2) 热元件的额定电流,选择时一般应略大于电动机的额定电流,取 1.1~1.25 倍,对于反复短时工作、操作频率高的电动机取上限。如果是过载能力弱的小功率电动机,由于其绕组的线径小,过热能力差,应选择其额定电流等于或略小于电动机的额定电流。如果热继电器与电动机的环境温度不一致(如两者不在同一室内),热元件的额定电流同样要做调整，调整的情况与上述热继电器额定电流的调整情况基本相同。

6. 热继电器电流的调整

热继电器投入使用前必须对它的热元件的整定电流进行调整（调整后的值小于或等于热元件的额定电流），以保证电动机能得到有效的保护。

一般情况下，电动机的启动电流为额定电流的 6 倍左右，且启动时间不超过 6 s 时，整定电流可调整为电动机的额定电流；当电动机启动时间较长，所带负载具有冲击性且不允许停机时，整定电流调整为电动机额定电流的 1.1~1.15 倍；当电动机的过载能力较弱时（电动机一般低于额定负载运行），整定电流调整为电动机额定电流的 60%~80%；对于反复短时工作的电动机，整定电流的调整必须通过现场试验。方法是先将其整定电流调整到比电动机的额定电流略小，电动机运行时如果发现热继电器经常动作，就逐渐调大其整定值，直到满足运行要求为止。

7. 热继电器的安装

为保证热继电器使用过程中动作的可靠性，还应注意热继电器的安装位置、安装方式与连接导线的要求。

1) 安装位置

热继电器安装的地方不能有强烈的冲击与振动，如果使用环境避免不了，则应使用带防冲击装置的热继电器，否则就会影响其触头的动作。

热继电器要安装在垂直平面上，其倾斜度与垂直平面最大不超过 5°，且盖板向上，以保证可靠动作。

热继电器要安装在其他电器的下方，并与相邻电气元件之间保持≥5 mm 的间隙，避免其他电器发热自下而上对流时影响热继电器的动作特性。

热继电器本身的安装方向应与试验时安装的方向相同，以保证动作性能的一致性。如果热元件在双金属片的下面时，双金属片就热得快，动作时间就短；如果热元件在旁边，双金属片就热得较慢，动作时间就长一些；如果热元件在双金属片上面，双金属片就热得更慢，动作时间就更长。

2) 安装方式

热继电器有五种安装方式：Z、L、G、GZ 与 GL。

Z 表示与交流接触器组合安装的方式。安装时要注意规定的组合，如 JR20 与 CJ20 或 CJ40 接触器组合，T 系列与 B 系列接触器组合，3VA 系列与 3TB 接触器组合，等等。

L 表示独立安装方式。安装时各种型号规格的热继电器都能互相用导线连接使用。

G 表示标准导轨安装。

GZ 表示标准导轨组合安装。

GL 表示标准导轨独立安装。

安装时，必须按产品说明书中的规定进行。

二、三相异步电动机单向连续运行控制电路的工作原理

在实际应用中，经常要求电动机能够长时间转动，这就是连续控制，即通常所说的长动控制电路。三相异步电机单向连续运行控制电路如图 9-23 所示。

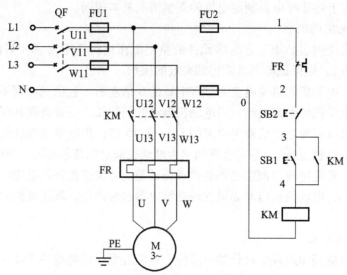

图 9-23　三相异步电动机单向连续运行控制电路

单向连续运行控制电路的主电路由电源开关 QF、熔断器 FU1、交流接触器 KM 的主触点、热继电器 FR 的热元件与电动机 M 组成；控制电路由启动按钮 SB1、停止按钮 SB2、熔断器 FU2、接触器 KM 的辅助常开触点、接触器 KM 的线圈及热继电器 FR 的常闭触点组成。

单向连续运行控制电路的工作原理如下：接通电源开关 QF，接通控制电路电源，按下启动按钮 SB1，接触器 KM 的吸引线圈通电，其常开主触点 KM 与辅助常开触点同时闭合，前者使电动机定子绕组接通三相电源，电动机 M 启动；后者并联连接在启动按钮 SB1 两端，从而使 KM 线圈经 SB1 常开触头与 KM 自身的辅助常开触头两路供电。

松开启动按钮 SB1 时，虽然 SB1 这一路已断开，但 KM 线圈仍通过自身的辅助常开触头这一通路而保持通电，使电动机继续运转。

这种依靠接触器自身辅助触头而保持接触器线圈通电的现象称为自锁，这对维持自锁作用的辅助触头称为自锁触头，这段电路称为自锁电路。

要使电动机停止运转，可按下停止按钮 SB2，接触器线圈 KM 断电，接触器 KM 主触点与自锁触点均复位断开，此时主电路与自锁电路断开，电动机 M 断电停止。

1．工作准备

1）绘制电气元件布置图

与图 9-23 相对应的电气元件布置图，如图 9-24 所示。

2）绘制电路接线图

电动机单向连续运行控制电路接线图如图 9-25 所示。

3）准备工具和材料

根据表 9-1 控制板安装工具、仪表清单领取工具、仪表，根据表 9-3 三相异步电动机单向连续运行控制电路材料明细表领取材料。

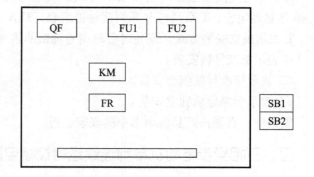

图 9-24　电动机单向连续运行控制电路的电气元件布置图

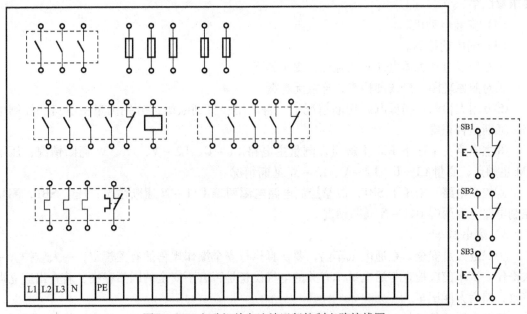

图 9-25 电动机单向连续运行控制电路接线图

表 9-3 三相异步电动机单向连续运行控制电路材料明细表

序号	代号	名称	型号	规格	数量
1	M	三相异步电动机	YS6324	380 V，180 W，0.65 A，1 400 r/min	1
2	QF	断路器	DZ47-63	380 V，25 A	1
3	FU1	熔断器	RT18-32	500 V，10 A 熔体	3
4	FU2	熔断器	RT18-32	500 V，2 A 熔体	2
5	KM	接触器	CJX-22	线圈电压 220 V，20 A	1
6	SB	按钮	LA-18	5 A	2
7	XT	端子排	TB1510	600 V，15 A	1
8	FR	热继电器			1
9		导轨、导线、螺钉等			若干

2. 实施步骤

1）检测电气元件

按表 9-3 配齐所有电气元件，其各项技术指标均应符合规定要求。目测其外观无损坏，手动触头动作灵活，并用万用表进行质量检验，如不符合要求，则予以更换。

2）安装电路

（1）在控制板上按图 9-23 安装电气元件，并贴上醒目的文字符号。其排列位置、相互距离应符合要求，紧固力适当，无松动现象。

（2）在控制板上按图 9-24 进行布线，并在导线两端套编码套管。板前明线布线工艺要求参照第一节。

(3) 安装电动机。

(4) 通电前检测。

三相异步电动机通电前必须检测,提示如下。

①对照原理图、接线图检查,连接无遗漏。

②万用表检测:确保电源切断情况下,将万用表打到欧姆挡分别测量主电路和控制电路,通断是否正常。

③主电路:未压下 KM 主触点,测量主电路 L1 - U、L2 - V、L3 - W 通断情况;压下 KM 主触点,测量 L1 - U、L2 - V、L3 - W 通断情况。

④控制电路:未压下 SB1,测量控制电路电源两端 U11 - N 通断情况;压下 SB1,测量控制电路电源两端 U11 - N 通断情况。

3) 通电试车

为保证人身安全,在通电试车前,要认真执行安全操作规程的有关规定,一人监护,一人操作。试车前应检查与通电试车有关的电气设备是否有不安全的因素存在,若查出应立即整改,然后方能试车。

热继电器的整定值,应在不通电时预先整定好,并在试车时校正,检查熔体规格是否符合要求。在指导教师监护下进行,根据电路图的控制要求独立测试。观察电动机有无振动及异常噪声,若出现故障及时断电查找排除。

通电试车后,断开电源,先拆除三相电源线,再拆除电动机负载线。

4) 故障排查

在试车过程中,若出现异常情况,则根据故障现象进行故障排查。

(1) 电动机有振动:查找松动处,进行紧固。

(2) 有异常噪声:接触器吸合不实,更换。

(3) 电动机不转:查找接线遗漏或接错,更改。

现已按下启动按钮 SB1,台式钻床无反应,请进行故障排查检修。

(1) 用通电实验法来观察故障现象。按下启动按钮,若接触器线圈不吸合,表明控制电路有故障;若接触器线圈吸合,电动机不转,表明主电路有故障。

(2) 用逻辑分析法缩小故障范围,在电路上用虚线标出故障部位的最小范围。

用电阻法测量电路。

(1) 根据故障点的不同情况,采用正确的修复方法,迅速排除故障。

(2) 排除故障后再次通电试车。

5) 整理现场

整理现场工具及电气元件,清理现场,并根据工作过程整理工作资料。

拓展:三相异步电动机点动与单向连续运行控制的电路

在实际生产中,生产机械的运转状态有连续运转与短时间段运转,所以对其拖动电动机的控制往往也需要既可以点动又可以长动的控制电路。点动与长动控制的主电路与图 9 - 22 所示主电路相同,但其控制电路有多种。

图 9 - 26 所示为三种较为常见的点动与长动控制电路。

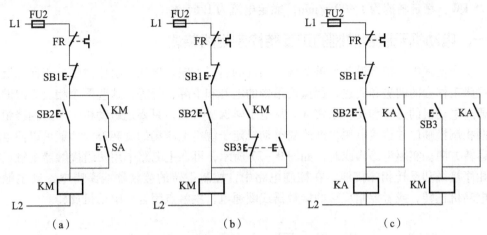

图 9-26 三种较为常见的点动与长动控制电路

控制电路图 9-26（a）利用选择开关 SA 的打开与闭合来实现电路点动与长动切换，图中电路的控制方式均用同一按钮 SB2 控制，若疏忽了选择开关 SA 的动作，就会混淆点动与长动的控制产生生产事故。

控制电路图 9-26（b）利用按钮 SB2 实现电路长动控制，复合按钮 SB3 实现电路的点动控制，按下时 SB3 的常闭触点断开自锁回路，KM 线圈的通电仅由按下的 SB3 常开触点维持。此电路按钮执行目标明确，电路较为简单。

控制电路图 9-26（c）是采用中间继电器实现电路的控制。正常工作时按下长动按钮 SB2，中间继电器 KA 通电并自锁，同时接通接触器 KM 线圈，电动机连续运转；点动工作时，按下点动按钮 SB3，此时 KA 不动作，SB3 仅接通 KM 线圈，KM 主触点动作接通电动机，电动机转动，SB3 按钮松开，则 KM 线圈失电，其触点复位，电动机失电停止转动，实现点动控制。

第三节　电动机接触器互锁正反转控制电路装调

【学习目标】

1. 正确识读电动机接触器互锁正反转控制电路原理图，分析其工作原理，理解接触器互锁（联锁）的作用。
2. 能根据电动机接触器互锁正反转控制电路原理图安装、调试电路。
3. 能根据故障现象对电动机接触器互锁正反转控制电路的简单故障进行排查。

【任务描述】

某车间要安装一台台式钻床（简称台钻）电气控制盒，要求采用继电接触器控制，实现正反两个方向连续运行，设置过载、短路、欠电压、失电压保护。

该钻床由一台三相异步电动机驱动，型号为 YS7124T，其额定电压为 380 V，额定功率为0.75 kW，额定转速为1 400 r/min，额定电流为1.55 A。

一、电动机无联锁控制的正反转控制电路装调

在生产实践中，很多设备都需要两个相反的运行方向。例如，机床主轴的正向和反向转动，机床工作台的前进和后退，起重机吊钩的上升和下降，等等，这些两个相反方向的运动均可通过电动机的正转和反转来实现。从电工学课程可知，只要把电动机定子三相绕组中的任意两相调换顺序并连接电源，即改变电动机定子绕组上磁场的旋转方向，就可以使电动机改变运转方向。实际电路构成时，如图9-27所示，可在主电路中用两组接触器主触点构成正转相序接线和反转相序接线，在控制电路中，控制正转的接触器线圈得电，其主触点闭合，电动机正转，或者控制反转的接触器线圈通电，主触点闭合，电动机反转。

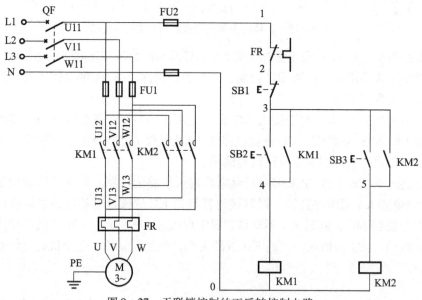

图9-27 无联锁控制的正反转控制电路

1. 电路分析

如图9-27所示，电路采用了两个接触器，即正转接触器KM1和反转接触器KM2。两个接触器的主触点在主电路中构成正、反转相序接线，从而改变电动机转向。

按下正向启动按钮SB2，接触器KM1线圈得电，其辅助常开触点KM1闭合自锁，维持线圈持续得电；主触头KM1闭合，三相电源L1、L2、L3按U-V-W相序接通电动机，电动机正转。

按下停止按钮SB1，KM1线圈失电，其触点复位，电动机正转停止。

反转过程与正转类似，按下反向启动按钮SB3，KM2线圈得电，其相关触点动作，三相电源L1、L2、L3按W-V-U相序接通电动机，即W和U两相相序反了一下，使电动机接入反相序电源，电动机反转。

按下停止按钮SB1，电动机反转停止。

当两只接触器分别工作时，电动机的旋转方向相反。

2. 电路特点

从主电路看，如果KM1、KM2同时得电动作，它们的主触点同时闭合，就会造成主电

路相间短路。在图9-27中如果在按下SB2（SB3）后又按下SB3（SB2），就会造成上述事故，因此这种电路是不能采用的。

二、电动机接触器互锁正反转控制电路装调

由于接触器KM1和KM2不能同时通电动作，否则就会造成电源短路，为防止事故（短路），在控制回路中将接触器的常闭触点互相串接在对方的控制回路中，这种互相制约的关系叫联锁，也称互锁。这两对触头叫作互锁触头（或联锁触头）。

在机床控制线路中，这种联锁关系应用极为广泛。凡是有相反动作，如工作台上下、左右移动等都需要有类似的这种联锁控制。

1. 电路分析

电动机接触器互锁正反转控制电路如图9-28所示，电动机正转时，按下正向启动按钮SB2，接触器KM1线圈得电，其辅助常开触点KM1闭合自锁，维持线圈持续得电；主触头KM1闭合，接通电动机，电动机正转；其辅助常闭触点KM1断开（切断反转控制电路），这时按下反向启动按钮SB3，接触器KM2线圈也无法通电。

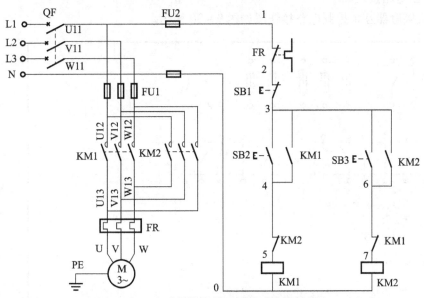

图9-28 电动机接触器互锁正反转控制电路

当需要反转时，先按下停止按钮SB1，令KM1线圈断电释放，各触点复位，主电路被切断，电动机停转。

然后按下反转启动按钮SB3，KM2线圈才能得电，其辅助常开触点KM2闭合自锁，维持线圈持续得电；主触头KM2闭合，接通电动机，电动机反转；其辅助常闭触点KM2断开（切断正转控制电路），这时按下正向启动按钮SB2，接触器KM1线圈也无法通电。

2. 电路特点

电气联锁控制的正反转电路有效避免了由于接触器KM1和KM2同时通电而造成的电源短路事故，但是该电路要实现电动机由正转到反转，或由反转变正转，都必须先按下停止按钮SB1，然后才可以实现反向启动。显然，这种操作对要求频繁改变电动机旋转方向来说是

很不方便的。

3. 工作准备

1）绘制电气元件布置图

与图9-28相对应的电气元件布置图，如图9-29所示。

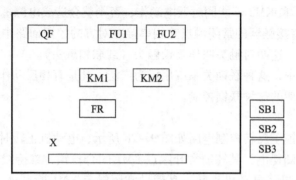

图9-29 电动机接触器互锁控制电路电气元件布置图

2）绘制电路接线图

电动机接触器互锁控制电路接线图如图9-30所示。

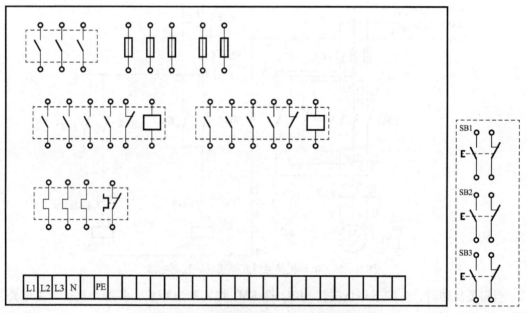

图9-30 电动机接触器互锁控制电路接线图

3）准备工具和材料

根据表9-1控制板安装工具、仪表清单领取工具、仪表，根据表9-4三相异步电动机接触器互锁控制电路材料明细表领取材料。

4. 实施步骤

1）检测电气元件

按表9-4配齐所有电气元件，其各项技术指标均应符合规定要求。目测其外观无损坏，手动触头动作灵活，并用万用表进行质量检验，如不符合要求，则予以更换。

表9-4　三相异步电动机接触器互锁控制电路材料明细表

序号	代号	名称	型号	规格	数量
1	M	三相异步电动机	YS6324	380 V，180 W，0.65 A，1 400 r/min	1
2	QF	断路器	DZ47-63	380 V，25 A	1
3	FU1	熔断器	RT18-32	500 V，10 A 熔体	3
4	FU2	熔断器	RT18-32	500 V，2 A 熔体	2
5	KM	接触器	CJX-22	线圈电压220 V，20 A	2
6	SB	按钮	LA-18	5 A	3
7	XT	端子排	TB1510	600 V，15 A	1
8	FR	热继电器	JR18-20/3	三相，20 A，整定电流1.55 A	1
9		导轨、导线、螺钉等			若干

2）安装电路

(1) 在控制板上按图9-28安装电气元件，并贴上醒目的文字符号。其排列位置、相互距离应符合要求。紧固力适当，无松动现象。

(2) 在控制板上按图9-29进行布线，并在导线两端套编码套管。板前明线布线工艺要求参照第一节。

(3) 安装电动机。

(4) 通电前检测。

三相异步电动机通电前必须检测，提示如下。

①对照原理图、接线图检查，连接无遗漏。

②万用表检测：确保电源切断情况下，将万用表打到欧姆挡，分别测量主电路和控制电路，通断是否正常。

③主电路：未压下KM1、KM2主触点，测量主电路L1-U、L2-V、L3-W通断情况；压下KM1主触点，测量L1-U、L2-V、L3-W通断情况；压下KM2主触点，测量L1-W、L2-V、L3-U通断情况。

④控制电路：未压下正转启动按钮SB2，测量控制电路电源两端U11-N通断情况；压下正转启动按钮SB2，测量控制电路电源两端U11-N通断情况。未压下反转启动按钮SB3，测量控制电路电源两端U11-N通断情况；压下反转启动按钮SB3，测量控制电路电源两端U11-N通断情况。

3）通电试车

为保证人身安全，在通电试车前，要认真执行安全操作规程的有关规定，一人监护，一人操作。试车前应检查与通电试车有关的电气设备是否有不安全的因素存在，若查出应立即整改，然后方能试车。

热继电器的整定值，应在不通电时预先整定好并在试车时校正，检查熔体规格是否符合要求。在指导教师监护下进行，根据电路图的控制要求独立测试。观察电动机有无振动及异常噪声，若出现故障及时断电查找排除。

通电试车后,断开电源,先拆除三相电源线,再拆除电动机负载线。

4)故障排查

在试车过程中,若出现异常情况,则根据故障现象进行故障排查。

(1)旋向不对:更改接触器导线相序。

(2)电动机有振动:查找松动处,进行紧固。

(3)有异常噪声:接触器吸合不实,更换。

(4)电动机不转:查找接线遗漏或接错,更改。

排故时确保电源切断。

现以按下正转启动按钮 SB2,台式钻床可以正转,按下反转启动按钮 SB3,电动机无反应为例,进行故障排查检修。

(1)用实验法来观察故障现象。主要观察电动机的运行情况、接触器的动作和电路的工作情况等,如发现有异常情况,应马上断电检查。

(2)用逻辑分析法缩小故障范围。电动机可以正转运行,反转无反应,说明电路故障在反转控制电路,在电路上用虚线标出故障部位的最小范围。

用测量法正确迅速地找出故障点。

(1)根据故障点的不同情况,采用正确的修复方法,迅速排除故障。

(2)排除故障后再次通电试车。

5)整理现场

整理现场工具及电气元件,清理现场,并根据工作过程整理工作资料。

拓展:三相异步电动机双重互锁控制的正反转电路分析装调

如图 9-28 所示电路中,电动机的换向需要先按停止按钮 SB1,在操作上不方便,为了解决这个问题,可利用复合按钮进行控制。将图 9-28 中的启动按钮均换为复合按钮,则电路由按钮和接触器构成了双重联锁的控制电路,如图 9-31 所示。

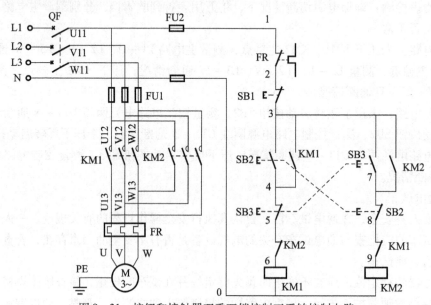

图 9-31 按钮和接触器双重互锁控制正反转控制电路

5. 电路分析

在图 9-31 中，电动机正转时，按下正向启动按钮 SB2，接触器 KM1 线圈得电，其辅助常开触点 KM1 闭合自锁，维持线圈持续得电；主触头 KM1 闭合，接通电动机，电动机正转；其辅助常闭触点 KM1 断开，与 KM2 形成联锁。

此时如需改变电动机的转向，只需按下复合按钮 SB3 即可。按下 SB3 后，其常闭触点先断开，KM1 线圈回路被切断，KM1 触点复位，主触点断开正相序电源；然后复合按钮 SB3 的常开触点随即闭合，接通 KM2 的线圈回路，其辅助常开触点 KM2 闭合自锁，维持线圈持续得电；主触头 KM2 闭合，接通电动机，电动机反转；其辅助常闭触点 KM2 断开，与 KM1 形成联锁，从而实现了电动机正转向反转的直接切换。

若欲使电动机由反向运转直接切换成正向运转，操作过程与上述类似。采用复合按钮同时还可以起到联锁作用，这是由于按下 SB2 时，只有 KM1 可以得电动作，同时 KM2 回路被切断。同理，按下 SB3 时，只有 KM2 可以得电动作，同时 KM1 回路被切断。这种由复合按钮完成的联锁控制被称为机械联锁。

6. 电路特点

在图 9-31 电路中，如只采用机械联锁，而去掉电气联锁，这在逻辑控制上讲是完全可行的，也能实现正反转的直接切换。但是这种控制在实际运用中是不可靠的，比如由于负载短路或大电流的长期作用，接触器的主触点被强烈的电弧烧焊在一起，或者接触器的机构失灵，衔铁被卡在吸合状态，使主触点不能断开，这时若另一接触器动作，将会造成电源短路事故。如果采用接触器的常闭触点进行联锁，不论什么原因，当一个接触器处于吸合状态时，它的联锁触点必将另一个接触器的线圈回路切断，从而避免事故的发生。因此双重联锁的控制电路因其工作可靠性高，操作方便，得到了广泛的应用。

第四节　工作台自动往返控制电路装调

【学习目标】

1. 识别常用位置开关，掌握其结构、符号、原理及应用，并能正确使用。
2. 正确识读工作台自动往返控制电路原理图，分析其工作原理。
3. 能根据工作台自动往返控制电路原理图安装、调试电路。
4. 能根据故障现象对工作台自动往返控制电路的简单故障进行排查。

【任务描述】

某车床工作台由三相异步电动机拖动自动往返运行，如图 9-32 所示。

现要求安装该工作台自动往返电气控制柜，要求采用继电接触器控制，实现自动往返运行，设置过载、短路、欠电压、失电压保护。

三相异步电动机型号为 Y100L2-4，其额定电压为 380 V，额定功率为 3 kW，额定转速为 1 420 r/min，额定电流为 6.8 A，丫连接。

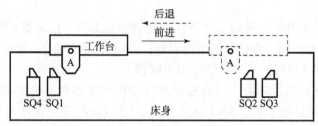

图 9-32 机床工作台自动往返运行

一、行程开关

位置开关是操动机构在机器的运动部件到达一个预定位置时操作的一种指示开关,包括行程开关(限位开关)、接近开关等。

行程开关,是位置开关的一种,是一种常用的小电流主令电器,用以反映工作机械的行程,发出命令以控制其运动方向和行程大小的开关。

1. 行程开关的外形与结构

行程开关的外形与结构如图 9-33 所示。行程开关主要由操作机构、触点系统和外壳组成,按其结构可分为直动式、滚轮式、微动式和组合式。

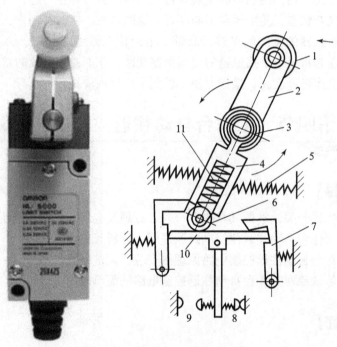

图 9-33 行程开关的外形与结构

1—滚轮;2—上转臂;3—弓形弹簧;4—推杆;5,11—弹簧;6—小滚轮;
7—擒纵件;8—常闭触头;9—常开触头;10—传动杆

在实际生产中,将行程开关安装在预先安排的位置,当装于生产机械运动部件上的模块撞击行程开关时,行程开关的触点动作,实现电路的切换。因此,行程开关是一种根据运动部件的行程位置而切换电路的电器。

2. 行程开关主要技术参数及型号含义

行程开关的主要技术参数有额定电压、额定电流、触点换接时间、动作力、工作行程、触点数量、触点类型、操作频率和结构形式等。常用的行程开关有 LX19、LX21、LX23、LX29、LX33、LXK3 等系列。行程开关的型号意义如图 9-34 所示。

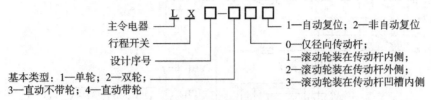

图 9-34 行程开关的型号意义

3. 行程开关的符号

行程开关的符号如图 9-35 所示。

4. 行程开关的工作原理

行程开关的工作原理与按钮相同,区别在于它不是靠手指的按压而是利用生产机械运动部件的碰撞使其触头动作来实现接通或分断控制电路,从而将机械信号转变成电信号,用以控制机械动作或用作程序控制。

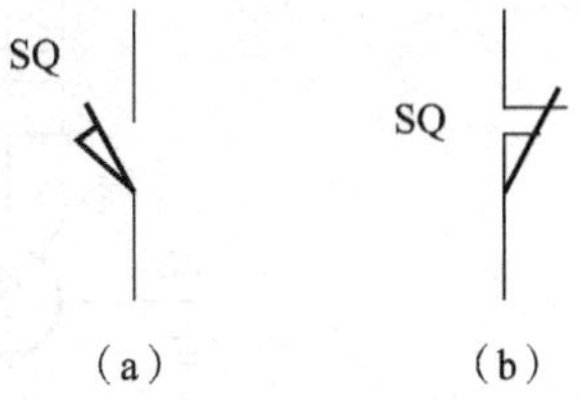

通常,行程开关被用来限制机械运动的位置或行程,使运动机械按一定位置或行程自动停止、反向运动、变速运动或自动往返运动等。行程开关广泛用于各类机床和起重机械,用以控制其行程、进行终端限位保护。在电梯的控制电路中,还利用行程开关来控制开关轿门的速度、自动开关门的限位,轿厢的上、下限位保护。

图 9-35 行程开关的符号

行程开关动作后,复位方式有自动复位和非自动复位两种,一般直动式和单滚轮旋转式为自动复位式,即将挡铁移开后,在复位弹簧作用下,行程开关的各部分能自动恢复原始状态。但有些行程开关动作后不能自动复位,如双滚轮旋转式行程开关,当挡铁碰压该行程开关一个滚轮时,杠杆转动一定角度后触头瞬时动作;当挡铁离开滚轮后,开关不自动复位。只有运动机械反向移动,挡铁从相反方向碰压另一滚轮时,触头才能复位。

5. 行程开关的选用

行程开关选用时,主要考虑动作要求、安装位置及触头数量,具体如下:
(1) 根据使用场合及控制对象选择种类。
(2) 根据安装环境选择防护形式。
(3) 根据控制回路的额定电压和额定电流选择系列。
(4) 根据行程开关的传力与位移关系选择合理的操作头形式。

二、工作台自动往返控制电路工作原理

某机床工作台自动往返运行如图 9-32 所示,在床身两端固定有行程开关 SQ1、SQ2,用来表明加工的后退与前进的极限点。在工作台上设置了挡块 A,随运动部件工作台一起移动,在任意工作位置工作台运行之后,电路都能自动进行电动机正反转切换,由此带动工作台实现自动往返运动。

工作台的行程可通过移动挡铁的位置来调节，以适应加工零件的不同要求。SQ3、SQ4 用来作限位保护，即限制工作台的极限位置。

工作台自动往返循环控制电路如图 9-36 所示。

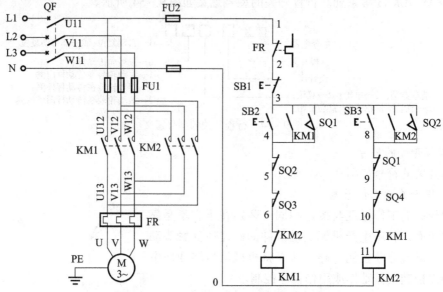

图 9-36　工作台自动往返循环控制电路

图 9-36 中 SQ1 为反向转正向行程开关，SQ2 为正向转反向行程开关。合上电路电源隔离开关 QF，按下正转启动按钮 SB2，接触器 KM1 线圈通电，其辅助常开触点 KM1 闭合自锁，维持 KM1 线圈持续得电；其辅助常闭触点 KM1 断开，与接触器 KM2 形成联锁；主触头 KM1 闭合，接通电动机，电动机正转拖动工作台前进向右移动。

当工作台向右移动到极限位置时，工作台上的挡块 A 压下行程开关 SQ2，其串接在 KM1 线圈支路的 SQ2 常闭触点断开，分断 KM1 线圈，接触器 KM1 各触点复位，正转结束；同时并联连接在反转启动按钮 SB3 两端的行程开关 SQ2 常开触点闭合，接通接触器 KM2 线圈，其辅助常开触点 KM2 闭合自锁，维持 KM2 线圈持续得电；其辅助常闭触点 KM2 断开，与接触器 KM1 形成联锁；主触头 KM2 闭合，接通电动机，电动机反转拖动工作台后退向左移动。

当后退到极限位置时，挡块 A 压下 SQ1，使 KM2 断电，KM1 通电，电动机由反转变为正转，拖动工作台变后退为前进，如此周而复始实现自动往返工作。当按下停止按钮 SB1 时，电动机停止，工作台停下。

图 9-36 中 SQ3 和 SQ4 为限位保护开关，安装在工作台极限位置的外缘，起限位保护作用。当由于某种故障，工作台到达 SQ1 和 SQ2 给定的位置时，未能切断 KM1 或 KM2 线圈电路，工作台沿原方向继续运行达到 SQ3 或 SQ4 所处的位置时，将会压下限位保护开关，切断接触器线圈电路，使电动机停止转动，提醒操作人员电路出现故障，避免了工作台由于超越允许位置而造成的事故。

1. 工作准备

1）绘制电气元件布置图

与图 9-36 相对应的电气元件布置图，如图 9-37 所示。

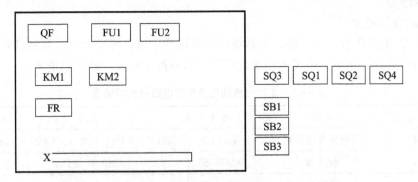

图 9-37 工作台自动往返控制电路电气元件布置图

2）绘制电路接线图

工作台自动往返控制电路接线图如图 9-38 所示。

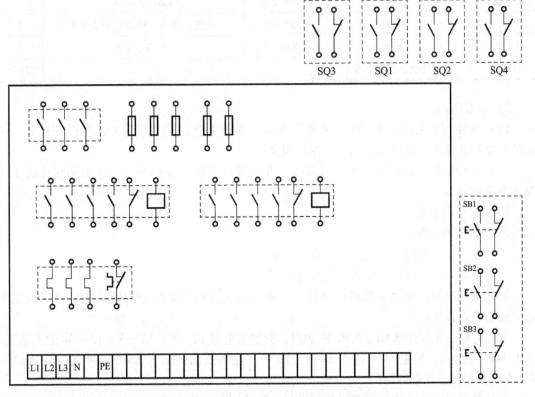

图 9-38 工作台自动往返控制电路接线图

3）准备工具和材料

根据表 9-1 领取工具、仪表，根据表 9-5 工作台自动往返控制电路材料明细表领取材料。

2. 实施步骤

1）检测电气元件

按表9-5配齐所有电气元件，其各项技术指标均应符合规定要求。目测其外观无损坏，手动触头动作灵活，并用万用表进行质量检验，如不符合要求，则予以更换。

表9-5 工作台自动往返控制电路材料明细表

序号	代号	名称	型号	规格	数量
1	M	三相异步电动机	Y100L2	380 V, 3 kW, 6.8 A, 1 420 r/min	1
2	QF	断路器	DZ47-63	380 V, 25 A	1
3	FU1	熔断器	RT18-32	500 V, 10 A 熔体	3
4	FU2	熔断器	RT18-32	500 V, 2 A 熔体	2
5	KM	接触器	CJX-22	线圈电压220 V, 20 A	1
6	SB	按钮	LA-18	5 A	2
7	XT	端子排	TB1510	600 V, 15 A	1
8	FR	热继电器	JR18-20/3	三相, 20 A, 整定电流6.8 A	1
9	SQ	行程开关	LX19-222	380 V, 5 A	4
10		导轨、导线、螺钉等			若干

2）安装电路

（1）在控制板上按图9-37安装电气元件，并贴上醒目的文字符号。其排列位置、相互距离应符合要求。紧固力适当，无松动现象。

（2）在控制板上按图9-38进行布线，并在导线两端套编码套管。板前明线布线工艺要求参照第一节。

（3）安装电动机

（4）通电前检测。

自动往返控制电路通电前必须检测，提示如下：

①对照原理图、接线图检查，连接无遗漏。

②万用表检测：确保电源切断情况下，将万用表打到欧姆挡分别测量主电路和控制电路，通断是否正常。

③主电路：未压下KM1、KM2主触点，测量主电路L1-U、L2-V、L3-W通断情况；压下KM1主触点，测量L1-U、L2-V、L3-W通断情况；压下KM2主触点，测量L1-W、L2-V、L3-U通断情况。

④控制电路：未压下正转启动按钮SB2，测量控制电路电源两端U11-N通断情况；压下正转启动按钮SB2，测量控制电路电源两端U11-N通断情况。未压下反转启动按钮SB3，测量控制电路电源两端U11-N通断情况；压下反转启动按钮SB3，测量控制电路电源两端U11-N通断情况。

3）通电试车

为保证人身安全，在通电试车前，要认真执行安全操作规程的有关规定，一人监护，一人操作。试车前应检查与通电试车有关的电气设备是否有不安全的因素存在，若查出应立即整改，然后方能试车。

位置开关安装注意事项如下：

（1）位置开关必须安装在合适的位置。

（2）手动试验时，检查各行程开关和终端保护动作是否正常可靠。

通电试车后，断开电源，先拆除三相电源线，再拆除电动机负载线。

4）故障排查

在试车过程中，若出现异常情况，则根据故障现象进行故障排查。

（1）移动方向不对：更改接触器导线相序。

（2）电动机有振动：查找松动处，进行紧固。

（3）有异常噪声：接触器吸合不实，更换。

（4）电动机不转：查找接线遗漏或接错，更改。

（5）自动往返：若电动机正转时，扳动SQ1，电动机不反转且继续正转，则可能KM2主触头接线不正确，需纠正后再试。

现以按下启动按钮SB2，工作台无反应；按下启动按钮SB3，电动机可以带动工作台向右运行，运行到SQ2，工作台停止运行为例，进行故障排查检修。

（1）用通电实验法来观察故障现象。试验时，按下启动按钮，若接触器线圈不吸合，表明控制电路有故障；若电动机能完成正、反转运行，初步判断电动机正、反转主电路无故障。

（2）用逻辑分析法缩小故障范围，根据故障现象"按下启动按钮SB3，电动机可以带动工作台向右运行，运行到SQ2，工作台停止运行"，反转运行控制电路无故障，故障电路可能在正转运行控制电路及主电路处，在电路上用虚线标出故障部位的最小范围。

用测量法正确迅速找出故障点。

（1）根据故障点的不同情况，采用正确的修复方法，迅速排除故障。

（2）排除故障后再次通电试车。

5）整理现场

整理现场工具及电气元件，清理现场，并根据工作过程整理工作资料。

第五节　电动机顺序启动控制电路装调

【学习目标】

1. 正确识读两台电动机顺序启动的控制电路原理图，分析其工作原理。
2. 能根据两台电动机顺序启动的控制电路原理图安装、调试电路。
3. 能根据故障现象对两台电动机顺序启动控制电路的简单故障进行排查。

【任务描述】

某车床有两台电动机，一台是主轴电动机，另一台是冷却泵电动机。

安装该车床电气控制柜,要求两台电动机采用继电接触器控制,其中主轴电动机启动后,冷却泵电动机才能启动,停止时两台电动机同时停止,要求设置过载、短路、欠电压、失电压保护。

主轴电动机 M1 型号为 Y132M-4,其额定电压为 380 V,额定功率为 7.5 kW,额定转速为 1 450 r/min,额定电流为 15.4 A。

冷却泵电动机 M2 型号为 AOB-25,其额定电压为 380 V,额定功率为 90 W,额定转速为 2 800 r/min,额定电流为 0.35 A。

一、三相异步电动机顺序启动控制电路工作原理

在装有多台电动机的生产机械上,各电动机所起的作用不同,有时需要按一定的顺序启动才能保证操作过程的合理和工作的安全可靠。例如,在铣床上就要求先启动主轴电动机,然后才能启动进给电动机。又如,带有液压系统的机床,一般都要先启动液压泵电动机,然后才能启动其他电动机。这些顺序关系反映在控制电路中,称为顺序控制。

图 9-39 所示为两台电动机顺序启动的控制电路。KM1 是主轴电动机 M1 的启动控制接触器,KM2 是冷却泵电动机 M2 的启动控制接触器。

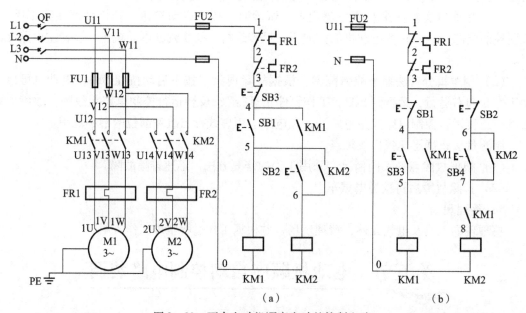

图 9-39 两台电动机顺序启动的控制电路

该电路的特点是,电动机 M2 的控制电路是接在接触器 KM1 的常开辅助触头之后。这就保证了工作时,只有当 KM1 线圈得电,其主触点闭合,M1 启动以后,满足 KM2 线圈通电工作的条件,KM2 才可控制冷却泵电动机启动工作。而且,如果因为某种原因(如过载或失电压)使 KM1 失电,M1 停转,那么 M2 也立即停转,即 M1 和 M2 同时停转。

控制电路的工作原理如下:

图 9-39(a)的控制电路,接触器 KM2 线圈电路由接触器 KM1 线圈电路启停控制环节之后接出,当电动机 M1 启动按钮 SB1 压下,KM1 线圈得电,其主触点 KM1 闭合,启动 M1;辅助常开触点 KM1 闭合自锁,使 KM2 线圈通电工作条件满足,此时按下电动机 M2 启

动按钮 SB2，KM2 线圈通电，其主触点 KM2 闭合，启动 M2；辅助常开触点 KM2 闭合自锁，完成 M1 与 M2 的顺序启动过程。按下停止按钮 SB3，接触器 KM1 与 KM2 线圈同时失电，其触点复位，冷却泵电动机和主轴电动机停转。

图 9-39（b）的控制电路，KM1 线圈电路与 KM2 线圈电路单独构成，KM1 的辅助常开触点作为一控制条件，串接在 KM2 的线圈电路中，只有 KM1 线圈得电，该辅助常开触点闭合，M1 电动机已启动工作的条件满足后，KM2 线圈才可开始通电工作。与图 9-39（a）的区别是：在图 9-39（b）中冷却泵电动机与主轴电动机的停止分别由按钮 SB1 和 SB2 来完成。

1. 工作准备

1）绘制电气元件布置图

与图 9-39 相对应的电气元件布置图，如图 9-40 所示。

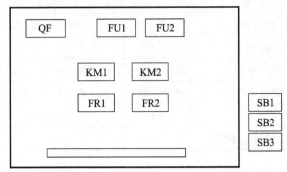

图 9-40 两台电动机顺序启动控制电路的电气元件布置图

2）绘制电路接线图

两台电动机顺序启动控制电路接线图如图 9-41 所示。

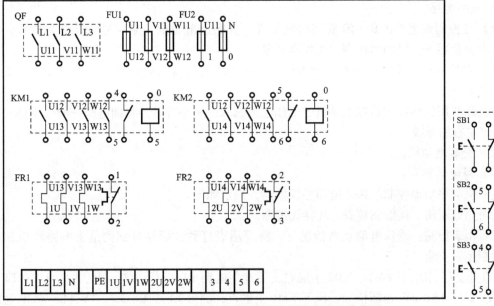

图 9-41 两台电动机顺序启动控制电路接线图

3）准备工具和材料

根据表 9-1 控制板安装工具、仪表清单领取工具、仪表，根据表 9-6 两台电动机顺序启动控制电路材料明细表领取材料。

表 9-6 电动机顺序启动控制电路材料明细表

序号	代号	名称	型号	规格	数量
1	M1	三相异步电动机	Y132M-4	380 V、7.5 kW、15.4 A、1 450 r/min	1
2	M2	三相异步电动机	AOB-25	380 V、90 W、0.35 A、2 800 r/min	1
3	QF	断路器	DZ47-63	380 V、25 A	1
4	FU1	熔断器	RT18-32	500 V、10 A 熔体	3
5	FU2	熔断器	RT18-32	500 V、2 A 熔体	2
6	KM	接触器	CJX-22	线圈电压 220 V、20 A	1
7	SB	按钮	LA-18	5A	3
8	FR1	热继电器	JR16-20/3	三相、20 A，整定电流 15.4 A	1
9	FR2	热继电器	JR16-20/3	三相、20 A，整定电流 0.35 A	1
10	XT	端子排	TB1510	600 V、15 A	1
11		导轨、导线、螺钉等			若干

2. 实施步骤

1）检测电气元件

按表 9-6 配齐所有电气元件，其各项技术指标均应符合规定要求。目测其外观无损坏，手动触头动作灵活，并用万用表进行质量检验，如不符合要求，则予以更换。

2）安装电路

（1）在控制板上按图 9-40 安装电气元件，并贴上醒目的文字符号。其排列位置、相互距离应符合要求。紧固力适当，无松动现象。

（2）在控制板上按图 9-41 进行布线，并在导线两端套编码套管。板前明线布线工艺要求参照第一节。

主电路使用的导线规格按电动机的工作电流选取，中小容量的辅助电路一般可用截面积为 1 mm² 左右的导线。

（3）安装电动机。

（4）通电前检测。

电动机顺序启动控制电路通电前必须检测，提示如下。

①对照原理图、接线图检查，连接无遗漏。

②万用表检测：确保电源切断情况下，将万用表打到欧姆挡分别测量主电路和控制电路，通断是否正常。

③主电路：未压下 KM1、KM2 主触点，测量主电路 L1-1U、L2-1V、L3-1W；L1-2U、L2-2V、L3-2W 通断情况；压下 KM1 主触点，测量 L1-1U、L2-1V、L3-1W 通断情况；压下 KM2 主触点，测量 L1-2U、L2-2V、L3-2W 通断情况。

④控制电路：未压下第一台电动机启动按钮 SB2，测量控制电路电源两端 U11-N 通断

情况；压下第一台电动机启动按钮 SB2，测量控制电路电源两端 U11 - N 通断情况。压下第二台电动机启动按钮 SB3，测量控制电路电源两端 U11 - N 通断情况。

3）通电试车

为保证人身安全，在通电试车前，要认真执行安全操作规程的有关规定，一人监护，一人操作。试车前应检查与通电试车有关的电气设备是否有不安全的因素存在，若查出应立即整改，然后方能试车。

热继电器的整定值，应在不通电时预先整定好，并在试车时校正，检查熔体规格是否符合要求。在指导教师监护下进行，根据电路图的控制要求独立测试。

4）故障排查

在试车过程中，若出现异常情况，则根据故障现象进行故障排查。

（1）运行顺序不对：更改接触器控制接线。

（2）电动机有振动：查找松动处，进行紧固。

（3）有异常噪声：接触器吸合不实，更换。

（4）电动机不转：查找接线遗漏或接错，更改。

现以按下启动按钮 SB2，两台电动机同时运行为例，进行故障排查检修。

（1）用通电实验法来观察故障现象。试验时，按下启动按钮 SB2，两台电动机能完成正、反转运行，初步判断电动机正、反转主电路无故障同时运行。

（2）用逻辑分析法缩小故障范围。根据故障现象，判断故障电路可能在 SB3 两端，在电路上用虚线标出故障部位的最小范围。

用测量法正确迅速找出故障点，如用万用表欧姆挡测量 SB3 两端的电阻，若万用表显示为 0，则可以判断该按钮常开触点间短接，由此可知，可能是按钮 SB3 损坏或者常开触点和常闭触点接反。

①检查 SB3 接线端子，看是否常开触点和常闭触点接反。如接反，重新按正确方法进行接线，如没有接反，用万用表欧姆挡检查 SB3 是否损坏。

②排除故障后通电试车

5）整理现场

整理现场工具及电气元件，清理现场，并根据工作过程整理工作资料。

拓展知识

1. 顺序启停控制电路分析

有些生产机械除要求按顺序启动外，有时还要求按一定顺序停止，如带式输送机，前面的第一台运输机先启动，再启动后面的第二台；停车时应先停止第二台，再停第一台，这样才不会造成物料在传送带上的堆积和滞留，其控制电路如图 9 - 42 所示。图 9 - 42 是在图 9 - 39（b）的基础上，将接触器 KM2 的辅助常开触点并联连接在接触器 KM1 的停止按钮 SB1 两端，其电动机 M1 和 M2 启动过程控制与图 9 - 39（b）相似。在停止时，如需单独停止 M1，即使是按下 SB1，由于 KM2 线圈仍通电，电动机 M1 也不会停转。只有先按下电动机 M2 的停止按钮 SB2，使接触器 KM2 线圈失电，KM2 各触点复位，即 M2 先停后，再按下 SB1 才能使 M1 停转。从而实现启动时先启动 M1 才可启动 M2，停车时先停 M2 才可停 M1 的顺序控制。

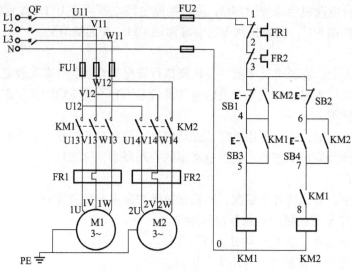

图 9-42 顺序启停控制电路

2. 一台启动使另一台停止控制电路分析

在某些现实生产环节中,有要求电动机 M2 在工作时,电动机 M1 不能工作,其控制电路如图 9-43 所示。将接触器 KM1 的辅助常闭触点串接在接触器 KM2 的线圈电路中,在电动机 M1 未启动前,可通过按下电动机 M2 的启动按钮 SB4,则使 KM2 线圈通电,其主触点 KM2 闭合,使 M2 工作;辅助常开触点 KM2 闭合自锁,维持 KM2 线圈持续得电。如按下 M1 启动按钮 SB3,则 KM1 线圈通电,其主触点 KM1 闭合,使 M1 工作;辅助常开触点 KM1 闭合自锁;辅助常闭触点 KM1 断开,使 KM2 线圈失电,接触器 KM2 各触点复位,M2 停止工作。电路中,由按钮 SB1 控制电动机 M1 的停止,如 M1 未启动,则由按钮 SB2 控制电动机 M2 的停止。

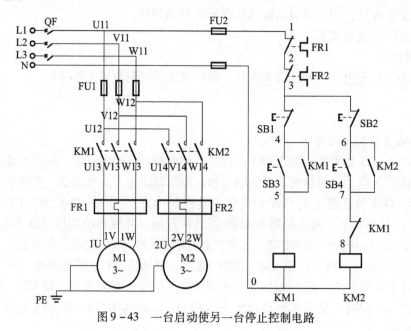

图 9-43 一台启动使另一台停止控制电路

第六节 大功率电动机星三角降压启动电路装调

【学习目标】

1. 识别时间继电器,掌握其结构、符号、原理及应用,并能正确使用。
2. 正确识读大功率电动机星三角降压启动电路原理图,分析其工作原理。
3. 能根据大功率电动机星三角降压启动电路原理图安装、调试电路。
4. 能根据故障现象对大功率电动机星三角降压启动电路的简单故障进行排查。

【任务描述】

某工厂加工车间要安装一台大功率风机,现在为此风机安装电气控制柜,要求电动机采用继电接触器控制,采用星三角降压启动,要求设置过载、短路、欠电压、失电压保护。

拖动风机的三相异步电动机型号为 Y132M-4,其额定电压为 380 V,额定功率为 7.5 kW,额定转速为 1 440 r/min,额定电流为 15.4 A。

一、空气阻尼式时间继电器

时间继电器是一种利用电磁原理或机械动作实现触头延时接通或断开的自动控制电器,是继电器感测元件得到动作信号后,其执行元件(触头)要延迟一定时间才动作的继电器。它广泛用于需要按时间顺序进行控制的电气控制线路中。

常用的时间继电器主要有空气阻尼式、电磁式、电动式和电子式等。

根据触头延时的特点,可分为通电延时动作型和断电延时复位型两种。

空气阻尼式时间继电器又称气囊式时间继电器,是利用气囊中的空气通过小孔节流的原理来获得延时动作的。

空气阻尼式时间继电器的延时范围大,有 0.4~60 s 和 0.4~180 s 两种,它结构简单,但准确度较低。

1. 空气阻尼式时间继电器的外形

空气阻尼式时间继电器的外形如图 9-44 所示,由电磁系统、延时机构和触点三部分组成。空气阻尼式时间继电器可分为通电延时动作型和断电延时复位型两种类型,其外观区别在于:当衔铁位于铁芯和延时机构之间时为通电延时型,当铁芯位于衔铁和延时机构之间时为断电延时型。

2. 空气阻尼式时间继电器的主要技术参数及型号含义

空气阻尼式时间继电器的主要技术参数有触点额定容量电压(V)和电流(A)、延时触点对数、瞬时动作触点数量、线圈额定电压(V)、延

图 9-44 空气阻尼式时间继电器的外形

时范围（s）、机械寿命（万次）等。空气阻尼式时间继电器有 JS7 – A、JS23、JSK 等系列。空气阻尼式时间继电器的型号含义如图 9 – 45 所示。

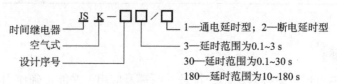

图 9 – 45　空气阻尼式时间继电器的型号含义

3. 空气阻尼式时间继电器的结构及工作原理

JS7 – A 系列空气阻尼式时间继电器的结构原理如图 9 – 46 所示，其中图 9 – 46（a）所示为通电延时型，图 9 – 46（b）所示为断电延时型。

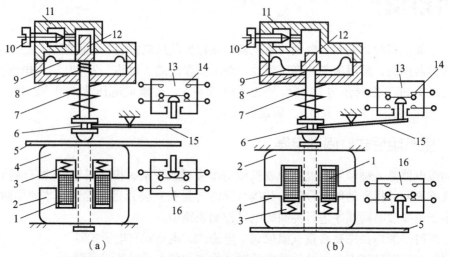

图 9 – 46　JS7 – A 系列空气阻尼式时间继电器的结构原理
（a）通电延时型；（b）断电延时型
1—线圈；2—静铁芯；3, 7, 8—弹簧；4—衔铁；5—推板；6—顶杆；9—橡皮膜；10—螺钉；
11—进气孔；12—活塞；13, 16—微动开关；14—延时开关；15—杠杆

现以通电延时型为例说明其工作原理。当线圈 1 通电后，衔铁 4 吸合，带动推板 5 瞬时动作，压动微动开关 16，使瞬时动作触点动作。同时顶杆 6 在塔式弹簧 7 作用下带动活塞 12 及橡皮膜 9 向下移动，橡皮膜随之向下凹，上面空气室的空气变得稀薄并使活塞杆受到阻尼作用而缓慢下降。经过一定时间，活塞杆下降到一定位置，便通过杠杆 15 推动微动开关 13，使动断触点断开，动合触点闭合。从线圈通电到延时触点完成动作，这段时间就是继电器的延时时间。延时时间的长短可以用螺钉调节空气室进气孔的大小来改变。吸引线圈 1 断电后，衔铁 4 释放，顶杆 6 将活塞 12 向上推，橡皮膜 9 上方的空气通过活塞肩部所形成的的单向阀迅速排出，使活塞、杠杆、微动开关 13 和 16 的各对触点均瞬时复位，这样断电时触点无延时。

断电延时型的工作原理与通电延时型相似，其组成元件是通用的，如果将延时通电型时间继电器的电磁机构翻转 180°安装即可成为断电延时型时间继电器。其工作原理读者可自行分析。

空气阻尼式时间继电器具有结构简单、延时范围较大、价格较低的优点，但其延时精度较低，没有调节指示，适用于延时精度要求不高的场合。

4. 时间继电器的符号

时间继电器的符号如图9－47所示。

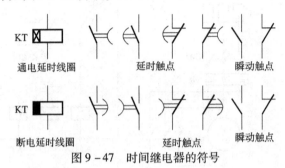

图9－47 时间继电器的符号

二、三相异步电动机星三角降压启动控制电路

交流异步电动机直接启动控制线路简单、经济、操作方便，但受到电源容量的限制，仅适用于功率为10 kW以下的电动机。

对于大、中容量的电动机，启动时的启动电流很大，为额定值的4～7倍，过大的启动电流一方面会引起供电线上很大的压降，影响线路上其他设备的正常运行；另一方面电动机频繁启动会严重发热，加速线圈老化，缩短电动机的寿命。因而容量较大的电动机启动需减小启动电流。电动机的启动电流近似与定子的电压成正比，因此要采用降低定子电压的办法来限制启动电流，即降压启动（又称减压启动）。此时，启动转矩下降，启动电流也下降，只适合必须减小启动电流，又对启动转矩要求不高的场合。

常见降压启动方法有定子串电阻降压启动、电抗降压启动、星三角降压启动、延边三角启动、软启动及自耦变压器降压启动。

1. 星三角降压启动工作原理

星三角降压启动用于定子绕组在全压工作时为三角形接法的电动机。其定子绕组星形、三角形接线图如图9－48所示。

启动时将其定子绕组接成星形，降低电动机的绕组相电压，使启动电流降为全压启动时电流的1/3，至电动机转速上升到接近额定转速时，将电动机的定子绕组改接成三角形接法实现全压工作。

因星形连接时的启动转矩只有三角形连接时的1/3，所以这种电路适用于空载或轻载启动，且正常工作时是三角形连接的电动机。

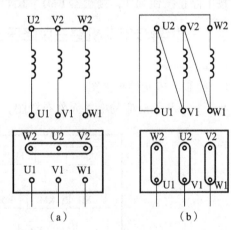

图9－48 电动机定子绕组星形、三角形接线图
(a) 星形连接；(b) 三角形连接

2. 时间继电器控制星三角降压启动控制电路

图9－49所示为时间继电器控制三相异步电动机星三角降压启动控制电路。

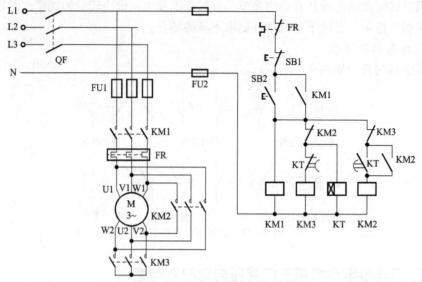

图 9-49 时间继电器控制三相异步电动机星三角降压启动控制电路

其工作原理分析如下：

启动时，合上主电路电源开关 QF，接通控制电路电源，按下启动按钮 SB2，时间继电器 KT 和接触器 KM1、KM3 的线圈同时得电，KM1 常开触点闭合自锁，KM1 和 KM3 的主触点均闭合，使得电动机星形连接启动。

经过一定时间延时后，电动机转速提高到接近额定转速，时间继电器 KT 延时常闭触点断开，使接触器 KM3 线圈失电，其各触点复位，断开电动机星形连接；KT 延时常开触点闭合，接触器 KM2 线圈得电，KM2 自锁触点闭合自锁，KM2 主触点闭合，使得电动机三角形连接，电路进入全压运行。

按下停止按钮 SB1，接触器 KM1、KM2 线圈失电，各触点复位，电动机断电停转。

三、三相异步电动机星三角降压启动控制电路装调

1. 工作准备

1）绘制电气元件布置图

与图 9-49 相对应的电气元件布置图，如图 9-50 所示。

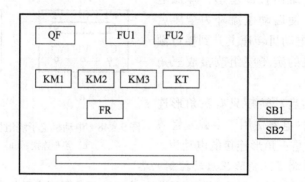

图 9-50 三相异步电动机星三角降压启动控制电路电气元件布置图

2）绘制电路接线图

三相异步电动机星三角降压启动控制电路接线图如图9-51所示。

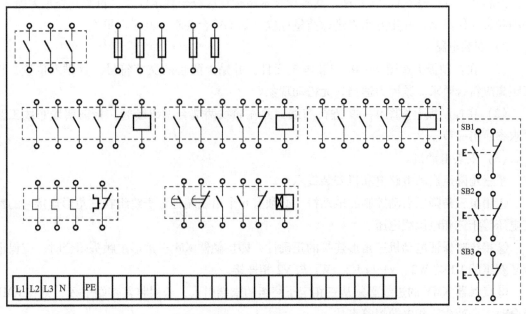

图9-51　三相异步电动机星三角降压启动控制电路接线图

3）准备工具和材料

根据表9-1控制板安装工具、仪表清单领取工具、仪表，根据表9-7三相异步电动机星三角降压启动控制电路材料明细表领取材料。

表9-7　三相异步电动机星三角降压启动控制电路材料明细表

序号	代号	名称	型号	规格	数量
1	M1	三相异步电动机	Y132M-4	380 V，7.5 kW，15.4 A，1 450 r/min	1
2	QF	断路器	DZ47-63	380 V，25 A	1
3	FU1	熔断器	RT18-32	500 V，10 A 熔体	3
4	FU2	熔断器	RT18-32	500 V，2 A 熔体	2
5	KM	接触器	CJX-22	线圈电压220 V，20 A	3
6	SB	按钮	LA-18	5 A	3
7	FR	热继电器	JR18-20/3	三相，20 A，整定电流15.4 A	1
8	KT	时间继电器	ST3P	线圈电压220 V	1
9	XT	端子排	TB1510	600 V，15 A	1
10		导轨、导线、螺钉等			若干

2. 实施步骤

1）检测电气元件

按表9-7配齐所有电气元件，其各项技术指标均应符合规定要求。目测其外观无损坏，手动触头动作灵活，并用万用表进行质量检验，如不符合要求，则予以更换。

2）安装电路

（1）在控制板上按图9-48安装电气元件，并贴上醒目的文字符号。其排列位置、相互距离应符合要求。紧固力适当，无松动现象。

（2）在控制板上按图9-49进行布线，并在导线两端套编码套管。板前明线布线工艺要求参照第一节。

（3）安装电动机。

星三角降压启动电路电动机安装提示：

①用星三角降压启动控制的电动机，必须有6个出线端且定子绕组在三角形连接时的额定电压等于三相电源线电压。

②接线时保证电动机三角形连接的正确性，即接触器KM三角形主触头闭合时，应保证定子绕组的U1与W2、V1与U2、W1与V2相连接。

③接触器KMY的进线必须从三相定子绕组的末端引入，若误将其首端引入，则在KMY吸合时，会产生三相电源短路事故。

（4）通电前检测

星三角降压启动电路通电前必须检测，提示如下：

①对照原理图、接线图检查，连接无遗漏。

②万用表检测：确保电源切断情况下，将万用表打到欧姆挡，分别测量主电路和控制电路，通断是否正常。

③主电路：未压下KM主触点，测量主电路L1-U1、L2-V1、L3-W1通断情况；压下KM主触点，测量L1-U1、L2-V1、L3-W1通断情况。

④未压下KM2主触点，测量U1-W2、V1-U2、W1-V2通断情况；压下KM2主触点，测量U1-W2、V1-U2、W1-V2通断情况。

⑤未压下KM3主触点，测量U2、V2、W2与KMY短接点的通断情况；压下KM3主触点，测量U2、V2、W2与KMY短接点的通断情况。

⑥控制电路：未压下启动按钮SB2，测量控制电路电源两端U11-N通断情况；压下启动按钮SB2，测量控制电路电源两端U11-N通断情况。

3）通电试车

为保证人身安全，在通电试车前，要认真执行安全操作规程的有关规定，一人监护，一人操作。试车前应检查与通电试车有关的电气设备是否有不安全的因素存在，若查出应立即整改，然后方能试车。

时间继电器和热继电器的整定值，应在不通电时预先整定好，并在试车时校正，检查熔体规格是否符合要求。在指导教师监护下进行，根据电路图的控制要求独立测试。

4) 故障排查

在试车过程中，若出现异常情况，则根据故障现象进行故障排查。

(1) 电动机有振动：查找松动处，进行紧固。

(2) 有异常噪声：接触器吸合不实，更换。

(3) 电动机不转：查找接线遗漏或接错，更改。

(4) 切换时间不合理：启动时间整定。为了防止启动时间过长或过短，时间继电器的初步时间确定一般按电动机功率每 1 kW 的 0.6~0.8 s 整定。可在现场用钳形电流表来观察电动机启动过程中的电流变化，当电流从刚刚启动的最大值下降到不再下降时的时间，就是时间继电器的时间整定值。

现以线路空载试验工作正常，接上电动机试车时，一启动电动机，电动机就发出异常声音，转子左右颤动为例，进行故障排查检修。

(1) 用通电实验法来观察故障现象。空载时，接触器切换动作正常，表明控制电路接线无误。

(2) 用逻辑分析法缩小故障范围，根据故障现象，判断故障电路可能在 SB3 两端，在电路上用虚线标出故障部位的最小范围。问题出在接上电动机后，从故障现象分析可知这是由于电动机断相，即星形启动时有一相绕组未接入电路，造成电动机单相启动，致使电动机左右颤动。

(3) 用测量法正确迅速找出故障点，如用万用表欧姆挡测量接触器接点闭合是否良好，接触器及电动机端子的接线是否紧固。

(4) 排除故障后通电试车。

5) 整理现场

整理现场工具及电气元件，清理现场，并根据工作过程整理工作资料。

拓展： 定子串电阻降压启动控制电路

电动机串电阻降压启动是为减小启动电流，电动机启动时在定子回路中串入电阻器分压，使定子绕组上的压降降低，启动结束后，再将电阻短接，电动机即可在全压下运行。这种启动电路不受接线方式限制，设备简单，但由于启动时转矩较小，常用于中小型设备和限制机床点动调整时的启动电流。

图 9-52 所示为定子串电阻降压启动控制电路。启动时，合上主电路电源开关 QF，接通控制电路电源，按下启动按钮 SB2，时间继电器 KT 和接触器 KM1 的线圈同时得电，KM1 常开触点闭合自锁，KM1 的主触点闭合，使得电动机串电阻降压启动。经过一定时间延时后，时间继电器 KT 延时常开触点闭合，接触器 KM2 线圈得电，KM2 自锁触点闭合自锁，KM2 常闭触点分断 KM1 和 KT 线圈，KM2 主触点闭合，使得电动机定子绕组的电阻被短接，电路进入全压运行。

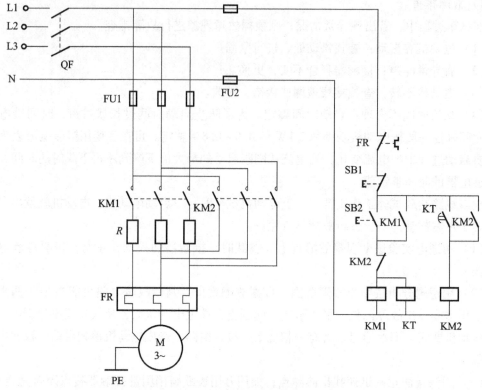

图9-52 定子串电阻降压启动控制电路

第七节 电动机电气制动控制电路装调

【学习目标】

1. 识别电磁制动器、速度继电器,掌握其结构、符号、原理及应用,并正确使用。
2. 正确识读电动机电气制动控制电路原理图,分析其工作原理。
3. 能根据电动机电气制动控制原理图安装、调试电路。
4. 能根据故障现象对电动机电气制动控制电路的简单故障进行排查。

【任务描述】

某工厂加工车间要安装一台卷扬机,现在为此卷扬机安装电磁制动控制电路,电动机停止后,采用电磁抱闸动作进行制动,要求设置过载、短路、欠电压、失电压保护。

三相异步电动机型号为YS6324,其额定电压为380 V,额定功率为180 W,额定转速为1 400 r/min,额定电流为0.65 A。

一、电磁制动系统

电磁制动系统是使机械中的运动件停止或减速的机械零件。应用较普遍的机械制动装置是电磁抱闸和电磁离合器两种,它们都是利用电磁线圈通电后产生磁场,使静铁芯产生足够大的吸力吸合衔铁或动铁芯(电磁离合器的动铁芯被吸合,动、静摩擦片分开),克服弹簧的拉力而满足工作现场的要求。

电磁抱闸是靠闸瓦的摩擦片制动闸轮,电磁离合器是利用动、静摩擦片之间足够大的摩擦力使电动机断电后立即制动。

电磁抱闸主要由两部分组成:制动电磁铁和闸瓦制动器。制动电磁铁由铁芯、衔铁和线圈三部分组成。闸瓦制动器包括闸轮、闸瓦和弹簧等,闸轮与电动机装在同一根转轴上。

1. 外形及结构

图9-53所示为电磁抱闸装置的外形。

2. 工作原理

电动机接通电源,同时电磁抱闸线圈也得电,衔铁吸合,克服弹簧的拉力使制动器的闸瓦和闸轮分开,电动机正常运行。

图9-53 电磁抱闸装置的外形

断开开关或接触器,电动机失电,同时电磁抱闸线圈也失电,衔铁在弹簧拉力作用下与铁芯分开,并使制动器的闸瓦紧紧抱紧闸轮,电动机被制动而快速停转。

二、三相异步电动机电磁制动控制电路工作原理

如图9-54所示,电动机启动时,按SB1按钮,接触器KM线圈通电时,其主触点接通电动机定子绕组三相电源的同时,电磁线圈YB通电,抱闸松开,电动机转动。

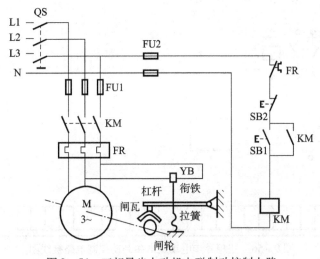

图9-54 三相异步电动机电磁制动控制电路

停止时,按停止按钮SB2,接触器KM线圈断电,主电路断开,电动机M失电,电磁铁线圈YB失电,弹簧的反作用力带动杠杆逆时针转动,闸瓦与闸轮接触实现抱闸,进行制动。

机械制动的优点是定位准确,制动效果较好;但是机械制动容易产生机械撞击,对设

备、结构等损伤较大。

三、三相异步电动机电磁制动控制电路装调

1. 工作准备

1）绘制电气元件布置图

与图9-54相对应的电气元件布置图，如图9-55所示。

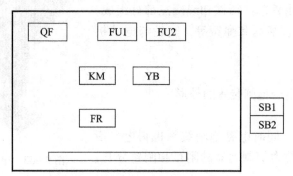

图9-55 三相异步电动机电磁制动控制电路电气元件布置图

2）绘制电路接线图

三相异步电动机电磁制动控制电路接线图如图9-56所示。

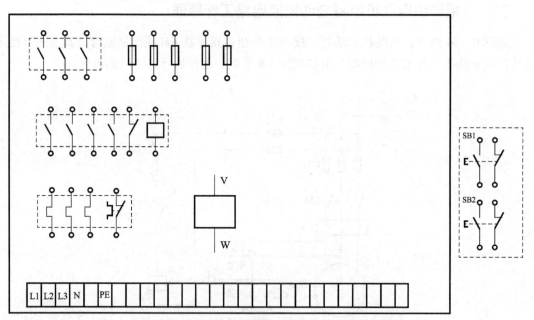

图9-56 三相异步电动机电磁制动控制电路接线图

3）准备工具和材料

根据表9-1控制板安装工具、仪表清单领取工具、仪表，根据表9-8三相异步电动机电磁制动控制电路材料明细表领取材料。

表9-8 三相异步电动机电磁制动控制电路材料明细表

序号	代号	名称	型号	规格	数量
1	M1	三相异步电动机	YS6324	380 V, 180 W, 0.65 A, 1 400 r/min	1
2	QF	断路器	DZ47-63	380 V, 25 A	1
3	FU1	熔断器	RT18-32	500 V, 10 A 熔体	3
4	FU2	熔断器	RT18-32	500 V, 2 A 熔体	2
5	KM	接触器	CJX-22	线圈220 V, 20 A	1
6	SB	按钮	LA-18	5 A	2
7	XT	端子排	TB1510	600 V, 15 A	1
8		电磁抱闸装置			1
9		导轨、导线、螺钉等			若干

2. 实施步骤

1) 检测电气元件

按表9-8配齐所有电气元件,其各项技术指标均应符合规定要求。目测其外观无损坏,手动触头动作灵活,用万用表进行质量检验,如不符合要求,则予以更换。

2) 安装电路

(1) 在控制板上按图9-55安装电气元件,并贴上醒目的文字符号。其排列位置、相互距离应符合要求。紧固力适当,无松动现象。

(2) 在控制板上按图9-56进行布线,并在导线两端套编码套管。板前明线布线工艺要求参照第一节。

(3) 安装电动机。

(4) 通电前检测。

三相异步电动机电磁制动控制电路通电前必须检测,提示如下:

①对照原理图、接线图检查,连接无遗漏。

②万用表检测:确保电源切断情况下,将万用表打到欧姆挡,分别测量主电路和控制电路,通断是否正常。

③主电路:未压下KM主触点,测量主电路L1-U、L2-V、L3-W通断情况;压下KM主触点,测量L1-U、L2-V、L3-W通断情况。

④控制电路:未压下启动按钮SB1,测量控制电路电源两端U11-N通断情况;压下启动按钮SB1,测量控制电路电源两端U11-N通断情况。

3) 通电试车

为保证人身安全,在通电试车前,要认真执行安全操作规程的有关规定,一人监护,一人操作。试车前应检查与通电试车有关的电气设备是否有不安全的因素存在,若查出应立即整改,然后方能试车。

4) 故障排查

在试车过程中,若出现异常情况,则根据故障现象进行故障排查。

(1) 电动机有振动：查找松动处，进行紧固。
(2) 有异常噪声：接触器吸合不实，更换。
(3) 电动机不转：查找接线遗漏或接错，更改。

现以电动机正常运行，按下停止按钮，电动机不能制动，缓慢停止为例，进行故障排查检修。

用通电实验法来观察故障现象。按下启动按钮，接触器线圈吸合，表明控制电路接线无误。电动机转动，说明电动机的主电路及运行控制电路没有问题。

(1) 按下停止按钮，电动机能够缓慢停止，说明电动机的电磁制动有问题。
(2) 用电压法测量电路。测量衔铁两侧电压，如果电压为 0 V，说明衔铁两侧有断点。
(3) 根据故障点的不同情况，采取正确的修复方法，迅速排除故障。
(4) 排除故障后通电试车。

5) 整理现场

整理现场工具及电气元件，清理现场，并根据工作过程整理工作资料。

【任务拓展】

一、速度继电器

速度继电器是反映转速和转向的继电器，是利用转轴的转速来切换电路的自动电器。其主要作用是以旋转速度的快慢为指令信号，与接触器配合实现对电动机的反接制动控制，故称反接制动继电器。

1. 速度继电器外形和符号

速度继电器的外形和原理图如图 9-57 所示。速度继电器主要由转子、定子和触头三部分组成，转子是一个圆柱形永久磁铁，定子是一个笼形空心圆环，由硅钢片叠成，并装有笼形的绕组。速度继电器的轴与电动机的轴相连接，转子固定在轴上，定子与轴同心。

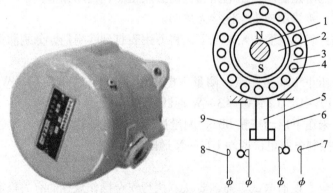

图 9-57 速度继电器的外形和原理图

1—转轴；2—转子；3—定子；4—绕组；5—摆杆；6,9—簧片；7,8—静触头

图 9-58 所示为速度继电器的符号。

2. 速度继电器的工作原理

当电动机启动旋转时，继电器的转子随之转动，笼形绕组切割转子磁场产生感应电动势，形成环内电流，此电流与磁铁磁场相互作用，产生电磁转矩，圆环在此力矩的作用下带动摆杆，克服弹簧力而顺转子转动的方向摆动，并拨动触点改变其通断状态。在摆杆左右各设一组切换触点，分别在速度继电器正转和反转时发生作用。

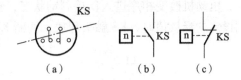

图9-58　速度继电器的符号
(a) 继电器转子；(b) 常开触点；
(c) 常闭触点

调节弹簧弹力时，可使速度继电器在不同转速时切换触点改变通断状态。

3. 速度继电器的主要技术参数和型号

常用的速度继电器有JY1和JFZ0型。如JY1型速度继电器，它的主要技术参数包括：动作转速一般不低于120 r/min，复位转速在100 r/min以下。工作时，允许的转速高达1 000~3 600 r/min。

速度继电器的型号含义如图9-59所示。

4. 速度继电器的应用

速度继电器应用广泛，可以用来监测船舶、火车的内燃机发动机，以及气体、水和风力涡轮机，还可以用于造纸业、箔的生产和纺织业生产上。在船用柴油机以及很多柴油发电机组的应用

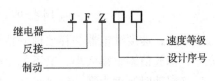

图9-59　速度继电器的型号含义

中，速度继电器作为一个二次安全回路，当紧急情况产生时，迅速关闭发动机。

速度继电器主要根据所需控制的转速大小、触头的数量与电压、电流来选用。

二、三相异步电动机单向运行反接制动控制电路工作原理

在电动机切断正常运转电源的同时改变电动机定子绕组的电源相序，使之有反转趋势而产生较大的制动力矩。反接制动的实质：使电动机欲反转而制动，因此当电动机的转速接近零时，应立即切断反接制动电源，否则电动机会反转。实际控制中采用速度继电器来自动切除制动电源。

电动机反接制动控制电路如图9-60所示。其主电路相序的接法和正反转电路相同。由于反接制动时转子与旋转磁场的相对转速较高，约为启动时的2倍，致使定子、转子中的电流会很大，大约是额定值的10倍。因此反接制动电路增加了限流电阻R，防止制动时对电网的冲击和电动机绕组过热。电动机容量较小且制动不是很频繁的正反转控制电路中，为简化电路，可以不加限流电阻。KM1为运转接触器，KM2为反接制动接触器，KS为速度继电器，其与电动机联轴，当电动机的转速上升到约为100 r/min的动作值时，KS常开触头闭合。

工作原理分析：

电动机转动时，速度继电器KS的常开触点闭合，为反接制动时接触器KM2线圈通电做好准备。

停车时，按下停止按钮SB2，复合按钮SB2的常闭先断开切断KM1线圈，KM1主、辅触头恢复无电状态，结束正常运行并为反接制动做好准备，后接通KM2线圈，其主触头闭

合，电动机改变相序进入反接制动状态，辅助触头闭合自锁持续制动，当电动机的转速下降到设定的释放值时，KS 触头释放，切断 KM2 线圈，反接制动结束。

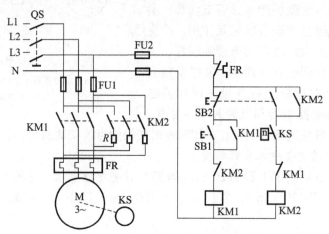

图 9-60 电动机反接制动控制电路

一般地，速度继电器的释放值调整到 100 r/min 左右，如释放值调整得太大，反接制动不充分；释放值调整得太小，又不能及时断开电源而造成短时反转现象。

反接制动时制动力强，制动迅速，控制电路简单，设备简单，价格低；其缺点是制动准确性差，制动过程中冲击力大，易损坏传动部件。因此适用于 10 kW 以下小容量的电动机制动要求迅速、系统惯性大，不经常启动与制动的设备，如铣床、镗床、中型车床等主轴的制动控制。

三、三相异步电动机单向运行能耗制动控制电路工作原理

所谓能耗制动，即在电动机脱离三相交流电源之后，定子绕组上加一个直流电压，即通入直流电流，利用转子感应电流与静止磁场的作用来达到制动的目的。

根据左手定则确定出转子电流和恒定磁场作用所产生的转矩方向与转子转速方向相反，故为制动转矩，此时电动机把原来储存的动能或重物的位能吸收后变成电能消耗在转子电路中。能耗制动就是将运行中的电动机，从交流电源上切除并立即接通直流电源，在定子绕组接通直流电源时，直流电流会在定子内产生一个静止的直流磁场，转子因惯性在磁场内旋转，并在转子导体中产生感应电势有感应电流流过，并与恒定磁场相互作用消耗电动机转子惯性能量产生制动力矩，使电动机迅速减速，最后停止转动。

图 9-61 所示为按时间原则控制的单向能耗制动控制电路。主电路中变压器 TC 和整流器 VC 提供制动直流电源。接触器 KM1 的主触点闭合接通三相电源，KM2 将直流电源接入电动机的定子绕组。

停车时，采用时间继电器 KT 实现自动控制，按下复合按钮 SB2，KM1 线圈失电，切断三相交流电源。同时，接触器 KM2 的 KT 线圈通电并自锁，KM2 在主电路中的常开触点闭合，直流电源被引入定子绕组，电动机开始能耗制动，此时 SB2 可松开复位。制动结束后，由 KT 的延时常闭触点断开 KM2 的线圈回路。在实现制动过程的自动控制中，可根据电动机带负载制动过程时间长短设定时间继电器 KT 的定时值。

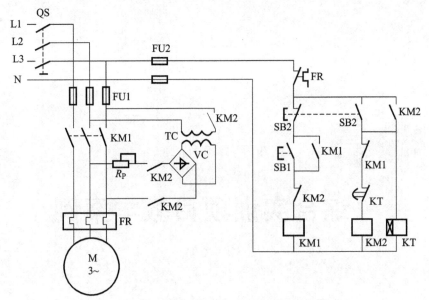

图 9-61 按时间原则控制的单向能耗制动控制电路

能耗制动的制动转矩大小与通入直流电流的大小、电动机的转速 n 有关。同样转速电流越大,制动能力越强。一般接入的直流电流为电动机空载电流的 3~5 倍,过大会烧坏电动机的定子绕组。电路采用在直流电源回路中串接可调电阻的方法,调节制动电流的大小。

能耗制动的不足是在制动过程中,随着电动机转速的下降,拖动系统动能也在减小,于是电动机的再生能力和制动转矩也在减小,所以在惯性较大的拖动系统中,常会出现在低速时停不住,而产生"爬行"现象,从而影响停车时间的延长或停位的准确性;仅适用一般负载的停车。其优点是电路简单,价格较低。

第十章 综合实训项目教学案例

一、案例简介

1. 案例名称

儿童启蒙电话背景灯的装调。

2. 案例特色与创新

1）特色——具体化专业人才培养目标

针对机械系学生特点，本项目通过儿童启蒙电话背景灯的装调项目实施，将课程标准宏观的目标进行具体化，将职业素质的能力具体化，将实现路径和方法也具体化。学生通过自主收集资料、拟订方案、电路布局、电路装调进行实训，将已学的电工、模电、数电知识点和技能点进行有效的梳理与应用。

2）创新——实训内容生活化，实训过程层次化

实训项目取自现实生活。将实物的选取作为实训项目，变生活设施的成品为师生共同制作，变单纯的产品生产为师生参与产品研发、试制，建立起源于"生活"的实训课堂，为了适合教学开展，项目组将背景灯的闪烁灯数作为学生的实训目标，以满足班级不同层次学生的实训，学生可以选取不同的电路模块进行装调，组成新的闪烁电路来完成作品。

3. 案例应用与完成

（1）项目课题引入生活化，创设生活化的教学情境，激发了学生的学习兴趣。

通过儿童启蒙电话背景灯装调的项目背景，让学生参与生活实物的装调过程，强调学生电子电路工程意识和素质的培养，采用工作任务驱动，以工作过程为导向的教学方法，让课程知识点变"抽象"为"形象"，调动了学习的积极性和主动性。

（2）将偏向于狭隘的技能化训练转向围绕知识、技能、素养的全面养成。

本项目分成5个子模块，每个模块的装调都是独立完整的，学生在完成所有模块焊接与

调试之后，可根据自身能力的不同对电路进行联调，并根据联调所得的电路进行答辩。实训的结果是让学生做到"能装、能调、能答"，学生不仅要会电路焊接，还要能调试电路，根据调试的过程还要能讲清原理。

二、案例文本

本案例是电工及电子技术应用的后续课程，为期2周，总课时为80课时。

培养学生具有较强的实践操作能力是数控维护专业的培养目标之一。电工及电子技术应用是数控维护专业学生必修的主干课程。课题组通过对师生教与学情况跟踪调查发现，师生在实训课程的教与学的过程中存在诸多问题，影响了学生的实训效果，其中实训的载体与传统的实施过程对其有重要影响。为此，我们对原有的电工及电子技术应用实训的实施情况进行了简要的分析。

（1）传统的分解式实训模式缺少系统化管理，不利于学生综合能力的提高。

传统的实训模式是将整体能力通过分解方式分解成系列单一能力。"对单一能力进行重复性教学训练"，从而掌握电工及电子技术陈述性知识与程序性知识，这种基于分析主义的能力分解式教学显然对"单一能力"的培养是有效的，尤其对单一知识与技能的培养是高效的，但是它欠缺的是合成综合能力。现实岗位工作中任务完成一般需要多项能力的综合运用，在分解式教学模式下培养的学生只会做实训指导书上的题或完成简单的操作。不会根据实际岗位任务有效地综合运用各项单一能力以完成任务，甚至面对综合的事务与真实的岗位任务手足无措。

（2）单一的实训内容设置缺少层次化划分，不利于学生主观能动性的发挥。

多年来的常规实训教学方法是：首先由老师将实训的一切仪器设备准备好，学生则对照指定的实训指导书，利用指定的仪器设备，按照指定的实训方法和操作步骤，按部就班地、照方抓药地实训，只要测出了基本正确的数据，便是万事大吉。在操作过程中，学生只是被动地、机械地完成实训内容。而且由于学生的知识基础、技能水平、沟通能力等存在较大差异，基础差的同学在进入实训室之后就表现得无所适从。单一的实训内容不能真实反映学生在实训课中的真实水平。同时，实训报告甚至有抄袭的现象发生。往往课程结束后学生都不知道学习了哪些内容，这样不利于培养学生的综合素质和创新能力。

本课题研究的项目旨在对"电工及电子技术应用"的教学实践进行规划设计，将电工及电子技术应用课程所涉及的知识点渗透到真实项目中，通过模块化的教学，通过完成日常生活常见电子产品的开发（包括元器件的选型、电路布局、电路的组装与调试等），不仅实现了电工、模电、数电等知识的综合应用，而且通过模拟产品的开发过程，培养了学生电子产品装调的全局观，达到课程人才培养方案的培养目标。

【课程结构】

课程结构如表10-1所示。

表 10-1 课程结构

阶　　段	学　　时	教学方法
基础内容教学 （基本知识与技能）	92	理论教学，现场观摩
综合项目教学 （源于生活实际项目）	2 周	真实项目，任务驱动

【课程目标】

总体目标：

通过本课程的学习，学生能掌握电工及电子技术基本单元电路定性分析和工程估算的能力；掌握阅读和分析电子电路原理图及电子电路设计的能力；具备直流电路、正弦交流电路及三相交流电路、变压器与异步电动机、安全用电、晶体二极管电路、晶体三极管电路、晶闸管电路、集成运算放大电路、直流稳压电源、门电路和组合逻辑电路、触发器与时序逻辑电路等知识。具备数控维修专业高职人才从事电工及电子设备的使用维修、安装调试与技术改造等技术工作的能力，着重培养学生全面掌握电工电子所需要的操作技术、技能与技巧，达到正确、熟练地使用电工工具，正确测量及应用常规电子元器件、装调小型电子产品的教学目标，为后续课程和综合应用能力的培养打下良好的基础。

具体目标：

（1）养成电工人员的良好行为习惯，达到电工安全操作规范。

（2）能够熟练正确使用万用表、螺丝刀、尖嘴钳、斜口钳、压线钳、电烙铁、测电笔等电工常用工具；能够熟练正确测量直流电的电压参数、电流参数、电阻参数，交流电的电压参数、电流参数、阻抗参数；能够熟练正确判别变压器、晶体二极管、晶体三极管、晶闸管好坏及选型；能够应用常规电子元件合理设计数控机床所使用的机电设备的报警器及直流稳压电源；能够应用集成运算放大器、门电路和组合逻辑电路，模拟设计数控机床的简单 I/O 接口线路。

（3）掌握阅读和分析电子电路原理图的能力，具备根据图纸进行电路板的焊接与装配，并具有分析排除简单电路故障的能力，具备较熟练的焊接操作技能和一定的电子产品组装、调试、分析能力。

（4）能够正确地使用和调整电工电子技术的一般设备、工具和仪器仪表，根据技术资料做一般性的独立操作。

（5）了解现代电子新技术同时提高电子产品生产、测试、维护方面的素养。

（6）培养良好的自学能力，树立正确的劳动观点，养成良好的职业习惯，培养良好的交流、沟通能力。

【基础课时的知识点及技能点】

基础课时的知识点及技能点如表 10-2 所示。

表 10-2 基础课时的知识点及技能点

序号	知识模块	知识点	技能点
1	直流电路的分析及装调	1. 掌握电路中电流、电压、电动势的实际方向和参考方向； 2. 掌握电阻 R、电感 L、电容 C 三种基本电路元件的特性； 3. 掌握电位的概念和计算； 4. 理解理想电压源和电流源的概念； 5. 掌握电阻的串、并联电路特点及欧姆定律的应用； 6. 理解并掌握基尔霍夫定律的应用； 7. 掌握电路的分析方法：戴维南定理、叠加原理、电压源与电流源的等效变换	1. 电阻的认识和测量； 2. 直流电压的测量； 3. 直流电流的测量
2	正弦交流电路安装与测试	1. 掌握正弦交流电路中的电阻、电感和电容元件的电压和电流的关系及计算方法； 2. 掌握正弦交流电路中功率的计算； 3. 掌握测定交流电路元件参数的方法； 4. 理解正弦量的三要素及正弦量的相量表示法； 5. 掌握线电压与相电压、线电流与相电流的关系； 6. 理解并掌握三相异步电动机的工作原理； 7. 掌握定子绕组的星形连接和三角形连接	1. 正确测量相电压与相电流； 2. 使用万用表或测电笔正确判别火线与零线； 3. 安装调试日光灯电路及如何提高功率因数； 4. 电动机绕组测量； 5. 电动机星形与三角形的连接
3	变压器的制作及应用	1. 掌握磁场的主要物理量及关系； 2. 掌握磁性材料的磁化性质； 3. 掌握磁路欧姆定律； 4. 了解理想变压器的定义、电路符号、基本结构和正确选型； 5. 了解和掌握阻抗变换的意义，会进行简单阻抗变换计算； 6. 安全用电知识	1. 变压器绕组识别； 2. 变压器的应用； 3. 变压器的制作
4	晶体管电路的装调	1. 掌握二极管电路的应用； 2. 掌握三极管三种基本放大电路； 3. 掌握放大电路静态工作点的稳定； 4. 了解反馈放大器与差分放大器的工作原理； 5. 掌握功率放大器的工作原理； 6. 理解并掌握场效应管、单结晶体管的应用； 7. 掌握晶闸管的特性	1. 正确识别二极管的引角及好坏判别； 2. 正确识别三极管的引角及好坏判别； 3. 电子基本电路装调

续表

序号	知识模块	知识点	技能点
5	集成运算放大器应用电路的装调	1. 掌握集成运算放大器的结构、性能及图形表示方法； 2. 掌握集成运算放大器线性与非线性电路分析方法； 3. 掌握集成运算放大器的典型应用电路； 4. 掌握集成功率放大器及应用	1. 集成运算放大器外形识别； 2. 集成运算放大器电路参数测试
6	直流稳压电源电路的装调	1. 掌握整流滤波电路的构成； 2. 掌握整流滤波电路输出电压与电流的计算； 3. 掌握晶体管串联稳压电路的工作原理； 4. 理解滤波电容对整流的影响； 5. 掌握集成稳压器的典型应用	直流稳压电源的制作调试及测量
7	组合逻辑应用电路的装调	1. 掌握与门、非门、或门及与非门逻辑关系； 2. 掌握逻辑函数化简； 3. 掌握组合逻辑电路分析和设计； 4. 理解编码器与译码器逻辑功能； 5. 掌握编码器与译码器典型应用	1. 基本门电路的测试； 2. 编码器和译码器检测
8	触发器与时序逻辑应用电路的安装及调试	1. 掌握各种触发器的符号及功能； 2. 掌握数据寄存器原理； 3. 掌握A/D变换概念； 4. 理解D/A变换概念； 5. 掌握组成计数器的时序逻辑电路及555时基电路	1. 555电路的检测； 2. 555芯片的应用

总结：由上述分析可以看出，电工及电子技术应用课程部分基础教学中八大模块中包含的46个知识点和21个技能点，对于电工及电子技术实训工作中所需要的知识及技能都得到了很好的涵盖。

【存在问题】

虽然本课程涵盖了所有电工及电子技术所需的知识点和技能点，但对于形成学生综合实际运用能力还有较大欠缺，学生缺乏系统性的知识融合训练，不能很好地实现数控维修专业学生所需的总体目标。

【解决方案】

本项目的儿童启蒙电话背景灯源于实际生活。将儿童启蒙电话背景灯控制电路进行教学化改造，拆分成稳压源、多谐振荡器、RS 触发器、分频电路、双 D 触发器等几个模块，各模块既可单独使用又可相互组合成某一新的电路，学生可根据指导教师提供的思路和图纸进行各电路板的焊接与装配，并完成相应电路的调试；项目的实施过程融合了元器件选型、元器件检测、电路装调技术，着重于培养学生熟练掌握电路焊接及调试的基本流程和综合运用电工、模电及数电的知识去分析和解决工程实际问题的能力。为了适合教学开展，项目组将背景灯的闪烁灯数作为学生的实训目标，以满足班级不同层次学生的实训，学生可以选取不同的电路模块进行装调，组成新的闪烁电路，并以此来获取电路联调成绩。

（二）案例描述

电工及电子技术应用实训是学生在修完大一专业课程后设置的课程实训。在学生掌握了基本的电工、模拟电路、数字电路三方面知识的基础上，为培养学生熟练掌握电路设计及装调的基本流程和综合运用电工、模电及数电的知识去分析和解决工程实际问题的能力。其目的是为今后学习数控机床电气控制等课程和实际工作中对数控机床所使用设备维护及常见故障维修打下基础。

【项目知识点】

1. 电烙铁焊接的基本操作工艺
（1）焊接作业的安全组织措施。
（2）焊接技术。
（3）焊接布局技巧。

2. 电工与电子基础知识
（1）直流电的基本知识。
（2）交流电路与电磁的基本知识。
（3）常用变压器。
（4）半导体二极管与晶体三极管。
（5）整流稳压电路。
（6）分频电路。
（7）组合逻辑电路。
（8）时序逻辑电路。
（9）555 电路。
（10）电工读图的基本知识。
（11）常用电工材料。
（12）常用工具、量具和仪表。
（13）供电和用电的一般知识。

3. 安全文明生产与环境保护知识
（1）现场文明生产要求。
（2）环境保护知识。
（3）安全操作知识。

【项目具体目标】

（1）具备识别与检测常用电子元器件，熟练正确地选择电子仪器检测其基本参数，判别元件质量能力。

（2）具备根据图纸进行电路板的焊接与装配，并具有分析排除简单电路故障的能力，具备较熟练的焊接操作技能和一定的电子产品组装、调试、分析能力。

（3）能掌握桥式整流滤波稳压电路的组成、工作原理并能进行简单分析的能力。

（4）掌握555作为多谐振荡器的组成、工作原理等知识，具备对根据工作要求对电路进行简单的安装、检测、维修及设计能力。

（5）掌握分频电路的组成，具备分析与检测的能力。

（6）掌握触发器与时序逻辑电路等知识，具备对根据工作要求对电路进行简单的安装、检测、维修及设计能力。

（7）能够正确地使用和调整电工电子技术的一般设备、工具和仪器仪表，根据技术资料做一般性的独立操作。

（8）了解现代电子新技术同时提高电子产品生产、测试、维护方面的素养。

（9）培养良好的自学能力，树立正确的劳动观点，养成良好的职业习惯，培养良好的交流、沟通能力。

【真实项目介绍】

课题：儿童启蒙电话背景灯的装调

1. 课题任务

在机械类专业的课程设置中，电工电子技术应用课程比较独立，课程与其他专业课之间基本没有联系。电工电子学概念多、抽象、难记、难理解是该课程的主要特点，而报考机械类专业的学生其兴趣爱好也在机械方面，在电工电子学方面的想象力显得尤为不足。传统的电子实训设备大多是为验证理论的正确性和加强理论学习的认识性而设置。使得学生对于电路的组成与装调过程缺乏足够的认知。

LED循环闪烁的电路应用于很多生活场合，比如广告牌、灯箱、商店门户招牌等。某儿童启蒙电话的背景灯采用的是五只LED灯交替闪烁的工作过程，数控维修专业学生在大一所学的专业知识点及技能点可通过儿童启蒙电话背景灯的装调项目实施而进行有效连贯与应用。

项目组将儿童启蒙电话背景灯控制电路进行教学化改造，拆分成稳压源、多谐振荡器、RS触发器、分频电路、双D触发器五个子模块，各模块既可单独使用又可相互组合成某一新的电路，学生根据自身学习情况选定某几个或者全部模块电路进行装调，并完成相应电路的调试及原理答辩，以获得最终的实训成绩。

2. 工作条件

考虑到学生个体的差异性,组员由指导教师根据学生的理论学习成绩情况指定,成阶梯分布,尽量达到合理配置。

3. 每组设计工作量

(1) 实训说明书一份。

(2) 各模块及联机装调成果。

(3) 课题完成后答辩。

(三) 案例具体实施过程

【真实项目布置】

在实训第一阶段,教师从理论上给学生讲述儿童背景灯控制电路的构成框图,使学生对整个系统有一个理性认识。然后分解知识模块,要求学生既要对系统框图中每一部分从理论上搞通,而且对自己所做电路中所用元器件的功能及使用方法要从资料中查找出来,记录清楚,以便在实际操作中正确使用。然后给学生提供分解后的电路图纸、元器件等实训资料,要求学生按照自身学习情况,初步选定模块及联机调试等设计内容。

【真实项目开发流程安排】

项目设计的总体思路,如图 10-1 所示。

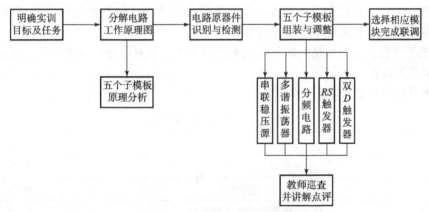

图 10-1 项目设计的总体思路

如图 10-1 所示,根据电工及电子技术的专业特点,将儿童背景灯控制电路的实践过程模块化,由学生自主选择联机调试的模块组合。实训过程不仅着重于培养学生全面掌握电工电子所需要的操作技术、技能与技巧,达到正确、熟练地使用电工工具,正确测量及应用常规电子元器件、装调小型电子产品的教学目标,而且注重培养良好的自学能力,树立正确的劳动观点,养成良好的职业习惯,培养良好的交流、沟通能力。

模块化的实训过程能为教师及时提供学生在实训课各个环节中存在的共性和个性问题,有利于教师在以后的教学中因材施教、对症下药,及时调整教学方法和方向,把问题解决在实训过程中。

【要求完成的工作】

(1) 完成项目分解模块的装调焊接。
(2) 完成模块之间的联调（学生自主选定）。
(3) 提交成果及实训报告。

【真实项目组织实施】

组员由指导教师根据学生的理论学习成绩情况指定，组内成员成绩形成阶梯分布，尽量达到合理配置，组员间可进行有效的传、帮、带。每组设组长，由组长负责实训期间的日常事务，包括卫生清扫、出勤统计、元器件申领等。

【教师指导】

实训活动中，教师监控学生的实训过程，引导学生装调电路和分析实训数据、实训现象或实训结果，并进行总结。

【考核及评定】

(1) 过程考核：对实训课程的各个环节进行全程考核，包括操作规范、调试过程、仪器仪表使用及团队合作精神等进行分项考核。
(2) 成果考核：对学生提交的实训成果进行考评，主要考查焊点的质量、电路的布局、电路调试结果等因素。

考核项目配分表如表 10-3 所示。

表 10-3 考核项目配分表

项目		配分
实训纪律		20 分
装接与调试	元件焊接	10 分
	串联型稳压电源装调	10 分
	多谐振荡器装调	10 分
	分频电路装调	10 分
	RS 触发器装调	10 分
	双 D 触发器电路装调	10 分
	儿童启蒙电话背景灯电路联调	10 分
结果	实训报告	10 分
合计		100 分

（四）案例诠释

经过一个完整的电路装接与调试过程，学生对于电工及电子产品的装调有了更加感性的认识，模块化的自主选择对学生提出了更高的要求，引起了学生对实训学习的普遍重视。教师对实训各环节的全程监控，使学生能敏感及时地感受到实训各环节中与教学要求的差距，查漏补缺，认真规范自己的实训操作，逐步养成良好的实训习惯。

【主要解决的教学问题】

现阶段，该传统教学方法的最大问题在于，没有把教学和设计过程完整地统一起来，而只把设计的基础理论、原理和方法介绍给学生，学生虽然能掌握其中的知识和技能，但知识点很乱，实训的具体内容和过程缺乏很好的系统性与完整性，学生进行的系统设计练习也很少，因此造成学生书本知识学完后还不知道怎样进行具体的设计。而且在机械类专业的课程设置中，电工电子课程比较独立，具有概念多、抽象、难记、难理解的特点。学生难以建立课程知识点在实物上投射的想象，而且传统的实训方法对技能运用的提高也缺乏成效，使得学生对于电路的组成与装调过程缺乏足够的认知。总的来说，传统教学弊端体现在以下几个方面：

（1）设计的实训模块单一，不利发挥学生学习的自主性。
（2）实训过程管理关注专业化，缺少职业化管理。
（3）实训模块之间各自独立，使得实训结果缺乏整体性。

本项目的实施是学生对于电工电子所需要的操作技术、技能与技巧的一次演练。将儿童启蒙电话背景灯电路分成模块进行装调，每个模块的装调都是独立完整的，学生在完成模块后，都有完整的模块成果。但纵观项目的全部模块，相互之间的知识点和能力点又相互关联，本项目的设置依次体现了知识和能力从简单到复杂的递进关系，最终达到培养合格技能人才的目的。学生根据自身的不同情况申请不同模块或某几个模块的考核电路，学习优秀的学生可选择五只 LED 灯的电路联调。

【案例小结】

（1）主导性与主体性并重。在实训过程中坚持指导教师的主导地位和学生的主体作用。在设定实践教学目标、安排实践教学内容、设计实践教学环节、组织实践教学活动等环节中，指导教师充分发挥了主导作用，指导学生掌握电工及电子专业知识，引导学生确立正确的实践目标和明确具体的实践内容，辅导学生进行各项操作技能训练，促进学生操作能力和实践能力的协调发展，有效调动学生的潜能、积极性、主动性和创造性，使学生的主体作用得以有效发挥，实践能力得以有效增强，职业素质得以有效提高。

（2）单一性与综合性并存。为了提高专业技术应用能力、掌握专业综合技能，在实训过程中，将儿童背景灯的整体项目模块化。单模块实训项目体现实践教学的单一性，主要将电工及电子技术课程的某一部分知识进行单项训练，通过反复操练，获得单项实训能力。实践教学的综合性是指学生综合运用专业知识、技能和技术，通过背景灯最终联调，获得综合技术应用能力。单一性与综合性的统一是提高实践教学有效性的重要保证。

（3）多样性与个体性相结合。高职实践教学主要培养学生的应用能力、实践能力和实际操作能力，这就决定了教学内容、方法、形式的多样性。所以，要根据课程特点，课题组采用整体项目教学化分解、实训模块自主组合调试的实践形式，为学生提供多样化的实训内容。根据学生个性气质、认知基础、接受能力等个体差异，采取个体化的联调，充分体现个体性，努力做到因材施教，使每个学生的个性都得到发展，每个学生的积极性、创造性、独立性都得以发挥。

（4）真实项目的实施使得"电工电子技术应用"课程综合实训充满创造性和挑战性，提升学生实践积极性的同时也实现了满意的教学效果，同时为机械系相关专业的教学改革开展提供了思路。

【案例反思】

本案例在笔者负责的"电工电子技术应用"课程综合实训项目中得到了有效应用，一方面，学生将理论和实践有机地结合；另一方面，教师在整体项目的装调中积累教学经验，全面提升教学水平。本次课题所完成的工作对于电工及电子技术应用（三）实训的改革，对于培养企业所需要的数控维修的人才具有积极的推动作用，同时本次课题所探索的教学模式在教学实践中具有较好的应用和推广价值。

附录 a 安全用电

随着科学技术的发展，无论是工农业生产，还是人们的日常生活，对电能的应用越来越广泛。从事电类工作的人员，必须懂得安全用电常识，树立安全责任重于泰山的观念，避免发生触电事故，以保护人身和设备的安全。

通过本附录学习，读者可以了解有关人体触电的知识，懂得引起触电的原因及常用预防措施，能够进行人体触电后的及时抢救，并了解日常用电和生活中的一些防火、防爆和防雷常识。

第一节　触电的知识

触电是指人体触及带电体后，电流对人体造成的伤害。造成触电的原因主要有违规操作、粗心大意、直接接触或过分靠近带电体。由于触电种类、方式及条件的不同，受伤害的后果也不一样。因此，有必要先来了解一下触电的基础知识。

产生触电事故的原因一般有以下几种：

（1）缺乏用电常识，触及带电的导体。
（2）未遵守操作规程，人体直接与带电体部分接触。
（3）由于用电设备管理不当，使绝缘损坏，发生漏电，人体触碰漏电设备外壳。
（4）高压线路落地，造成跨步电压对人体的伤害。
（5）检修时安全措施不完善，接线错误，造成触电事故。
（6）使用了劣质设备或导线等，使绝缘击穿。
（7）其他偶然因素，如雷击等。

要想避免和降低触电事故的发生率，一般的安全措施如下：
（1）在电气设备的设计、制造、安装、运行、使用和维护以及专用保护装置的配置等环节中，要严格遵守国家规定的标准和法规。

（2）加强安全教育，普及安全用电知识。

（3）建立健全安全规章制度，并在实际工作中严格执行。

（4）在线路上作业或检修设备时，应在停电后进行，并采取切断电源、验电、装设临时地线等安全措施。

（5）电气设备的金属外壳应采取保护接地或接零。

（6）安装自动断电装置和保护装置。

（7）尽可能采用安全电压。

（8）保证电气设备具有良好的绝缘性能。

（9）保证人与带电体的安全距离。

（10）定期检查用电设备。

一、触电的种类和方式

当人体触电时，电流对人体的伤害主要有下面两种。

1. 电击

电击是指电流通过人体时对内部组织造成较为严重的损伤。它可使肌肉抽搐、内部组织损伤，造成发热、发麻、神经麻痹等，严重时将引起昏迷、窒息甚至心脏停止跳动、血液循环中止而死亡。通常说的触电，多是指电击。触电死亡中绝大部分是电击造成。电击的触电方式主要有以下几种：

（1）单相触电。人体的一部分接触带电体的同时，另一部分又与大地或零线（中性线）相接，电流从带电体流经人体到大地（或零线）形成回路，这种触电称为单相触电，如图 a-1（a）所示。单相触电是常见的触电方式。在接触电气线路（或设备）时，若不采用防护措施，一旦电气线路或设备绝缘损坏漏电，将引起间接的单相触电；若站在地上，误接触带电体的裸露金属部分，将造成直接的单相触电。

（2）两相触电。人体的不同部位同时接触两相电源带电体而引起的触电称为两相触电，如图 a-1（b）所示。对于这种情况，无论电网中性点是否接地，人体所承受的线电压将比单相触电时高，危险性更大。

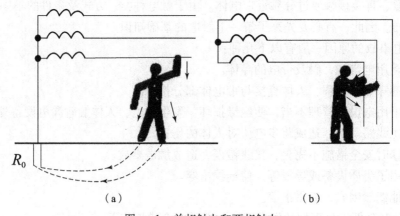

图 a-1　单相触电和两相触电

(a) 单相触电；(b) 两相触电

(3) 跨步电压触电。接地点及周围形成强电场。其电位分布以接地点为圆心、半径 20 m 的圆面积内形成分布电位，并且电位逐步降低，人、畜跨进这个区域，两脚之间将存在电压差，该电压差称为跨步电压。在这种电压作用下，电流从接触高电位的脚流进，从接触低电位的脚流出，这就是跨步电压触电。

跨步电压随距离的分布如图 a-2 所示，图中坐标原点表示带电体接地点，横坐标表示位置，纵坐标负方向表示电位分布，离接地点越近，两脚距离越大，跨步电压值越大。因此，为了安全，不要靠近高压带电体。

2. 电伤

电伤是在电流的热效应、化学效应、机械效应以及电流本身作用下造成的人体外部的局部损伤。主要有以下几种现象：

(1) 电灼伤。电灼伤由电流的热效应引起，主要是指电弧灼伤，造成皮肤红肿、烧焦或皮下组织损伤。

(2) 电烙伤。电烙伤由电流的热效应引起，是指皮肤被电气发热部分烫伤或由于人体与带电体紧密接触而留下肿块、硬块，使皮肤变色，等等。

(3) 皮肤金属化。皮肤金属化是指由电流的

图 a-2　跨步电压随距离的分布

热效应和化学效应，导致熔化的金属微粒渗入皮肤表层，使受伤部位皮肤带金属颜色且留下硬块。

二、影响触电伤害程度的因素

电流大小、作用时间、电流途径、电流种类和频率、电压、人体电阻、触电者的体质和健康状况、周围环境条件等因素都会影响触电时的伤害程度。

人体对电流的反应非常敏感，触电时电流对人体的伤害程度与以下几个因素有关。

1. 电流的大小

触电时，流过人体的电流是造成损伤的直接因素。人们通过大量试验，证明通过人体的电流越大，人体的生理反应就越明显，感应就越强烈，引起心室颤动所需的时间就越短，致命的危害就越大。按照通过人体电流的大小和人体所呈现的不同状态，工频交流电大致分为下列三种，详细情况如表 a-1 所示。

表 a-1　电流对人体的作用

电流/mA	对人体的作用
小于 0.7	无感受
1	有轻微感觉
1~3	有刺激感，一般电疗仪器取此电流
3~10	感到痛苦，可自行摆脱
10~30	引起肌肉疼挛，短时间无危险，长时间有危险

续表

电流/mA	对人体的作用
30~50	强烈痉挛，时间超过 60 s 有生命危险
50~250	产生心脏室纤维颤动，丧失知觉，严重危害生命
大于 250	短时间内（1 s 以上）造成心脏骤停，体内造成电灼伤

（1）感觉电流：指引起人的感觉的最小电流，1~3 mA。
（2）摆脱电流：指人体触电后能自主摆脱电源的最大电流，约 10 mA。
（3）致命电流：指在较短的时间内危及生命的最小电流，约 30 mA。

2. 电流的类型

电流的类型不同，对人体的伤害程度也不同。工频交流电的危害性大于直流电，因为交流电主要是麻痹破坏神经系统，往往难以自主摆脱，一般认为 40~60 Hz 的交流电对人体最危险。随着频率的增加，危险性将降低。当电流频率大于 2 000 Hz 时，所产生的损害明显减小，但高压高频电流对人体仍然是十分危险的。

表 a-2 的试验数据表明，频率在 30~300 Hz 的交流电最容易引起人体室颤，造成死亡。可见工频交流电对人体的伤害最严重，交流电的频率离工频越远，对人体的伤害就越低。

表 a-2　频率与死亡率

频率/Hz	10	25	50	60	80	100	120	200	500	1 000
死亡率/%	21	70	95	91	43	34	31	22	14	11

3. 电流的作用时间

电流对人体的伤害与作用时间密切相关，可以用电流与时间的乘积（电击强度）来表示电流对人体的危害。人体触电，当通过的电流时间越长，越易造成心室颤动，生命危险性就越大。据统计，触电 1~5 min 急救，90% 有良好的效果，10 min 后降为 60%，超过 15 min 时希望甚微。为了保护人身安全，在很多场合都装设有漏电保护器，漏电保护器的一个重要指标就是额定断开时间与电流乘积小于 30 mA·s。实际产品一般额定动作电流为 30 mA，动作时间为 0.1 s，故小于 30 mA·s 可有效防止触电事故的发生。

4. 电流路径

电流通过人体会对器官造成不同程度的损害。电流通过可引起中枢神经麻痹、抑制而使呼吸停止，以及循环中枢抑制而使心跳骤停；通过脊髓可能导致肢体瘫痪；通过心脏可引起心脏纤维变性、断裂或凝固性坏死、丧失弹性（高电压），能引起心室纤维颤动（一定电流），造成心跳停止，血液循环中断；通过肌肉能使肌肉抽搐和痉挛；通过呼吸系统会造成窒息。可见，电流通过心脏时，最容易导致死亡。

表 a-3 表明了电流在人体中流经不同路径时，通过心脏的电流占通过人体总电流的百分数。

表 a-3 电流通过不同路径对人体的伤害

电流通过人体的路径	通过心脏的电流占通过人体总电流的百分数/%
从一只手到另一只手	3.3
从右手到右脚	3.7
从右手到左脚	6.7
从一只脚到另一只脚	0.4

从表 a-3 中可以看出，电流从右手到左脚危险性最大。

5. 电压的高低

人体接触的电压越高，流过人体的电流就越大，对人体的伤害也就越严重。但在触电例子的分析统计中，70% 以上的死亡者是在对地电压为 250 V 低压下触电的。如以触电者人体电阻为 1 kΩ 计，在 220 V 电压作用下，通过人体的电流是 220 mA，能迅速使人致死。对地 250 V 以上的高压，危险性更大，但由于人们接触少，且对它警惕性较高，所以触高压电死亡事例在 30% 以下。

6. 人体的状况

人的性别、健康状况、精神状态等与触电伤害程度有着密切关系。女性比男性触电伤害程度约严重 30%，小孩与成人相比，触电伤害程度也要严重得多。体弱多病者比健康人容易受电流伤害。另外，人的精神状况，对接触电器有无思想准备，对电流反应的灵敏程度，都影响触电的伤害程度。醉酒、过度疲劳等都可能增加触电事故的发生次数并加重受电流伤害的程度。

7. 人体的电阻

人体电阻越大，受电流伤害越轻。通常人体电阻可按 1～2 kΩ 考虑。如果皮肤表面角质层损伤、皮肤潮湿、流汗、带着导电粉尘等，都会大幅度降低人体电阻，增加触电伤害程度。因此，在夏天流汗多或刚洗完手时，去触碰用电设备都会大大增加触电时的伤害程度。

三、安全电压

当触电时，人体所承受的电压越低，通过人体的电流就越小，触电伤害就越轻。当电压低到某一定值以后，对人体就不会造成伤害。也就是说，在不带任何防护设备的条件下，当人体接触带电体时对人体各部分组织（如皮肤、神经、心脏、呼吸器官等）均不会造成伤害的电压值，叫安全电压。它通常等于通过人体的允许电流与人体电阻的乘积，但在不同场合，安全电压的规定是不相同的。

1. 人体电阻的电气参数

当电流通过人体时也会遇到阻力，这个阻力就是人体电阻。人体电阻不是纯电阻，人体电阻主要由体内电阻、皮肤电阻和皮肤电容组成。皮肤电容很小，一般可以忽略不计。内部电阻是固定的，与外部条件无关，为 500～800 Ω；皮肤电阻主要由角质层的厚度决定的，一般为 1 000～1 500 Ω，外部条件变化时皮肤电阻也会发生变化，如表 a-4 所示。

表 a-4　不同条件下的人体电阻

接触电压/V	人体电阻/Ω			
	皮肤干燥	皮肤潮湿	皮肤湿润	皮肤浸入水中
10	7 000	3 500	1 200	600
25	5 000	2 500	1 000	500
50	4 000	2 000	875	440
100	3 000	1 500	770	375
250	1 500	1 000	650	325

影响人体电阻的因素很多。除皮肤厚薄外，皮肤潮湿、多汗、有损伤、带有导电性粉尘等都会降低人体电阻；接触面积加大、接触压力增加也会降低人体电阻；通过人体的电流加大，通电时间加长，都会增加发热出汗，也会降低人体电阻；接触电压增高会击穿角质层并增强机体电解，也会降低人体电阻。皮肤电阻占人体电阻的绝大部分，并且随着外界条件的不同可在很大范围内变化，但皮肤角质层容易遭到破坏，在计算安全电压时不宜考虑在内。人体电阻还与接触电压有关。接触电压升高，人体电阻将按非线性规律下降。

2. 人体允许电流

人体允许电流是指发生触电后触电者能自行摆脱电源、解除触电危害的最大电流。在通常情况下，人体的允许电流，男性为 9 mA，女性为 6 mA。一般情况下，人体允许电流应按不引起强烈痉挛的 5 mA 考虑。在设备和线路装有触电保护设施的条件下，人体允许电流可达 30 mA。

一定要注意，此处所说的人体允许电流不是人体长时间能承受的电流。

3. 安全电压值

安全电压是指人体不戴任何防护设备时，触及带电体不受电击或电伤的电压。人体触电的本质是电流通过人体产生了有害效应，然而触电的形式通常都是人体的两部分同时触及了带电体，而且这两个带电体间存在电位差。因此，要将流过人体的电流限制在无危险范围内，也就是要将人体能触及的电压限制在安全的范围内。我国有关标准规定，12 V、24 V 和 36 V 三个电压等级为安全电压级别。不同场所应选用不同的安全电压等级，在湿度大、狭窄、行动不便、周围有大面积接地导体的场所（如金属容器内、矿井内、隧道内等）并使用手提照明灯，应采用 12 V 安全电压。凡手提照明器具、危险环境或特别危险环境的局部照明灯、高度不足 2.5 m 的一般照明灯、携带式电动工具等，若无特殊的安全防护装置或安全措施，均应采用 24 V 或 36 V 安全电压。

安全电压的规定是从总体上考虑的，对于某些特殊情况或某些人也不绝对安全。是否安全，与人的当时状况，主要是人体电阻、触电时间长短、工作环境、人与带电体的接触面积和接触压力等都有关系。所以，即使在规定的安全电压下工作，也不可粗心大意。

第二节　触电原因及保护措施

一、触电的常见原因

触电的场合不同，引起触电的原因也不同，下面根据在工农业生产、日常生活中所发生的不同触电事例，将常见触电原因做以下归纳。

（1）线路架设不合规格。室内、外线路对地距离及导线之间的距离小于允许值；通信线、广播线与电力线间隔距离过近或同杆架设；线路绝缘破损；有的地区为节省电线而采用一线一地制送电等。

（2）电气操作制度不严格、不健全。带电操作时，没有采取可靠的保护措施；不熟悉电路和电器而盲目修理；救护已触电的人时，自身不采取安全保护措施；停电检修时，不挂警告牌；检修电路和电器时，使用不合格的保护工具；人体与带电体过分接近而又无绝缘措施或屏护措施；在架空线上操作时，不在相线上加临时接地线（零线）；无可靠的防高空跌落措施；等等。

（3）用电设备不合要求。电气设备内部绝缘损坏，金属外壳又未加保护接地措施或保护接地线太短、接地电阻太大；开关、闸刀、灯具、携带式电器绝缘外壳破损，失去防护作用；开关、熔断器误装在中性线上，一旦断开，就使整个线路带电。

（4）用电不谨慎。违反布线规程，在室内乱拉电线；随意加大熔断器熔丝规格；在电线上或电线附近晾晒衣物；在电线杆上拴牲口；在电线（特别是高压线）附近打鸟、放风筝；未断电源就移动家用电器；打扫卫生时，用水冲洗或用湿布擦拭带电电器或线路；等等。

二、电气设备的接地和保护接零

防止触电首先是遵守安全制度，其次才是依赖于各种保护设备。在工厂企业、实验室等用电单位，几乎无一例外地制定有各种各样的安全用电制度。一定要牢记：在你走进车间、实验室时，千万不要忽略安全用电制度，不管这些制度粗看起来如何"不合理"，如何"妨碍"工作，否则必然会酿成苦果。严格遵守安全制度，可以避免大部分触电事故。此外，还要采用各种保护措施来尽量减小触电发生时对人体和设备造成的危害，主要有保护接零、保护接地和装设漏电保护装置等。

电气设备漏电或击穿碰壳时，平时不带电的金属外壳、支架及其相连的金属部分就会呈现电压，人若触及这些意外带电部分，就会发生触电事故。为防止意外事故的发生，应采取保护措施。在低压配电系统中采用的保护措施有两种：当低压配电系统变压器中性点不接地时，采用接地保护；当低压配电系统变压器中性点接地时，采用接零保护。

1. 接地的基本概念

电气设备的某部分与大地之间做良好的电气连接，称为接地。接地装置是由接地体和接地线两部分组成的。埋入地中并直接与大地接触的金属导体，称为接地体或接地极。接地体与电气设备的金属外壳之间的连接线，称为接地线。由若干接地体在大地中相互用接地线连接起来的一个整体，称为接地网。按照类型不同，接地可以分为功能性接地、保护性接地，以及功能性和保护性结合的接地；按照作用不同，接地可以分为工作接地、保护接地、重复接地、过电压保护接地、防静电接地和屏蔽接地等。文中主要介绍工作接地和保护接地。

2. 接地的种类

1）工作接地

工作接地是为保证电力系统和电气设备达到正常工作要求而进行的一种接地，如电源中性点的接地、防雷装置的接地等。各种工作接地有各自的功能。例如，电源中性点直接接地，能在运行中维持三相系统中相线对地电压不变，而电源中性点经消弧线圈接地，能在单相接地时消除接地点的断续电弧，防止系统出现过电压。至于防雷装置的接地，其功能更是显而易见的，不进行接地就无法对地泄放雷电流，从而无法实现防雷的要求。

2）保护接地

由于绝缘的损坏，在正常情况下不带电的电力设备外壳有可能带电，为了保障人身安全，将电力设备正常情况不带电的外壳与接地体之间做良好的金属连接，称为保护接地。如将电气设备的外壳直接接到保护中性线上，这种方式就是我们常说的"保护接零"。保护接地一般应用在高压系统中，在中性点直接接地的低压系统中有时也有应用。

如图 a-3（a）所示，电力设备没有接地，当电力设备某处绝缘损坏而使其正常情况下不带电的金属外壳带电时，若人体触及带电的金属外壳，由于线路与大地间存在分布电容，接地短路电流通过人体，这是相当危险的。但是，当电气设备采用保护接地后，如图 a-3（b）所示，人体触及带电的金属外壳，接地短路电流将同时沿着接地体和人体两条通路流过，流过每一条通路的电流值与其电阻成反比。接地装置的接地电阻越小，流经人体的电流就越小。通常人体的电阻比接地装置的电阻大得多，所以流经人体的电流较小。只要接地电阻符合要求（一般不大于 4 Ω），就可以大大降低危险，起到保护作用。

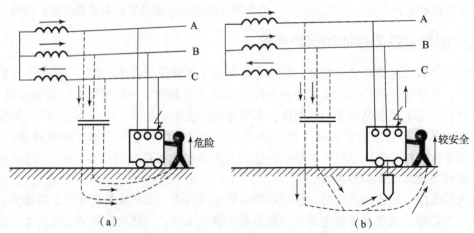

图 a-3　电气设备的保护阶梯（IT 系统）
(a) 没有接地；(b) 有接地

接地系统一般由两个字母组成，必要时可加后续字母，其中字母的含义如下。

(1) 第一个字母表示电源中性点对地的关系：T 表示直接接地，I 表示不接地或者通过阻抗接地。

(2) 第二个字母表示电气设备外壳的接地方式：T 表示独立于电源接地点的接地，N 表示与电源系统接地点或者该点引出的导体相连。

(3) 后续字母表示中性点和保护线之间的关系：C 表示中性线和保护线合一（PEN线）；S 表示中性线和保护线分开；C-S 表示在电源侧为 PEN 线，从某一点分开为保护线 PE 和中性线 N。

保护接地和接零主要可分为三种形式：TN 系统、T 系统和 N 系统。（具体可参阅相关标准手册，此处不再赘述。）

第三节 触电急救处理

触电人员的现场急救是抢救过程的一个关键。如果处理及时和正确，就可使触电而呈假死的人员获救；反之，则会造成不可弥补的后果。因此，从事工科的人员应当熟悉和掌握触电急救技术，以便在关键时刻发挥作用。

一、触电的处理方法

遇到人员触电时，一定要保持镇定，切忌不知所措，在高声呼喊的同时，应果断采取措施，使触电人员迅速脱离电源，这是最重要的一步，也是救治触电人员的第一步。

具体的方法如下：

(1) 如果电源开关距离触电人员较近，则应迅速地断开电源开关，切断电源。

(2) 如果电源开关距离触电人员很远，则采用绝缘手针或装有干燥木柄或绝缘手柄的器具将电线切断，但要防止被切断的电源线触及人体。

(3) 当导线搭在触电人身上或压在身下时，可用干燥木棒或其他带有绝缘手柄的工具，迅速将电线挑开，如图 a-4 所示。但不可直接用手或用导电的物体去挑电线，以防触电。

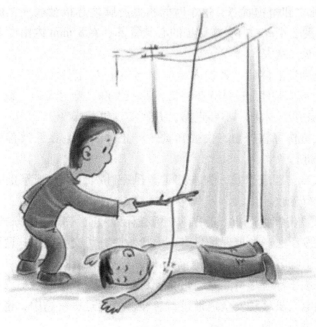

图 a-4 将触电者身上电线挑开

（4）如果触电人员衣服是干燥的，而且电线并非紧紧缠绕其身体时，救护人员可站在干燥的木板上或绝缘物体上用一只手拉住触电人员的衣服将其拉离带电体，如图a-5所示，但此方法只适用于低压触电的情况。

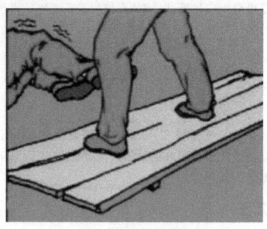

图a-5 将触电者拉离带电体

（5）如果人在高空触电，则须采取安全措施，以防电源切断后，触电人员从高空坠落致残或致死。

二、触电的急救处理

当触电人员脱离电源后，应依据具体情况，迅速进行救治，同时赶快派人请医生前来抢救；情况严重时，在实施急救的同时应拨打120急救电话。研究显示，心跳骤停10 s即可出现晕厥；1 mim后呼吸停止；心脏停止跳动4~6 min，将产生不可逆的脑损伤；心脏停跳8 min后，将出现脑死亡和植物状态，这个时间再做心肺复苏抢救病人，成功率极低。心脏跳动停止者，若能在黄金4 min内实施初步的心肺复苏，在8 mim内由专业人员进一步心脏救生，死而复生的可能性最大。

（1）触电人员脱离带电体后，救护人员应当与触电人员进行语言等交流，如果触电人员的伤害并不严重，神志清醒，只是有些心慌，四肢发麻，全身无力，或者虽一度昏迷但未失去知觉时，都要使之安静休息，不要走路，并密切观察其病变。

（2）如果触电人员伤害较严重，失去知觉，停止呼吸，但心脏微有跳动时，应立即采取口对口人工呼吸法进行急救。

（3）如果触电人员伤害较严重，失去知觉，虽有呼吸，但心脏停止跳动时，应立即采取人工胸外按压法进行急救。

（4）如果触电人员伤害很严重，心跳和呼吸都已停止，完全失去知觉时，则应同时采用人工呼吸法和胸外按压法。如果现场只有一人抢救时，可交替使用这两种方法，先胸外按压8~15次，然后人工呼吸2~4次，如此循环反复地进行操作。

人工呼吸和胸外按压都应尽可能就地进行，尽量不要随意搬运触电人员，只有在现场危及安全时，才可将触电人员移动安全地带进行急救。在运送医院途中，也应不间断地进行人工呼吸和胸外按压，进行急救。

附录 b

数字万用表的使用

在电气电路的安装、使用与维修过程中,电工仪表对整个系统的检测、监视和维修都起着极为重要的作用。本附录将重点介绍维修电工最常用的数字万用表的正确使用,并且通过训练达到能熟练操作的水平。

数字式万用表采用集成电路,具有显著优点:读数容易、准确、精度高、性能稳定、耐用,在强磁场下也能正常工作。常见便携式数字万用表显示数字位数有三位半、四位半、五位半,显示数值最大值依次为 1.999、1.999 9、1.999 99,位数越多,表的分辨率越高。

现以 DT-890B 型数字万用表说明其使用方法和注意事项。

第一节 面板功能开关介绍

图 b-1 所示为 DT-890B 型数字万用表外形,现说明如下:

(1) 液晶显示屏。
(2) 拨盘开关。
(3) 下方有四个插孔,分别为 COM、V/Ω、mA、20 A。

万用表黑表笔插入 COM 插孔;在测电阻、二极管和电压时,红表笔插入 V/Ω;在测量小电流 200 mA 以下红表笔插入 mA 插孔中,超过 200 mA,低于 20 A 插入 20 A 插孔中。

面板液晶显示屏右下方有个圆插孔用于测量三极管直流放大倍数。在使用时,分别把 NPN 和 PNP 两种晶体管 C、B、E 对应插入 NPN 与 PNP 的 C、B、E 三极插孔中,拨动拨盘开关至 hFE 挡位。

图 b-1 DT-890B 型数字式万用表外形

总开关：ON/OFF。

第二节　数字万用表使用方法

测试前，根据被测试对象是电流、电压、电阻、电容、三极管、二极管及被测对象参数大小选择相应的电流、电压、电阻、三极管、二极管、电容挡位，选择表笔插孔。根据被测参数值大小选择某一参数大小挡位。

一、万用表测量电阻

DT-890B 型数字万用表测量电阻挡位有 200、2 k、20 k、200 k、2 M、20 M、200 M 七挡供选择。

（1）测量时，黑表笔插入 COM 孔中，红表笔插入 V/Ω 孔中，根据已知电阻标称值选择相应合适的量程。如已知电阻为 5.1 kΩ，就选择 20 k 量程挡位。

（2）数字万用表测量电阻时，红表笔接表内干电池正极，黑表笔接表内干电池负极，与指针式万用表相反。

（3）测量较大电阻，手不要同时接触电阻的两端，不然人体电阻就会与被测电阻并联，使测量结果不正确，测试值会减小。另外测电路上的电阻一定要将电路的电源切断，不然不但测量不准确，还会将万用表烧毁，同时还应将被测电阻的一端从电路上焊开再进行测量，不然测得的是电路在该两点的总电阻。

（4）数字万用表测得的电阻值是液晶屏显示数值，单位值是量程挡位值。如 200 k 挡位，显示屏显示 19.5，电阻值应为 19.5 kΩ。

二、万用表测量直流电流

DT-890B 型数字万用表测量直流电流表挡位有 2 m、20 m、200 m、20 A 四挡供选择。

（1）将黑表笔插入"COM"插孔，测量最大值不超过 200 mA 电流时，红表笔插"mA"插孔；测 200 mA~20 A 电流时，红表笔应插入"20 A"插孔。

（2）正确地选择电流表挡位，把万用表串接在被测电路中。如果测出电流值前面出现负值，说明电流的实际方向与仪表测量的参考方向相反。

（3）量程选择挡位小于实测电流值仪表上显示 1，这叫过量程。过量程使用会烧坏熔断丝，应及时更换（20 A 电流量程无熔断丝），只要重新选择大电流量程挡位即可。

（4）量程选择挡位远远大于实测电流挡位，测量电流值不准确。

（5）在测大电流，如 200 mA 以上时千万不要在测量过程中拨动拨盘开关，以免产生电弧烧坏拨盘开关的触点。

三、万用表测量交流电流

DT-890B 型数字万用表测量交流电流挡位有 20 mA、200 mA、20 A 三个挡位供选择。

（1）把万用黑表笔插入 COM 孔中（电流小于 200 mA），红表笔插入 mA 孔中，电流大于 200 mA、小于 20 A，红表笔插入"20 A"插孔中，红、黑两表笔串联在交流电路中。

（2）根据预测交流电流数值预先选择好电流挡位。

（3）在测大电流如 200 mA 时，千万不要在测量过程中拨动拨盘开关，以免产生电弧烧坏拨盘开关的触点。

四、万用表作为直流电压表使用

DT-890B 型数字万用表测量直流电压有 200 m、2、20、200、1 000 共五挡。

（1）黑表笔插在 COM 插孔内，红表笔插在 V/Ω 挡位。

（2）根据被测电压大小，调整好万用表的挡位。

（3）如不知被测电压大小，应放到"1 000"挡开始测量。

（4）不要在测较高的电压（如 100 V）时拨动拨盘开关，以免产生电弧烧坏拨盘开关的触点。

（5）在测量大于或等于 100 V 的较高电压时，必须注意安全。最好先将一支表笔固定在被测电路的公共端，另一支表笔去接触另一端测试点。

五、万用表测量交流电压

DT-890B 型数字万用表测量交流电压有 200 m、2、20、200、700 五挡供选择。

（1）黑表笔插在 COM 插孔内，红表笔插在 V/Ω 挡位。

（2）根据被测电压值大小选择电压挡位。

（3）如不知被测电压值大小，先拨到 AC 700 V 挡位，根据测量电压相应数值再重新选择挡位。

（4）不要在测量高压时拨动拨盘开关，以免产生电弧，烧坏拨盘开关触点。

（5）在测量大于等于 100 V 高电压时必须注意安全，特别是市电 220 V 以上电压。最好先将一支表笔固定在被测电路的公共端，另一支表笔去接触另一测试点。

六、万用表测量电容值

DT-890B 型数字万用表测量电容值有 2 000 pF、20 nF、200 nF、2 μF、20 μF 五挡供选择。

（1）直接将电容器插入 CX 插孔内，如图 b-2 所示。

（2）根据被测电容值选择挡位。挡位选择过大，电容显示值为 0。挡位选择过小，电容显示值为 1。

（3）被测电容容量最大值不能超过 20 μF，否则显示为 1。

七、二极管测试及带蜂鸣器连续测试

（1）将黑表笔插入 COM 插孔，红表笔插入 V/Ω 插孔（红表笔极性为"+"）。

（2）将拨盘开关置于 ⊲))) 中位置。

（3）红表笔接二极管正极，黑表笔接负极，即可测二极管正向压降近似值。

图 b-2　电容值测试挡位

(4) 将表笔接于待测电路两点,若该两点电阻小于 70 Ω 时,蜂鸣器将发声。

八、三极管 hFE 的测试

(1) 将拨盘开关置于 hFE 位置。

(2) 将已知 PNP 型和 NPN 型晶体管的三只引出脚分别插入仪表面板右上方对应插孔,显示器显示出 hFE 近似值。

测试条件为:$I_B = 10$ μA,$U_{CE} = 2.8$ V。

九、脉冲值的测量

数字式万用表采用分时段采样计量方式。在对脉冲电路测量时由于各时段采样值不一致,所以数字式万用表屏幕上显示出数值是无规律的变化值。

参 考 文 献

[1] 王锋,张林. 电工电子技术及应用项目化教程[M]. 天津:南开大学出版社,2010.

[2] 岳丽英. 电气控制基础电路安装与调试[M]. 北京:机械工业出版社,2014.

[3] 余键,杨代强. 电气控制与PLC[M]. 北京:北京航空航天大学出版社,2013.

[4] 许翏,王淑英. 电气控制与PLC应用[M]. 北京:机械工业出版社,2014.

[5] 李钊年. 电工电子学[M]. 北京:国防工业出版社,2012.

[6] 段玉生,王艳丹,何丽静. 电工电子技术与EDA基础[M]. 北京:清华大学出版社,2004.

[7] 肖志红. 电工电子技术[M]. 北京:机械工业出版社,2010.

[8] 吕波. Multisim 14电路设计与仿真[M]. 北京:机械工业出版社,2016.

[9] 朱彩莲. Multisim电子电路仿真教程[M]. 西安:西安电子科技大学出版社,2007.

电工电子技术

（电控部分）

安装与调试工作页

北京理工大学出版社
BEIJING INSTITUTE OF TECHNOLOGY PRESS

电工电子技术

目 录

任务单一 电动机点动运行控制电路装调 1
任务单二 电动机单向连续运行控制电路装调 6
任务单三 电动机接触器互锁正反转控制电路 12
任务单四 工作台自动往返控制电路装调 18
任务单五 电动机顺序启动控制电路装调 24
任务单六 大功率电动机星三角降压启动电路装调 29
任务单七 电动机电气制动控制电路装调 36

任务单一 电动机点动运行控制电路装调

班级：_____ 姓名：_____ 学号：_____

同组人：_____ 工作时间：_____年____月____日

一、工作准备

1. 想一想：你见过哪些设备是采用点动运行控制电路完成控制的？
2. 认一认：指出题图 1-1 中电气元件的名称，并填写在横线上。

_____   _____   _____

题图 1-1 电气元件

3. 测一测：用万用表电阻挡测试接触器的触头并标出。
4. 读一读：识读三相异步电动机点动运行控制电路原理图，如题图 1-2 所示，并完成以下任务。

（1）明确题图 1-2 中所用电气元件名称及作用，并填写在题表 1-1 中。

题表 1-1 电气元件名称及其作用

序号	名称	作用	符号
1			
2			
3			
4			

续表

序号	名称	作用	符号
5			
6			
7			
8			
9			

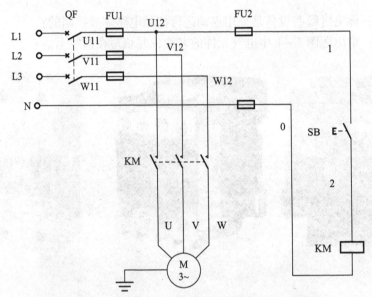

题图 1-2　三相异步电动机点动运行控制电路原理图

（2）小组讨论题图 1-2 中点动运行控制电路工作原理。

启动控制：

停止控制：

二、任务实施

1. 绘制电动机点动控制电路电气元件布置图。

2. 绘制电路接线图。

3. 安装与接线：安装步骤及工艺要求见教材。

4. 通电前检测：

（1）检查所接电路。按照电路图从头到尾的顺序检查电路。

（2）用万用表初步测试电路有无短路情况。确保电路未通电的情况下将万用表打到欧姆挡，用万用表检查电路，并填写在题表1-2和题表1-3中。

题表1-2 点动运行控制电路检测

项目	测量结果	电路是否正常
断开电源和主电路，测量控制电路电源两端（U11-N）		
按下点动启动按钮，测量控制电路电源两端（U11-N）		

题表1-3 点动运行控制电路主电路检测

项目	测量结果	电路是否正常
断开电源，合上断路器，测量主电路 L1-U、L2-V、L3-W		
断开电源，合上断路器，手动压下接触器 KM，测量主电路 L1-U、L2-V、L3-W		

5. 通电试车

（1）整理实训台上多余导线及工具、仪表，以免短路或触电。

（2）为保证人身安全，在通电试车前，一人监护，一人操作。认真执行安全操作规程的有关规定，经教师检查并现场监护。

检查无误后，经教师允许后方可通电运行。将通电试车情况记录到题表1-4中。

（1）通电顺序：先合上总电源开关——主电路断路器。

（2）按下启动按钮 SB，观察并记录接触器 KM 状态_____。

（3）松开启动按钮 SB，观察并记录接触器 KM 状态_____。

题表1-4 通电试车记录

试车情况	电动机是否能点动运行				
	几次通电实现				
故障排除	故障现象及排查方法				
工作时间	开始时间		结束时间		实际用时
验收情况					

三、任务评价

任务评价表如题表 1-5 所示。

题表 1-5　任务评价表

评价项目	评价内容	参考分	评分标准	得分
识读电路图	正确识读电路中的电气元件，正确分析电路工作原理	15	正确识读电气元件，每处 1 分 正确分析工作原理，5 分	
装前检查	检查电气元件质量	10	正确检查电气元件，每处 1 分	
安装电气元件	按布置图安装电气元件，安装元件牢固、整齐、合理	10	按布置图安装电气元件，5 分，安装元件牢固、整齐、合理，5 分	
布线	接线紧固、无压绝缘、无损伤导线绝缘或线芯按照电路图接线、思路清晰	20	按照布置图安装电气元件，安装工艺符合布线工艺要求，20 分	
通电前检查	自检电路仪器仪表使用正确	10	漏检，每处扣 2 分 万用表使用错误，每处扣 3 分	
通电试车	在保证人身安全前提下，通电试车一次成功	10	第一次试车成功，10 分 第二次试车成功，5 分	
故障排查	仪器仪表使用正确在保证人身安全前提下，故障排除一次成功	10	第一次故障排查成功，10 分 第二次故障排查成功，5 分	
安全文明操作	爱护设备及工具，遵守安全文明生产规程成本及环保意识	10	着装整洁，1 分 保持工作环境清洁，1 分 节约意识，1 分 执行安全操作规程，7 分	
资料整理	任务单填写齐全、整洁、无误	5	任务单填写齐全、工整，2 分 任务单填写无误，3 分	
总分				

任务单二　电动机单向连续运行控制电路装调

班级：_____　　姓名：_____　　学号：_____

同组人：_____　　工作时间：_____年____月____日

一、工作准备

1. 想一想：你见过哪些设备是采用单向连续运行控制电路完成控制的？

2. 认一认：指出题图 2-1 中电气元件的名称，并填写在横线上。

题图 2-1　电气元件

3. 测一测：用万用表电阻挡测试热继电器的触头并标出。

4. 读一读：识读三相异步电动机单向连续运行控制电路原理图，如题图 2-2 所示，并完成以下任务。

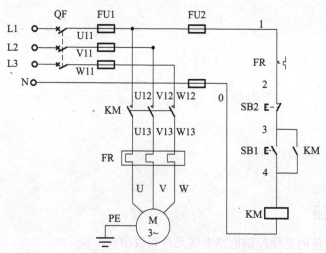

题图 2-2　三相异步电动机单向连续运行控制电路原理图

（1）明确题图 2-2 中所用电气元件名称及作用，并填写在题表 2-1 中。

题表 2-1　电气元件名称及其作用

序号	名称	作用	符号
1			
2			
3			
4			
5			
6			
7			
8			
9			

（2）小组讨论题图 2-2 中单向连续运行控制电路工作原理。

启动控制：

停止控制：

二、任务实施

1. 绘制电动机单向连续控制电路电气元件布置图。

2. 绘制电路接线图。

3. 安装与接线：安装步骤及工艺要求见教材。
4. 通电前检测：
(1) 检查所接电路。按照电路图从头到尾的顺序检查电路。
(2) 用万用表初步测试电路有无短路情况。确保电路未通电的情况下将万用表打到欧姆挡，用万用表检查电路，并填写在题表2-2和题表2-3中。

题表2-2 单向连续运行控制电路检测

项目	测量结果	电路是否正常
断开电源和主电路，测量控制电路电源两端（U11-N）		
按下启动按钮，测量控制电路电源两端（U11-N）		

题表2-3 单向连续运行控制电路主电路检测

项目	测量结果	电路是否正常
断开电源，合上断路器，测量主电路L1-U、L2-V、L3-W		
断开电源，合上断路器，手动压下接触器KM，测量主电路L1-U、L2-V、L3-W		

5. 通电试车

（1）整理实训台上多余导线及工具、仪表，以免短路或触电。

（2）为保证人身安全，在通电试车前，一人监护，一人操作。认真执行安全操作规程的有关规定，经教师检查并现场监护。

检查无误后，经教师允许后方可通电运行。将通电试车情况记录到题表2-4中。

（1）通电顺序：先合上总电源开关——主电路断路器。

（2）按下启动按钮SB，观察并记录接触器KM状态_____。

（3）松开启动按钮SB，观察并记录接触器KM状态_____。

题表2-4 通电试车记录

试车情况	电动机是否能单向连续运行			
	几次通电实现			
故障排除	故障现象及排查方法			
工作时间	开始时间		结束时间	实际用时
验收情况				

三、任务评价

任务评价表如题表2-5所示。

题表2-5 任务评价表

评价项目	评价内容	参考分	评分标准	得分
识读电路图	正确识读电路中的电气元件，正确分析电路工作原理	15	正确识读电气元件，每处1分 正确分析工作原理，5分	
装前检查	检查电气元件质量	10	正确检查电气元件，每处1分	
安装电气元件	按布置图安装电气元件，安装元件牢固、整齐、合理	10	按布置图安装电气元件，5分 安装元件牢固、整齐、合理，5分	
布线	接线紧固、无压绝缘、无损伤导线绝缘或线芯，按照电路图接线、思路清晰	20	按照布置图安装电气元件，安装工艺符合布线工艺要求，20分	
通电前检查	自检电路仪器仪表使用正确	10	漏检，每处扣2分 万用表使用错误，每处扣3分	
通电试车	在保证人身安全前提下，通电试车一次成功	10	第一次试车成功，10分 第二次试车成功，5分	

续表

评价项目	评价内容	参考分	评分标准	得分
故障排查	仪器仪表使用正确在保证人身安全前提下，故障排除一次成功	10	第一次故障排查成功，10分 第二次故障排查成功，5分	
安全文明操作	爱护设备及工具遵守安全文明生产规程成本及环保意识	10	着装整洁，1分 保持工作环境清洁，1分 节约意识，1分 执行安全操作规程，7分	
资料整理	任务单填写齐全、整洁、无误	5	任务单填写齐全、工整，2分 任务单填写无误，3分	
总分				

任务单三 电动机接触器互锁正反转控制电路

班级：_____   姓名：_____   学号：_____

同组人：_____   工作时间：_____年____月____日

一、工作准备

1. 想一想：你见过哪些设备是采用接触器互锁正反转控制电路完成控制的？
2. 认一认：指出题图3-1中电气元件的名称，并填写在横线上。
3. 测一测：用万用表电阻挡测试按钮的触头并标出。
4. 读一读：识读三相异步电动机接触器互锁正反转控制电路原理图，如题图3-2所示，并完成以下任务。

_____

题图3-1 电气元件

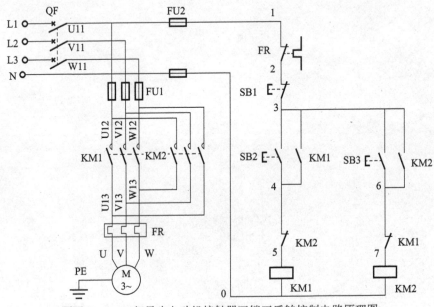

题图3-2 三相异步电动机接触器互锁正反转控制电路原理图

(1) 明确题图 3-2 中所用电气元件名称及作用，并填写在题表 3-1 中。

题表 3-1 电气元件名称及其作用

序号	名称	作用	符号
1			
2			
3			
4			
5			
6			
7			
8			
9			

(2) 小组讨论题图 3-2 中接触器互锁正反转控制电路的工作原理。

正转启动控制：

停止控制：

反向连续运行：

什么是互锁？互锁的作用是什么？

二、任务实施

1. 绘制电动机接触器互锁正反转控制电路电气元件布置图。

2. 绘制电路接线图。

3. 安装与接线：安装步骤及工艺要求见教材。

4. 通电前检测：

（1）检查所接电路。按照电路图从头到尾的顺序检查电路。

（2）用万用表初步测试电路有无短路情况。确保电路未通电的情况下将万用表打到欧姆挡，用万用表检查电路，并填写在题表3-2和题表3-3中。

题表3-2 接触器互锁正反转控制电路检测

项目	测量结果	电路是否正常
断开电源和主电路，测量控制电路电源两端（U11-N）		
按下正转启动按钮，测量控制电路电源两端（U11-N）		
按下反转启动按钮，测量控制电路电源两端（U11-N）		

题表3-3 接触器互锁正反转控制电路主电路检测

项目	测量结果	电路是否正常
断开电源，合上断路器，测量主电路 L1-U、L2-V、L3-W		
断开电源，合上断路器，手动压下接触器KM1，测量主电路 L1-U、L2-V、L3-W		
断开电源，合上断路器，手动压下接触器KM2，测量主电路 L1-W、L2-V、L3-U		

5. 通电试车

（1）整理实训台上多余导线及工具、仪表，以免短路或触电。

（2）为保证人身安全，在通电试车前，一人监护，一人操作。认真执行安全操作规程的有关规定，经教师检查并现场监护。

检查无误后，经教师允许后方可通电运行。将通电试车情况记录到题表3-4中。

（1）通电顺序：先合上总电源开关——主电路断路器。

（2）按下正向启动按钮SB2，观察并记录正转接触器KM1状态_____；反转接触器KM2状态_____。

（3）按下反向启动按钮 SB3，观察并记录正转接触器 KM1 状态_____；反转接触器 KM2 状态_____。解释为何出现此现象：_____
_____。

（4）按下停止按钮 SB2，观察并记录正转接触器 KM1 状态_____；反转接触器 KM2 状态_____。

（5）按下反向启动按钮 SB3，观察并记录正转接触器 KM1 状态_____；反转接触器 KM2 状态_____。

（6）按下正向启动按钮 SB2，观察并记录正转接触器 KM1 状态_____；反转接触器 KM2 状态_____。解释为何出现此现象：_____
_____。

（7）按下停止按钮 SB2，观察并记录正转接触器 KM1 状态_____；反转接触器 KM2 状态_____。

题表 3-4　通电试车记录

试车情况	正反转能否实现	
	几次通电实现	
故障排除	故障现象及排查方法	
工作时间	开始时间		结束时间		实际用时	
验收情况		

三、任务评价

任务评价表如题表 3-5 所示。

题表 3-5　任务评价表

评价项目	评价内容	参考分	评分标准	得分
识读电路图	正确识读电路中的电气元件，正确分析电路工作原理	15	正确识读电气元件，每处 1 分 正确分析工作原理，5 分	
装前检查	检查电气元件质量	10	正确检查电气元件，每处 1 分	
安装电气元件	按布置图安装电气元件，安装元件牢固、整齐、合理	10	按布置图安装电气元件，5 分 安装元件牢固、整齐、合理，5 分	
布线	接线紧固、无压绝缘、无损伤导线绝缘或线芯，按照电路图接线、思路清晰	20	按照布置图安装电气元件，安装工艺符合布线工艺要求，20 分	
通电前检查	自检电路仪器仪表使用正确	10	漏检，每处扣 2 分 万用表使用错误，每处扣 3 分	

续表

评价项目	评价内容	参考分	评分标准	得分
通电试车	在保证人身安全前提下，通电试车一次成功	10	第一次试车成功，10分 第二次试车成功，5分	
故障排查	仪器仪表使用正确在保证人身安全前提下，故障排除一次成功	10	第一次故障排查成功，10分 第二次故障排查成功，5分	
安全文明操作	爱护设备及工具，遵守安全文明生产规程成本及环保意识	10	着装整洁，1分 保持工作环境清洁，1分 节约意识，1分 执行安全操作规程，7分	
资料整理	任务单填写齐全、整洁、无误	5	任务单填写齐全、工整，2分 任务单填写无误，3分	
总分				

任务单四　工作台自动往返控制电路装调

班级：_____　　姓名：_____　　学号：_____

同组人：_____　　工作时间：_____年____月____日

一、工作准备

1. 想一想：你见过哪些设备是采用自动往返控制电路完成控制的？
2. 认一认：指出题图 4-1 中电气元件的名称，并填写在横线上。

_____

题图 4-1　电气元件

3. 测一测：用万用表电阻挡测试行程开关的两对触头并标出。
4. 读一读：识读工作台自动往返控制电路原理图，如题图 4-2 所示，并完成以下任务。

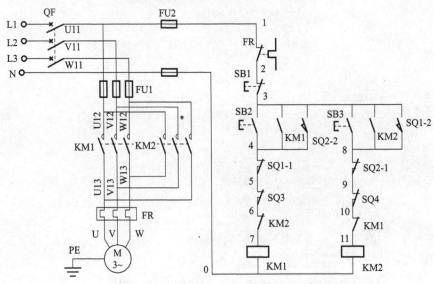

题图 4-2　工作台自动往返控制电路原理图

（1）明确题图4-2中所用电气元件名称及作用，并填写在题表4-1中。

题表4-1　电气元件名称及其作用

序号	名称	作用	符号
1			
2			
3			
4			
5			
6			
7			
8			
9			

（2）小组讨论题图4-2中工作台自动往返控制电路工作原理。

工作原理分析：

SQ1、SQ2的作用是什么？SQ3、SQ4的作用是什么？

二、任务实施

1. 绘制工作台自动往返控制电路电气元件布置图。

2. 绘制电路接线图。

3. 安装与接线：安装步骤及工艺要求见教材。

4. 通电前检测：

（1）检查所接电路。按照电路图从头到尾的顺序检查电路。

（2）用万用表初步测试电路有无短路情况。确保电路未通电的情况下将万用表打到欧姆挡，用万用表检查电路，并填写在题表4-2和题表4-3中。

题表4-2 工作台自动往返控制电路检测

项目	测量结果	电路是否正常
断开电源和主电路，测量控制电路电源两端（U11-N）		
按下正转启动按钮，测量控制电路电源两端（U11-N）		
按下反转启动按钮，测量控制电路电源两端（U11-N）		

题表4-3 工作台自动往返控制电路主电路检测

项目	测量结果	电路是否正常
断开电源，合上断路器，测量主电路 L1-U、L2-V、L3-W		
断开电源，合上断路器，手动压下接触器 KM1，测量主电路 L1-U、L2-V、L3-W		
断开电源，合上断路器，手动压下接触器 KM2，测量主电路 L1-W、L2-V、L3-U		

5. 通电试车

（1）整理实训台上多余导线及工具、仪表，以免短路或触电。

（2）为保证人身安全，在通电试车前，一人监护，一人操作。认真执行安全操作规程的有关规定，经教师检查并现场监护。

检查无误后，经教师允许后方可通电运行。将通电试车情况记录到题表4-4中。

（1）通电顺序：先合上总电源开关——主电路断路器。

（2）按下正向启动按钮 SB2，观察并记录正转接触器 KM1 状态＿＿＿＿＿＿＿＿；反转接触器 KM2 状态＿＿＿＿＿＿＿＿。

(3) 按下停止按钮 SB2，观察并记录正转接触器 KM1 状态_____；反转接触器 KM2 状态_____。

(4) 按下反向启动按钮 SB3，观察并记录正转接触器 KM1 状态_____；反转接触器 KM2 状态_____。

(5) 按下停止按钮 SB2，观察并记录正转接触器 KM1 状态_____；反转接触器 KM2 状态_____。

(6) 按下正向启动按钮 SB2，然后松开，手动模拟将左行程开关压到左边，观察并记录正转接触器 KM1 状态_____；反转接触器 KM2 状态_____。在此状态下，手动模拟将左行程开关压到右边，观察并记录正转接触器 KM1 状态_____；反转接触器 KM2 状态_____。

(7) 手动模拟将右行程开关压到右边，观察并记录正转接触器 KM1 状态_____；反转接触器 KM2 状态_____。在此状态下，手动模拟将左行程开关压到左边，观察并记录正转接触器 KM1 状态_____；反转接触器 KM2 状态_____。

(8) 手动模拟将左行程开关压到左边，观察并记录正转接触器 KM1 状态_____；反转接触器 KM2 状态_____。在此状态下，手动模拟将左行程开关压到右边，观察并记录正转接触器 KM1 状态_____；反转接触器 KM2 状态_____。

题表 4-4 通电试车记录

试车情况	工作台自动往返能否实现			
	几次通电实现			
故障排除	故障现象及排查方法			
工作时间	开始时间		结束时间	实际用时
验收情况				

三、任务评价

任务评价表如题表 4-5 所示。

题表 4-5 任务评价表

评价项目	评价内容	参考分	评分标准	得分
识读电路图	正确识读电路中的电气元件，正确分析电路工作原理	15	正确识读电气元件，每处 1 分 正确分析工作原理，5 分	
装前检查	检查电气元件质量	10	正确检查电气元件，每处 1 分	
安装电气元件	按布置图安装电气元件，安装元件牢固、整齐、合理	10	按布置图安装电气元件，5 分 安装元件牢固、整齐、合理，5 分	

续表

评价项目	评价内容	参考分	评分标准	得分
布线	接线紧固、无压绝缘、无损伤导线绝缘或线芯，按照电路图接线、思路清晰	20	按照布置图安装电气元件、安装工艺符合布线工艺要求，20分	
通电前检查	自检电路仪器仪表使用正确	10	漏检，每处扣2分 万用表使用错误，每处扣3分	
通电试车	在保证人身安全前提下，通电试车一次成功	10	第一次试车成功，10分 第二次试车成功，5分	
故障排查	仪器仪表使用正确；在保证人身安全前提下，故障排除一次成功	10	第一次故障排查成功，10分 第二次故障排查成功，5分	
安全文明操作	爱护设备及工具，遵守安全文明生产规程成本及环保意识	10	着装整洁，1分 保持工作环境清洁，1分 节约意识，1分 执行安全操作规程，7分	
资料整理	任务单填写齐全、整洁、无误	5	任务单填写齐全、工整，2分 任务单填写无误，3分	
总分				

任务单五 电动机顺序启动控制电路装调

班级：_____   姓名：_____   学号：_____

同组人：_____   工作时间：_____年____月____日

一、工作准备

1. 想一想：你见过哪些设备是采用顺序启动控制电路完成控制的？
2. 读一读：识读顺序启动控制电路原理图，如题图 5-1 所示，并完成以下任务。

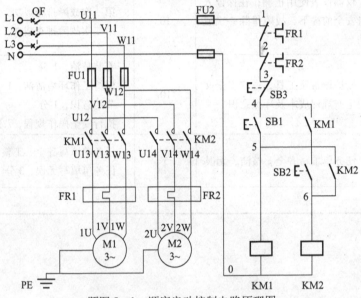

题图 5-1 顺序启动控制电路原理图

（1）明确题图 5-1 中所用电气元件名称及作用，并填写在题表 5-1 中。

题表 5-1 电气元件名称及其作用

序号	名称	作用	符号
1			
2			
3			
4			
5			

续表

序号	名称	作用	符号
6			
7			
8			

（2）小组讨论题图 5-1 中顺序启动控制电路工作原理。

启动控制：

停止控制：

二、任务实施

1. 绘制工作台顺序启动控制电路电气元件布置图。

2. 绘制电路接线图。

3. 安装与接线：安装步骤及工艺要求见教材。
4. 通电前检测：
（1）检查所接电路。按照电路图从头到尾的顺序检查电路。
（2）用万用表初步测试电路有无短路情况。确保电路未通电的情况下将万用表打到欧姆挡，用万用表检查电路，并填写在题表 5-2 中。

题表 5-2　顺序启动控制电路检测

项目	测量结果	电路是否正常
断开电源和主电路，测量控制电路电源两端（U11-N）		
按下按钮 SB2，测量控制电路电源两端（U11-N）		
按下 SB3，同时按下 SB3，测量控制电路电源两端（U11-N）		

5. 通电试车
（1）整理实训台上多余导线及工具、仪表，以免短路或触电。
（2）为保证人身安全，在通电试车前，一人监护，一人操作。认真执行安全操作规程的有关规定，经教师检查并现场监护。

检查无误后，经教师允许后方可通电运行。将通电试车情况记录到题表 5-3 中。

（1）通电顺序：先合上总电源开关——主电路断路器。

（2）按下按钮 SB2，观察并记录接触器 KM1 状态＿＿＿＿＿＿＿＿＿＿；接触器 KM2 状态＿＿＿＿＿＿＿＿＿＿。

（3）按下按钮 SB3，观察并记录接触器 KM1 状态＿＿＿＿＿＿＿＿＿＿；接触器 KM2 状态＿＿＿＿＿＿＿＿＿＿。

（4）按下停止按钮，观察并记录接触器 KM1 状态＿＿＿＿＿＿＿＿＿＿；接触器 KM2 状态＿＿＿＿＿＿＿＿＿＿。

（5）按下停止按钮 SB2，观察并记录正转接触器 KM1 状态＿＿＿＿＿＿＿＿＿＿；反转接触器 KM2 状态＿＿＿＿＿＿＿＿＿＿。

结论：以上现象说明两台电动机在停止时有何顺序？
＿＿＿＿＿＿＿＿＿＿＿＿＿＿＿＿＿＿＿＿＿＿＿＿＿＿＿＿＿＿＿＿＿＿＿＿。

题表 5－3　通电试车记录

试车情况	顺序启动控制能否实现				
	几次通电实现				
故障排除	故障现象及排查方法				
工作时间	开始时间		结束时间		实际用时
验收情况					

三、任务评价

任务评价表如题表 5－4 所示。

题表 5－4　任务评价表

评价项目	评价内容	参考分	评分标准	得分
识读电路图	正确识读电路中的电气元件，正确分析电路工作原理	15	正确识读电气元件，每处 1 分 正确分析工作原理，5 分	
装前检查	检查电气元件质量	10	正确检查电气元件，每处 1 分	
安装电气元件	按布置图安装电气元件，安装元件牢固、整齐、合理	10	按布置图安装电气元件，5 分 安装元件牢固、整齐、合理，5 分	
布线	接线紧固、无压绝缘、无损伤导线绝缘或线芯，按照电路图接线、思路清晰	20	按照布置图安装电气元件，安装工艺符合布线工艺要求，20 分	

续表

评价项目	评价内容	参考分	评分标准	得分
通电前检查	自检电路仪器仪表使用正确	10	漏检，每处扣2分 万用表使用错误，每处扣3分	
通电试车	在保证人身安全前提下，通电试车一次成功	10	第一次试车成功，10分 第二次试车成功，5分	
故障排查	仪器仪表使用正确；在保证人身安全前提下，故障排除一次成功	10	第一次故障排查成功，10分 第二次故障排查成功，5分	
安全文明操作	爱护设备及工具，遵守安全文明生产规程成本及环保意识	10	着装整洁，1分 保持工作环境清洁，1分 节约意识，1分 执行安全操作规程，7分	
资料整理	任务单填写齐全、整洁、无误	5	任务单填写齐全、工整，2分 任务单填写无误，3分	
总分				

任务单六　大功率电动机星三角降压启动电路装调

班级：_____　　　姓名：_____　　　学号：_____

同组人：_____　　工作时间：_____年____月____日

一、工作准备

1. 想一想：你见过哪些设备是采用星三角降压启动电路完成控制的？
2. 认一认：指出题图6-1中电气元件的名称，并填写在横线上。

_____
题图6-1　电气元件

3. 测一测：用万用表电阻挡测试时间继电器的触头并标出。
4. 读一读：识读星三角降压启动电路原理图，如题图6-2所示，并完成以下任务。

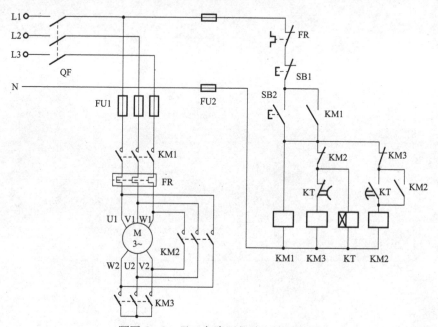

题图6-2　星三角降压起动电路原理图

(1) 明确题图 6-2 中所用电气元件名称及作用,并填写在题表 6-1 中。

题表 6-1 电气元件名称及其作用

序号	名称	作用	符号
1			
2			
3			
4			
5			
6			
7			
8			
9			

(2) 画出三相异步电动机星形、三角形接线图。

(3) 小组讨论题图 6-2 中星三角降压启动电路工作原理。
星形启动控制：

三角形运行控制：

停止控制：

二、任务实施

1. 绘制工作台星三角降压启动电路电气元件布置图。

2. 绘制电路接线图。

3. 安装与接线：安装步骤及工艺要求见教材。
4. 通电前检测：
(1) 检查所接电路。按照电路图从头到尾的顺序检查电路。
(2) 用万用表初步测试电路有无短路情况。确保电路未通电的情况下将万用表打到欧姆挡，用万用表检查电路，并填写在题表6-2和题表6-3中。

题表6-2 星三角降压启动电路检测

项目	测量结果	电路是否正常
断开电源和主电路，测量控制电路电源两端（U11 - N）		
按下启动按钮，测量控制电路电源两端（U11 - N）		

题表6-3 星三角降压启动电路主电路检测

项目	测量结果	电路是否正常
断开电源，合上断路器，测量主电路 L1 - U、L2 - V、L3 - W		
断开电源，合上断路器，手动压下接触器 KM，测量主电路 L1 - U1、L2 - V1、L3 - W1		
断开电源，测量主电路 U1 - W2、V1 - U2、W1 - V2		
断开电源，手动压下 KM△，测量主电路 U1 - W2、V1 - U2、W1 - V2		
断开电源，测量主电路 U2、V2、W2 与 KM Y 的短接点		
断开电源，手动压下 KM Y，测量主电路 U2、V2、W2 与 KM Y 的短接点		

5. 通电试车
(1) 整理实训台上多余导线及工具、仪表，以免短路或触电。
(2) 为保证人身安全，在通电试车前，一人监护，一人操作。认真执行安全操作规程的有关规定，经教师检查并现场监护。

检查无误后，经教师允许后方可通电运行。将通电试车情况记录到题表6-4中。

（1）通电顺序：先合上总电源开关——主电路断路器。

（2）按下启动按钮，观察并记录接触器 KM 状态＿＿＿＿＿＿＿＿＿＿；接触器 KM Y 状态＿＿＿＿＿＿＿＿＿＿；时间继电器 KT 状态＿＿＿＿＿＿＿＿＿＿；接触器 KM △ 状态＿＿＿＿＿＿＿＿＿＿。

（3）延时时间到，观察并记录接触器 KM 状态＿＿＿＿＿＿＿＿＿＿；接触器 KM Y 状态＿＿＿＿＿＿＿＿＿＿；时间继电器 KT 状态＿＿＿＿＿＿＿＿＿＿；接触器 KM △ 状态＿＿＿＿＿＿＿＿＿＿。

（4）按下停止按钮，接触器 KM 状态＿＿＿＿＿＿＿＿＿＿；接触器 KM Y 状态＿＿＿＿＿＿＿＿＿＿；时间继电器 KT 状态＿＿＿＿＿＿＿＿＿＿；接触器 KM △ 状态＿＿＿＿＿＿＿＿＿＿。

题表6-4 通电试车记录

试车情况	星三角降压启动控制能否实现			
	几次通电实现			
故障排除	故障现象及排查方法			
工作时间	开始时间		结束时间	实际用时
验收情况				

三、任务评价

任务评价表如题表6-5所示。

题表6-5 任务评价表

评价项目	评价内容	参考分	评分标准	得分
识读电路图	正确识读电路中的电气元件，正确分析电路工作原理	15	正确识读电气元件，每处1分 正确分析工作原理，5分	
装前检查	检查电气元件质量	10	正确检查电气元件，每处1分	
安装电气元件	按布置图安装电气元件，安装元件牢固、整齐、合理	10	按布置图安装电气元件，5分 安装元件牢固、整齐、合理，5分	
布线	接线紧固、无压绝缘、无损伤导线绝缘或线芯，按照电路图接线、思路清晰	20	按照布置图安装电气元件，安装工艺符合布线工艺要求，20分	

续表

评价项目	评价内容	参考分	评分标准	得分
通电前检查	自检电路仪器仪表使用正确	10	漏检，每处扣2分 万用表使用错误，每处扣3分	
通电试车	在保证人身安全前提下，通电试车一次成功	10	第一次试车成功，10分 第二次试车成功，5分	
故障排查	仪器仪表使用正确，在保证人身安全前提下，故障排除一次成功	10	第一次故障排查成功，10分 第二次故障排查成功，5分	
安全文明操作	爱护设备及工具，遵守安全文明生产规程成本及环保意识	10	着装整洁，1分 保持工作环境清洁，1分 节约意识，1分 执行安全操作规程，7分	
资料整理	任务单填写齐全、整洁、无误	5	任务单填写齐全、工整，2分 任务单填写无误，3分	
总分				

任务单七 电动机电气制动控制电路装调

班级：_____ 姓名：_____ 学号：_____

同组人：_____ 工作时间：_____年____月____日

一、工作准备

1. 想一想：你了解电动机有哪些制动措施？哪些设备的制动是采用电磁制动来完成制动的？

2. 认一认：指出题图7-1中电气元件的名称，并填写在横线上。

题图7-1 电气元件

3. 测一测：用万用表电阻挡测试速度继电器的触头状态。

4. 读一读：识读电动机电气制动电路原理图，如题图7-2所示，并完成以下任务。

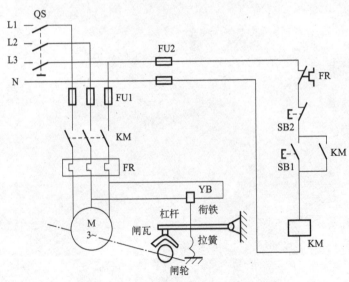

题图7-2 电动机电气制动电路原理图

(1) 明确题图 7-2 中所用电气元件名称及作用,并填写在题表 7-1 中。

题表 7-1 电气元件名称及其作用

序号	名称	作用	符号
1			
2			
3			
4			
5			
6			
7			
8			
9			

(2) 小组讨论题图 7-2 中电动机电磁制动控制电路工作原理。

启动控制:

制动控制:

二、任务实施

1. 绘制电动机电气制动电路电气元件布置图。

2. 绘制电路接线图。

3. 安装与接线：安装步骤及工艺要求见教材。
4. 通电前检测：
（1）检查所接电路。按照电路图从头到尾的顺序检查电路。
（2）用万用表初步测试电路有无短路情况。确保电路未通电的情况下将万用表打到欧姆挡，用万用表检查电路，并填写在题表7-2和题表7-3中。

题表7-2 电动机电气制动电路检测

项目	测量结果	电路是否正常
断开电源和主电路，测量控制电路电源两端（U11-N）		
按下启动按钮，测量控制电路电源两端（U11-N）		

题表7-3 电动机电气制动电路主电路检测

项目	测量结果	电路是否正常
断开电源，合上断路器，测量主电路 L1-U、L2-V、L3-W		
断开电源，合上断路器，手动压下接触器 KM，测量主电路 L1-U、L2-V、L3-W		

5. 通电试车
（1）整理实训台上多余导线及工具、仪表，以免短路或触电。
（2）为保证人身安全，在通电试车前，一人监护，一人操作。认真执行安全操作规程的有关规定，经教师检查并现场监护。

检查无误后，经教师允许后方可通电运行。将通电试车情况记录到题表7-4中。
（1）通电顺序：先合上总电源开关——主电路断路器。
（2）按下启动按钮，观察并记录接触器 KM 状态_____。
（3）松开启动按钮，观察并记录接触器 KM 状态_____。
（4）按下停止按钮，观察并记录接触器 KM 状态_____。

题表7-4 通电试车记录

试车情况	电动机电磁制动控制能否实现		
	几次通电实现		
故障排除	故障现象及排查方法		
工作时间	开始时间	结束时间	实际用时
验收情况			

三、任务评价

任务评价表如题表 7-5 所示。

题表 7-5 任务评价表

评价项目	评价内容	参考分	评分标准	得分
识读电路图	确识读电路中的电气元件，正确分析电路工作原理	15	正确识读电气元件，每处1分 正确分析工作原理，5分	
装前检查	检查电气元件质量	10	正确检查电气元件，每处1分	
安装电气元件	按布置图安装电气元件，安装元件牢固、整齐、合理	10	按布置图安装电气元件，5分 安装元件牢固、整齐、合理，5分	
布线	接线紧固、无压绝缘、无损伤导线绝缘或线芯，按照电路图接线、思路清晰	20	按照布置图安装电气元件，安装工艺符合布线工艺要求，20分	
通电前检查	自检电路仪器仪表使用正确	10	漏检，每处扣2分 万用表使用错误，每处扣3分	
通电试车	在保证人身安全前提下，通电试车一次成功	10	第一次试车成功，10分 第二次试车成功，5分	
故障排查	仪器仪表使用正确，在保证人身安全前提下，故障排除一次成功	10	第一次故障排查成功，10分 第二次故障排查成功，5分	
安全文明操作	爱护设备及工具，遵守安全文明生产规程成本及环保意识	10	着装整洁，1分 保持工作环境清洁，1分 节约意识，1分 执行安全操作规程，7分	
资料整理	任务单填写齐全、整洁、无误	5	任务单填写齐全、工整，2分 任务单填写无误，3分	
总分				

定价：45.00元